国家科学技术学术著作出版基金资助出版

极 区 导 航

李 安 主审

卞鸿巍 刘文超 温朝江 王荣颖 著

国家自然科学基金项目资助
"极区海图基准和导航误差控制理论及其应用研究"（41876222）

科学出版社
北 京

内 容 简 介

本书是关于极区导航的专著,从体系建设的角度较为系统地探讨极区导航的多个关键问题。主要内容包括极区导航问题、极区航海图、极区导航坐标系、极区格网导航方法、极区横向导航方法、极区航行方法、极区导航能力体系建设方向等。

本书以极区航海导航为主,同时兼顾航空导航,可供从事极区导航、测绘、航海、探测、交通运输等专业的科技人员和极区科考人员阅读和参考,也可作为上述专业的研究生教材。

图书在版编目(CIP)数据

极区导航 / 卞鸿巍等著. —北京:科学出版社,2020.6
ISBN 978-7-03-065071-9

Ⅰ. ①极… Ⅱ. ①卞… Ⅲ. ①极区导航 Ⅳ. ①TN96

中国版本图书馆 CIP 数据核字(2020)第 081526 号

责任编辑:吉正霞 曾 莉 / 责任校对:高 嵘
责任印制:赵 博 / 封面设计:苏 波

科学出版社 出版
北京东黄城根北街 16 号
邮政编码:100717
http://www.sciencep.com

北京中科印刷有限公司印刷
科学出版社发行 各地新华书店经销

*

2020 年 6 月第 一 版 开本:787×1092 1/16
2024 年 4 月第二次印刷 印张:12 3/4
字数:326 000
定价:258.00 元
(如有印装质量问题,我社负责调换)

作者简介

　　卞鸿巍(1972.12—)，中国人民解放军海军工程大学教授，博导。1994 年、1997 年分获海军工程学院电航仪器专业学士和导航工程专业硕士学位，2005 年获上海交通大学精密仪器与机械专业博士学位。2010 年英国曼彻斯特大学访问学者。军委科技委军事教育技术国防科技专业专家，海军特装装备技术专家，海军导航工程专业教学创新团队负责人。主要研究领域：水下导航定位与导航装备体系技术，在惯性技术、信息融合等领域成果突出。主持国家自然科学基金面上项目（"极区海图基准和导航误差控制理论及其应用研究"，41876222）、军内科研重点项目等 50 余项。获军队科技进步二等奖 4 项；军队级教学成果一等奖 1 项；海军教育科研优秀成果一等奖 2 项。出版国家级规划教材、普通高等教育规划教材各 1 部，发表论文 80 余篇。国防发明专利 5 项。

刘文超(1988.01—)，博士，工程师，籍贯山东五莲。主要从事导航、制导与控制等方面的研究。在极区导航研究方面，主持并完成国家自然科学基金青年基金项目（"基于地球椭球模型的极区航海逆向导航理论研究"，41506220）1项，航空科学基金等科研项目多项，发表极区导航研究相关论文10余篇(一作8篇，二作3篇)，授权专利1项。对本著作主要贡献：极区坐标系构建、惯导格网导航方法、惯导横向坐标导航方法、极区航线研究等工作。

温朝江(1985.05—)，博士，工程师，籍贯湖北丹江口。主要从事极区导航图编制理论与应用研究。在极区导航研究方面，作为核心成员完成了国家自然科学基金面上项目、青年基金、航空基金等科研项目多项，发表相关论文10余篇(一作8篇，二作5篇)，授权专利2项。对本著作主要贡献：海图投影、坐标系构建与转换及综合导航方法等工作。

王荣颖(1981.05—)，博士，中国人民解放军海军工程大学讲师，籍贯河北广宗。主要从事惯性技术及应用、导航装备保障技术等研究。主持并完成国家自然科学基金、军内科研等项目10余项；出版教材6部；获得军队科技进步二等奖1项、三等奖1项。军队院校教学成果一等奖1项。在极区导航研究方面，主持完成国家自然科学青年基金项目（"基于椭球逆向坐标系的惯导极区格网导航理论研究"，41406212)一项，发表论文10余篇，授权专利2项。对本著作主要贡献：平台式惯导高纬度适应分析、极区导航分系统与体系关键技术研究等工作。

前　　言

中国是北极事务的重要利益攸关方。随着极区冰层的快速减少，北极新航道必将成为新的海上交通动脉，对重塑世界海洋运输格局影响深远。北极的丰富能源对满足我国不断增长的能源需求具有重要的战略意义。北极连接的是全球经济最发达、战略位置最重要的地区，也是力量交汇、矛盾丛生、关系复杂的地区。北冰洋海域周边国家部署的大量水面、水下军力，势必要改变大国之间的地缘关系和战略格局。面对北极变化即将引发的世界经济空间的重新布局和全球性的地缘政治变化，我国于 2017 年 6 月在《"一带一路"建设海上合作设想》中首次将北极航道明确定位成"一带一路"三大主要海上通道之一，并在 2018 年 1 月发布的《中国的北极政策》白皮书中明确指出，技术装备是认知、利用和保护北极的基础，中国鼓励发展注重生态环境保护的极地技术装备，积极参与北极开发的基础设施建设，推动深海远洋考察、冰区勘探等领域的装备升级，促进冰区航行和监测及新型冰级船舶建造等方面的技术创新。

导航是极区航行面临的首要问题之一。因此，极区导航问题成为国内技术装备领域关注的一个热点。由于极区特殊的地理位置和复杂的地理环境，许多传统导航系统和设备在极区使用遇到较大困难。存在的问题可分为四类：由于地处地极、磁极等极端特殊的地球物理环境，指向类导航系统工作性能原理性下降问题；传统真航向、地理坐标系极点经度等导航参数定义在极区不再适用和墨卡托海图投影等在极区失效的数学问题；极端环境导致的装备适应性改进问题；极区自然环境对安全航行的特殊需求等问题。所以，极区导航问题是涉及多个相关领域的跨学科、跨专业问题。

从美国、俄罗斯等国的发展经验来看，在北冰洋多年的极区导航能力建设是几十年来带动惯性导航等多种先进导航技术发展的一个重要牵引。极区导航体系建设是一个综合性、长期性的系统工程，必须开展全面、清晰的需求分析论证和科学、合理的顶层规划设计。总体来说，极区导航能力建设具有 4 个特点。①基础性。导航和时统系统确立载体的时空基准，将影响探测、控制、指挥等多个专业和部门。特别是在中低纬度习惯采用的地球坐标系、地理坐标系以及经度航向等导航参数在极区不再适用，需要由导航时统系统构建载体新的极区时空信息基准，实现载体坐标统一，从而去影响全局。②体系性。导航装备围绕极区需求应注重内在设备成体系的建设发展，既要重视信息基础类装备的研究，也要重视信息服务类设备的完善。③综合性。极区导航问题不是孤立的导航专业问题，它涉及测绘、气象、水文、通信、航法、培训、船舶设计建造等多专业、多领域，受到其他领域的影响和制约。④阶段性。极区导航的需求复杂，随着船舶极区活动区域逐渐深入，极区导航在不同纬度海域存在的复杂度差异，都要求极区导航能力建设结合导航技术整体发展分阶段逐步进行。

在实际科研工作中，我们发现，尽管极区问题得到了国内学者的高度关注，关于极区的书籍也日渐增多，但专门针对极区导航进行系统论述与研究的专著目前国内还很少。早期出版的著作以科考和问题研究居多，如《北极问题研究》(北极问题研究编写组，2011)、《中国第四次北极科学考察报告》(余光兴，2011)、《极地征途：中国南极科考日记档案》(鄂栋臣，2018)等，主要介绍科学考察领域的内容，其间会简略提及导航问题。其他一些陆续出版的专著和书籍侧重某一专业领域对极区问题的研究，如《地图投影变换原理与方法》(杨启和，1989)等，主要针对地图投影，涉及部分高纬度地图投影问题；《极地测绘遥感信息学》(鄂栋臣，2018)

等则重点介绍测绘科学与技术在极区特殊环境的应用问题;《惯性导航》(秦永元，2014)等惯性导航领域的专著则对惯导极区问题进行了章节局部的讨论;《北极航行指南(东北航道)》(中华人民共和国海事局，2014)和《北极航行指南(西北航道)》(中华人民共和国海事局，2015)，较为全面地介绍了北极航道的基本情况和航行问题，但没有涉及具体的导航技术问题。与此同时，在实际的行业技术交流中，研究人员发现，由于缺乏对极区导航基本概念和问题的深入理解与分析，技术交流经常产生歧义和混淆，这些问题一定程度上也影响国内极区导航的相关研究。

为此，在从事了多年极区导航技术问题研究之后，作者决定撰写《极区导航》这部学术专著，希望在总结、梳理国内外在极区导航领域的研究成果和经验的基础上，重点结合作者自身对极区的认识和研究成果，从研究基础、技术应用、专业体系等角度对极区导航的一些关键问题进行系统探讨。

本书始终贯彻极区导航的体系化建设思想，将时空基准指示类导航系统和航行规划决策类导航系统进行关联统一。本书从对墨卡托海图、极球面海图、横向墨卡托海图、日晷海图等航海图在极区可用性的分析入手，给出极区航海图选择和使用的参考依据;针对真航向、极点经度等导航参数定义在极区不适用的问题，系统研究极区导航坐标系的定义和建立方法;对目前学界存在模糊认识的格网坐标系、横向坐标系等极区坐标系的本质和关系进行厘清和概念的重新定义，为统一极区导航坐标系的建立提供必要的数学基础。针对格网导航和横向导航两类典型极区导航方案，重点针对惯性导航系统进行研究，在对惯导系统在极区存在的指北能力下降和导航计算溢出问题分析的基础上，建立极区惯导编排的误差分析方法，推导误差公式，给出适用惯性导航系统格网导航和横向导航的系统解决方案;同时针对天文导航系统极区导航问题的解决方案进行研究。针对极区航行需求，分别提出基于极球面投影的等格网航向角航线和基于横向墨卡托投影的等横航向角航线的设计思想，使得极区航法与极区投影、极区导航系统相互匹配，方便航行人员航行绘算和航行监控;归纳分析美国等国外极区导航的部分发展经验;从导航体系角度，对各类导航技术极区问题、综合导航系统技术、电子海图极区模块设计及极区导航能力建设等问题进行分析探讨。

本书撰写得到了海军工程大学边少锋、许江宁、陈永冰等教授和马恒、李厚朴、覃方君、纪兵、常路宾等多位教员的帮助。戴海发、林秀秀、张甲甲、胡耀金、文者、祝中磊等多位研究生对本书的完成做了大量烦琐的资料整理和编辑工作。海军工程大学李安教授对全书的体系架构与研究撰写给予了细致指导，并主审了全书内容。同时，在本书的撰写过程中，清华大学张嵘教授、哈尔滨工程大学程建华教授及相关兄弟院校的周红进副教授、郭振东副教授等国内多位专家学者也与笔者进行了多次交流探讨，并提供了很多宝贵的讯息。本书还特别有幸得到了中国工程院宁津生院士与朱英富院士的勉励和肯定。在此，对所有提供过帮助的专家和同行们表示真挚的感谢。

极区导航问题是国内导航领域的新问题，领域宽、跨度大。本书是系统分析极区导航问题的一种探索尝试，在促进国内本领域的学术成果交流与推广的同时，我们也清楚地认识到，由于水平所限，书中难免存有不妥之处，敬请广大读者和同行提出宝贵意见，以便不断完善提高，不胜感激。

作　者

2020 年 5 月

于中国人民解放军海军工程大学

目　　录

第一章

极区导航概述

　　长期以来，地球的两极都是神秘、寒冷而遥远的。尽管探索两极充满危险，但在全世界范围内，人类进行这样英勇的尝试其实已经持续了上千年。近年来，全球变暖，北极冰融。综合数据显示，在未来 25～30 年，北冰洋的海冰将有可能在夏季完全消失，它将可能成为一片真正的"无冰之洋"。北极海上航行将逐渐成为常态，这是近千年人类航运史面临的全新航线。北极地区除了航运价值，能源价值、军事价值及愈渐复杂的地缘政治格局也日渐突显，这使得北极成为近年来国际竞争的热点地区，引起世界各大国的高度关注(刘惠英 等，2015)。我国中远集团"永盛轮"于 2013 年 8 月 15 日成功首航北极东北航道，正式开启了北极商业航运，目前已形成常态化航行。2015 年，俄罗斯邀请中国参与北极航道的开发。2017 年 6 月，我国提出的《"一带一路"建设海上合作设想》首次将北极航道明确定位成"一带一路"三大主要海上通道之一。对于北极的研究和开发利用对我国未来经济社会发展的意义和作用已经十分重要。

　　当进入一个陌生的地域，导航是人们需要首要解决的问题之一。在极区航行中，导航更是一个重要的技术问题。由于极区特殊的地理位置和复杂的地理环境，许多传统导航方式在极区使用时会遇到不同程度的困难。因此，近年来这一领域的问题逐渐引起国内导航研究者的关注。极区导航问题也是一个复杂的系统性问题，需要从系统层面开展研究。本章首先对极区的相关基础知识及极区导航历史进行简要的介绍，然后简要分析极区各种导航技术面临的主要问题，以此建立极区导航问题的总体认识。

第一节　极区基本情况

一、极区范围及其划分

(一) 极区的划分

讨论极区，首先需要明确极区的定义和范围。尽管关于极区的讨论很多，但到目前为止，极区并没有统一的定义和划分标准。由于定义和划分方式不同，极区的覆盖面积存在较大的差异。常见的定义和划分方式有以下几种。

1. 地理学定义的极区范围

地理学上，以南北纬 66°34′纬线圈为界划分极区范围，66°34′N 纬线圈为北极圈，66°34′S 纬线圈为南极圈。北极圈以北的广大地区称为北极地区，主要包括极区北冰洋、边缘陆地海岸带及岛屿、北极苔原和最外侧的泰加林带，总面积约为 2100 万 km²，其中陆地面积约为 800 万 km²。南极圈以南的广大地区称为南极地区，主要包括南极洲及其附近的南大洋和一些岛屿。通常多选择地理学意义的极区概念，以南、北极圈作为进入极区的界线。

以极圈划分极区的合理性主要体现在纬度与日照有直接关系。地理学上，南、北极圈分别是各自半球温带与寒带的分界线，也是各自半球上发生极昼、极夜现象的边界线。例如，南极圈以南的区域为南寒带，阳光斜射，即使在极昼，正午太阳高度角也很小，地面获得太阳的热量很少。由于地球章动，北极圈边界每年有大约 15 m 的漂移。2018 年 2 月，极区纬度的准确值为 66°33′47.2″。

2. 物候学定义的极区范围

物候学北极的定义以 7 月平均 10℃等温线(海洋以 5℃等温线)作为北极地区的最南界。在此情况下，北极地区的总面积将扩大至 2700 万 km²，其中陆地面积约为 1200 万 km²。随着全球环境变暖，这一界线逐渐北移，覆盖的极区范围不断缩小。

3. 以植物种类分布定义的极区范围

由于北极地区气候寒冷、恶劣，越往北树木生长就越困难。树木生长的最北边界称为树线，可以将这条树线作为北极的界限，这一界线可以在地貌上清晰辨认，同时两侧的动植物也存在明显的差异。以树线作为界限划定的北极范围纳入了全部泰加林带，面积超过以北极圈为界划定的北极范围，总面积超过 4000 万 km²。随着全球气候变暖，树线也在逐步北移，但移动速度慢于 10 ℃等温线北移速度。

4. 北极理事会定义的极区范围

按北极理事会(Arctic Council)下设的北极监测和评价项目(Arctic Monitoring and Assessment Programme，AMAP)定义，北极海域指北极圈区域即 66°32′N 内的海域，但在亚洲部分指 62°N 以北海域，在北美部分指 60°N 以北海域。该定义将北极海域南部界线置于北极圈之外，将与北冰洋生态息息相关的边缘海划入北极海域之内，便于开展更科学的基于生态系统的海洋研究。渔业等领域的极区相关研究多采取这一极区划分方式。

5. 航海学定义的极区范围

航海学的极区划分方式主要针对北极水域。北极水域是指从格陵兰岛法韦尔角以南(58°N，42°W)处到地理位置(64°37′N，35°27′W)，由此以恒向线到地理位置(67°03′9N，26°33′4W)，然后由此以恒向线到扬马延岛，从扬马延岛的南部海岸以恒向线延伸到熊岛，再以大圆线到卡宁诺斯角，沿着亚洲大陆北岸向东到白令海峡并从白令海峡向西南延至 60°N 直到伊利佩尔斯基，由此处沿 60°N 纬度线东移到包括埃托林海峡在内的北美大陆，并从那里沿着北美大陆的北部海岸到东岸 60°N 处，接着从该处向东沿 60°N 纬度线到西经(56°37′W)处，最后回到地理位置(58°N，42°W)所包围的水域(图 1-1)。这一划分形式与 10 ℃等温线划分形式有相近之处。

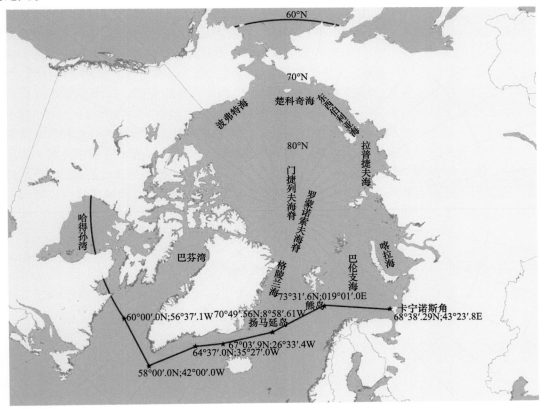

图 1-1　极区水域①

6. 航空领域定义的极区范围

航空领域对极区的定义也不统一。不同的国家、地区甚至不同的飞机机型对极区的定义均不相同。例如，美国联邦航空管理局(Federal Aviation Administration, FAA)定义 78°N 以北为北极地区。又如，波音公司不同机型对飞行区域有特定的限制，从而定义了不同的极区范围：

---

① http://www.imo.org/en/MediaCentre/HotTopics/polar/Documents/POLAR%20CODE%20TEXT%20AS%20ADOPTED.pdf

波音 737-600/700/800/900、747-400、777 可全球飞行，无飞行纬度限制，进入 84°N 以北或 84°S 以南即认为进入极区飞行；而波音 757、767 只能限制在 87°纬度范围内飞行，规定不可飞越极区(朱启举 等，2014)。

(二) 北极地区

北极地区在地球的最北端，为亚洲、北美洲、欧洲三大洲所环抱，也被称为世界的地中海。整个北极地区以占总面积 60%的浮冰覆盖的北冰洋为主，北冰洋 2/3 以上的海面全年覆盖着厚 1.5～4 m 的冰块。在北冰洋周围是亚洲、欧洲和北美洲北部的永久冻土区，总面积为 2100 万 km²，约占地球总面积的 1/25。其中北极圈以内的陆地面积约为 800 km²，分属俄罗斯、美国、加拿大、丹麦、挪威、冰岛、瑞典和芬兰 8 个环北极国家。北极地区的岛屿众多，这里分布着世界最大岛屿格陵兰岛、第五大岛屿巴芬岛和第十大岛屿埃尔斯米尔岛。

北冰洋是世界四大洋中最小、最浅的大洋，面积约为 1310 万km²，约相当于太平洋的 1/14，约占世界海洋总面积的 4.1%(廖小韵 等，2009)。它包括北极圈内的海冰及与其相邻的有冰海域，共有 7 个边缘海、两个大型海湾和两个深海盆。边缘海包括格陵兰海、巴伦支海、喀拉海、拉普捷夫海、东西伯利亚海、楚科奇海和波弗特海；两个海湾是巴芬湾和哈得孙湾。7 个边缘海环绕着深海盆，是北冰洋的重要组成部分。边缘海都是陆架海，水深在 200 m 以内。北冰洋拥有世界上最宽阔的大陆架，宽度多在 500 km 以上，最宽的达 1700 km。北冰洋平均深度为 1296 m，最深处的利特克海沟为 5449 m；在北冰洋中部有门捷列夫海脊和罗蒙诺索夫海脊。罗蒙诺索夫海脊深度约为 1500 m，将水深 4000 m 的北冰洋深水区分割为两个大小相近的海盆，位于大西洋一侧的称为欧亚海盆，位于太平洋一侧的称为加拿大海盆。除此之外，北冰洋还有白令海峡、弗拉姆海峡和加拿大北极群岛的若干海峡。北冰洋通过白令海与太平洋连通，通过格陵兰海和加拿大北极群岛与大西洋连通(图 1-2)。

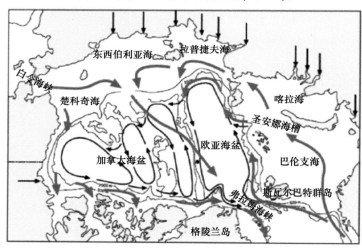

图 1-2　北极地区边缘海与洋流分布图(焦敏 等，2015)

(三) 南极地区

南极洲的总面积，包括附近的岛屿在内，共有 1400 多万平方千米。面积超过了中国和印度两国面积的总和，约占地球陆地面积的 1/10，是唯一没有土著民族居住的大陆。

南极洲分东南极洲和西南极洲两部分。东南极洲从 30°W 向东延伸到 170°E，包括科茨地、毛德皇后地、恩德比地、威尔克斯地、乔治五世海岸、维多利亚地、南极高原和极点，面积 1018 万 km²；西南极洲位于 50°W 到 160°W，包括南极半岛、亚历山大岛、埃尔斯沃思地和玛丽·伯德地等，面积 229 万 km²。160°W 向西延伸到 170°E 的区域属于罗斯海区域。与南极洲最接近的大陆是南美洲，两洲之间相隔宽约 970 km 的德雷克海峡。

二、北极海上航道

北极航道是欧洲、北美洲东岸与东亚地区港口之间海上运输的捷径航道。由于通航方便，未来北极航道将成为重要的国际海运航道。随着全球气候变暖，北极地区气温上升，冰层融化，冰区不断缩小。目前，北极地区的冰层正在以每 10 年约 8%的速度融化，夏季北冰洋上的浮冰面积已显著减少，部分海域逐渐通航。

如图 1-3 所示，目前北极航道主要包括东北航道、西北航道、中央航道(Transpolar Sea Route)和北极桥航道(Arctic Bridge)等。其命名主要沿用对北极航道探索较早的欧洲人的地理视角来进行。

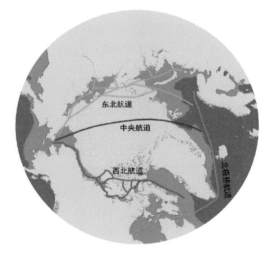

图 1-3　北极航道示意图(Rodrigue，2017)

(一) 东北航道

东北航道主要是指西起北海、穿越俄罗斯北极沿岸、绕过白令海峡到达中国或日本港口的海上航道(图 1-4)。它自西向东穿越巴伦支海、喀拉海、拉普捷夫海、东西伯利亚海和楚科奇海 5 个北极海域，其中大部分航段位于俄罗斯内海、领海或专属经济区内的东北航道，被俄罗斯视为"国内航线"，也称为北方海航道。东北航道是连接大西洋与太平洋的海上捷径，是联系欧、亚两洲的最短海上航线，全长约 5620 n mile(1 n mile=1.852 km)，通常有以下三种航线。

1. 沿岸航线

沿岸航线整体沿俄罗斯北岸水域航行，转向多、绕程远、航程长，临岸近水深较浅，易受岸边固定冰影响。因此，不管从船舶航行经济效益还是安全来考虑，它都不是最佳航线。

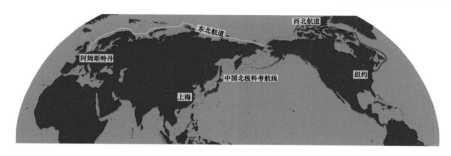

图 1-4   东北航道航线图①

2. 中间航线

中间航线从普罗维杰尼亚经白令海峡驶入楚科奇海，通过弗兰格尔岛南侧的德朗海峡后进入东西伯利亚海，沿新西伯利亚群岛北侧途经拉普捷夫海后穿过维利基茨基海峡，继续向西南在迪克森港北侧向西北沿新地岛抵达巴伦支海。

3. 过境航线

与中间航线相比，过境航线航行纬度更高，航程更近。该航线过新西伯利亚群岛北侧后继续向西北方向，从北地群岛北侧通过，转向西南抵达巴伦支海。其间由于高纬冰的影响加大，有冰阻发生的风险。

对商船而言，规划航线目前以中间航线最多，也最为可行。自普罗维杰尼亚引航起始点到摩尔曼斯克引航结束，整个北方四海航段约 2936 n mile，其中各段大致航法及航程如下。

(1) 普罗维杰尼亚经白令海峡通过楚科奇海到德朗海峡，航程约 546 n mile；

(2) 德朗海峡通过东西伯利亚海到新西伯利亚群岛北部，航程约 720 n mile；

(3) 新西伯利亚群岛北部通过拉普捷夫海到维利基茨基海峡，航程约 504 n mile；

(4) 维利基茨基海峡通过喀拉海到新地岛北部，航程约 312 n mile;

(5) 新地岛北部通过巴伦支海到摩尔曼斯克，航程约 754 n mile。

(二) 西北航道

西北航道西起白令海，该航道大部分航段位于加拿大北极群岛水域，以白令海峡为起点，向东沿美国阿拉斯加北部离岸海域，穿过加拿大北极群岛，经巴芬湾、戴维斯海峡与大西洋相接，全程约 783 n mile。这条航道在波弗特海进入加拿大北极群岛时，分成两条主要支线：一条穿过阿蒙森湾、多芬联合海峡、维多利亚海峡、富兰克林海峡、皮尔海峡、巴罗海峡到兰开斯特海峡；另一条穿过麦克卢尔海峡、梅尔维尔子爵海峡、巴罗海峡到兰开斯特海峡，如图 1-5 所示。

西北航道沿途经过俄罗斯、美国、加拿大、丹麦格陵兰岛四个国家和地区；覆盖范围广，所经水域岛屿众多，星罗棋布，多为高纬度区域；航行难度大，通航能力欠佳，大部分时间都处于封冻状态，只有在夏季出现短期的通航时段。欧洲航天局(European Space Agency, ESA)从1978 年开始采用卫星监测北极地区海冰状况，并观测到北极出现了大面积的冰川、海冰融化现象。

---

① http://bzdt.ch.mnr.gov.cn/

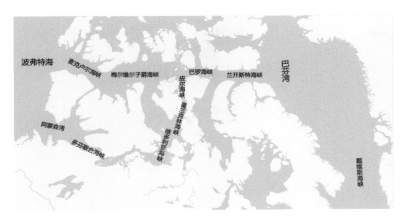

图 1-5 西北航道航线图(北极航行指南(西北航道)，2015)

2007 年 8 月 31 日发现西北航道大部分航道冰已经消融，仅仅在毛德皇后湾部分海域有少量浮冰，但冰量低于 1/10，时间大约持续 30 天。按照世界气象组织(World Meteorological Organization，WMO)定义，水域的冰量少于1/10 即为完全可航。2008 年，一艘名为"Calnilia Desgagnes"的机动货船从加拿大东部蒙特利尔港出发，抵达努纳武特西部的剑桥湾镇、库格鲁克图克、约阿港和塔洛约科等地，成为首艘成功穿越西北航道的商船。这标志着北冰洋航运新纪元的到来。

(三) 中央航道

中央航道也称为穿极航道或穿极航线，它是一条穿越北极点的航线。该航道从白令海峡出发，直接穿过北冰洋中心区域到达格陵兰海或挪威海，理论上几乎接近大圆航线，是地面两点间最短的航线，共跨越 40 个纬度。然而，受到北极高纬冰盖的严重阻挡，对商船而言，该航道目前没有通行的可能，多为科考船和潜艇采用。

(四) 北极桥航道

北极桥航道为连接北美与北欧大陆的航道。该航道是建立在加拿大哈得孙港的丘吉尔港到俄罗斯摩尔曼斯克之间的直通航线，总航程约 3763 n mile。该航道虽未直接跨越北极，但它通过北极地区连接了西北欧与北美中西部两大腹地。目前，丘吉尔港每年 7～11 月可供船舶航行。随着气温的进一步升高，未来开放时间将会更长。摩尔曼斯克则是北冰洋少有的不冻港。目前，北极桥航道已经被加拿大纳入开发北极地区而设立的北极通道政策，未来将被进一步推动发展。

三、北极空中航路

(一) 欧美北极航路

严格地说，北极的空中航路有欧美航路、美亚航路和欧亚航路，其中欧美航路最早开通(图 1-6)。欧亚航路实际上是在俄罗斯未开放领空的情况下，借助欧美航路和美亚北太平洋航路实现欧亚之间的北极航路。例如，北欧—阿拉斯加—中国的空中航线，被称为美亚的常规航路。

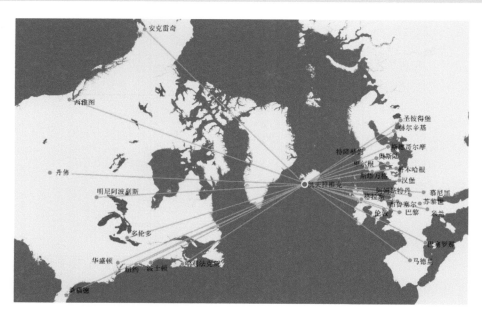

图 1-6　欧美北极航路示意图(Rodrigue，2017)

(二) 美亚北极航路

美亚北极航路形成于 1993 年，验证飞行从 1998 年 7 月开始，共进行了 650 多次。先期推出了四条北极航线，从白令海峡向北依次为 Polar4、Polar3、Polar2、Polar1，如图 1-7 所示。

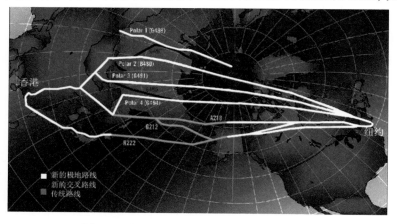

图 1-7　美亚北极航路示意图(张炳祥，2012)

极区航线 1(Polar1)：由印度北部穿越诺里尔斯克，直飞北极圈，主要连接北美洲西部城市与印度、巴西等国。

极区航线 2(Polar2)：由蒙古国乌兰巴托经伊尔库茨克和布拉茨克抵北极圈，主要连接北美洲中东部城市与马来西亚、新加坡、泰国和印尼等国。

极区航线 3(Polar3)：自北京经蒙古国地区绕季克西抵北极圈，主要连接北美洲中东部城市与中国大陆、中国香港、中国台湾和菲律宾。

极区航线 4(Polar4)：由北京起穿越雅库茨克，直达北极圈外围地带，主要连接北美洲中东部城市与中国大陆、中国香港、中国台湾、韩国及一些交叉航路。

四、北极地区对我国的重要影响

我国是一个近北极国家。近 30 年来,北冰洋的海冰覆盖范围和厚度发生巨大变化。2012 年,北冰洋海冰融化面积约 1183 万 km^2,已超过我国国土面积。北极冰融不仅对我国自然环境带来深远影响,而且将导致我国与主要发达国家之间的地缘政治、贸易格局发生根本性改变。同时,极区航道的开通也为我国提升对外贸易竞争力、改善国民经济布局提供了外部条件,为扩大国际影响、拓展国际利益提供了良好机遇。

1996 年,中国成为国际北极科学委员会成员国,中国的北极科研活动日趋活跃。2005 年,中国成功承办了涉北极事务高级别会议的北极科学高峰周活动,开亚洲国家承办之先河。2013 年,中国成为北极理事会正式观察员。中国企业也开始积极探索北极航道的商业利用。中国的北极活动已由单纯的科学研究拓展至北极事务的诸多方面,涉及全球治理、区域合作、多边和双边机制等多个层面,涵盖科学研究、生态环境、气候变化、经济开发和人文交流等多个领域。

北极地区的重大战略价值主要体现在以下三个方面。

(一) 航运价值

已开通的北极空中航线可实现直接穿越北极飞行,缩短航程。北京飞纽约,向正东经太平洋的航线约 14 370 km。如果采用北极航线仅约 10 970 km,将缩短 3 400 km;飞行时间将由 17 h 缩短约 13 h,减少了超过 3 h。如果从芝加哥到上海飞北极航线,还可避免太平洋航线自西向东高空风的影响,节省燃油,单次航班可降低成本约 15 万元。对旅客来说,既缩短了飞行时间,又因北极上空气流平缓、颠簸较少而增加乘坐舒适度。据统计,世界上有 20 多家航空公司经营北极航线,每年有 8.5 万多架次的商业飞机飞行(王有隆,2006)。

随着海冰消融、海上通航条件的改善及航海技术的不断进步,东北航道和西北航道将成为新的“大西洋—太平洋轴心航道”。与传统中低纬度航线相比,欧、亚和北美之间的航线将缩短 6 000~8 000 km,大大缩减航程,减少商业运输成本(Berkman et al.,2009)。其中,经过东北航道,由上海港航行到西欧、北欧等港口比绕马六甲海峡、苏伊士运河的航道,在航程上节省 25%~55%。例如,从上海经苏伊士运河到伦敦的习惯航线全程约 10 500 n mile,采用东北航道航程约 8 000 n mile,航程缩短约 2 500 n mile;而采用西北航道,相比经过巴拿马运河航道,航行到北美东部各个港口的航程可以缩短 2 000~3 500 n mile(矫阳,2014)。如果西北航道实现全面开放,那么亚欧海运航程至少可以缩短到 6 100 n mile。

北极新航道可成为北美、北欧和东北亚国家之间最为快捷的黄金水道,未来必将成为新的海上交通动脉。这将对世界海洋运输格局产生巨大影响,也将会影响世界经济空间的重新布局。在给世界提供巨大的经济增长机遇的同时,北极航道的开通也必将导致大国之间的激烈较量。当前我国进出口贸易对海运依赖度高,北极新航道的出现将对我国国际贸易和经济发展产生直接和深刻的影响。在经济领域,北极航道的开通将大大缩减我国与欧洲、北美洲这两大世界经济体间的距离,带来国际贸易、国际分工的变化,影响我国国内经济发展布局。北极航道形成的国际经济新走廊、国际战略新通道,能够有效缓解我国这一战略被动局面,减少我国对马六甲海峡、苏伊士运河、巴拿马运河等海上战略通道的依赖性,降低海上航运的风险,为我国发展对外贸易和扩大国际影响力提供良好的机遇(李振福,2009)。

(二) 资源价值

北极地区蕴藏丰富的资源,丰厚的石油、天然气、煤炭、矿产等使北极地区成为未来不可多得的资源发展空间(Jackobson,2010)。

2008 年,美国地质勘探局(United States Geological Survey,USGS)发布了历时 5 年的勘探结果(Gautier et al.,2009),指出北极拥有全球 13%的尚未探明的石油储量,同时还拥有全球近 1/3 尚未开发的天然气储量(杨振姣 等,2015)。据地质学家的保守估计,世界煤炭资源总量的 9%储藏在北极。实际上,在北极地区已经发现了许多大型油田。1968 年,在美国阿拉斯加地区发现的普拉德霍湾油田是北美最大的油田,估计原油储量为 100 亿桶,占美国原油产量的 26%以上。北极严酷的气候致使北极地区的油气和矿产资源尚未得到有效开发,而气候变暖和开发技术的进步使北极资源的开发逐渐成为可能。

除油气和煤炭资源外,北极的铁、铜、锌、镍、钴、金、铅、铀、银、金刚石等资源的储量也很丰富(高峰,2014),堪称地球头顶上缀满宝石的王冠。在全球面临资源匮乏、特别是能源危机时,如此丰富的自然资源,其重要性显而易见。但长期以来,北极地区的资源开采一直处于低水平阶段。恶劣的气候、极其不便的交通、高技术门槛及环保要求极大地制约了对北极地区的商业开发。随着全球变暖、冰层融化,新技术的发展使资源开发的成本骤降,开发的可能性大大增加。例如,美国在阿拉斯加西北岸已建立了地球上最大的锌矿开采基地;俄罗斯在东西伯利亚建有世界闻名的诺里尔斯克镍矿综合企业;加拿大仅凭北极地区新开发的三个钻石矿,已跻身世界钻石产量三甲之列。

此外,北冰洋远洋渔业资源十分丰富,鱼、虾、蟹、贝齐全,品种繁多,拥有鳕鱼、多春鱼、鲱鱼、格陵兰比目鱼、太平洋鲑鱼、鲆鲽鱼等多种种类。据统计,北极鱼类总产量726 万吨,占全球总捕捞产量的 10%;甲壳类总产量 36 万吨,占全球总捕捞量的 5.3%。除野生捕捞外,北极水产养殖鲑鳟鱼产量也不少,占全球总产量的 7.7%(焦敏 等,2015)。

资源短缺与能源安全问题在相当长的时间内是制约我国工业化、城镇化和农业现代化同步建设的瓶颈,开源节流是解决此问题的重要途径。在开发新能源、转变经济增长方式以实现可持续发展的同时,也必须关注和拓展我国在其他地区特别是北极的资源利益。因此,北极丰富的能源对能源需求不断增长的我国具有重要的战略意义。

(三) 军事安全价值

北冰洋位于亚洲、欧洲和北美洲的顶点,拥有联系三者最短的航线,距离北半球世界大国的距离较短,被认为是军事战略制高点。全球最发达的 G8 成员国全部在北半球,G20 中也只有巴西、阿根廷、南非和澳大利亚属于南半球。北极连接的是全球经济最发达、战略位置最重要的地区,也是力量交汇、矛盾丛生、关系复杂的地区。海冰融化后,北冰洋海域周边国家都会部署大量水面、水下军力。这一新的海洋态势的诞生势必将改变大国之间的地缘关系和战略格局,引起全球性的地缘政治革命。

由于北极特殊的气象和地理环境条件,北冰洋广阔的冰盖为核潜艇隐蔽活动提供了天然保护,核潜艇可以在冰下待机、躲避监视跟踪、免受外部攻击、实施战略突防。北冰洋是威慑诸大国战略翼侧的理想地域,被认为是战略导弹的"最佳发射场"。从这里发射洲际导弹,10 min以内可到达美国腹地。

受经济和战略利益驱动,环北极国家从政治、外交和军事角度对北冰洋展开激烈的争夺,纷纷制定北极战略，加大投入，兴建军事基地，筹建北极任务部队，频繁开展军演，持续加大资源勘探和科学研究力度，以实现对北极的战略掌控。从冷战时期至今，俄罗斯、美国等国核潜艇多次穿越北冰洋并在冰层之下激烈暗战，作战飞机多次飞越北极，北极成为美俄战略角力的主战场之一。

美国早在 1946 年便开始在北极地区进行大规模考察；而后随着北约组织的成立，美国在从阿拉斯加到冰岛的漫长北极线上建起了弹道导弹预警系统，部署了相当规模的远程相控阵雷达、战略核潜艇、弹道导弹和截击机，并联合加拿大成立了"北美空间防御司令部"。2004年年底，美国在紧临北冰洋的阿拉斯加中部的麦格拉斯堡空军基地建立起第一个陆基"战区高空拦截弹"发射阵地，并部署了 24 枚高空反弹道导弹。美国的北极战略加速了北极地区的军事化，美国通过一系列实质性行动，已在北极周边部署了强大的联合军事力量，为其政治意图的实现提供了坚实的实力基础。2010 年 8 月 6～19 日，加拿大、美国、丹麦海军在北极地区进行了长达 20 天的首次联合军演，如图 1-8 所示。2018 年 10 月，美国领导下的北约 30个成员国在挪威海开展了代号为"三叉戟接点"的北约大型军事演习，总兵力达 4.5 万人，另有 1 万辆各型车辆、130 余架飞机和 70 多艘舰艇参加。这也是北约自 1991 年以来最大规模的演习。

俄罗斯更是明确制定北极军事战略。海军的"台风"级、DIII 级和 DIV 级弹道导弹核潜艇早已常年在北冰洋深海底游弋，执行核战略威慑巡航值班任务。进入 21 世纪，俄罗斯即便是在军费紧缺的情况下，也不断恢复并增加在北极的军费投入。2006 年，俄罗斯"台风"级战略核潜艇在北冰洋冰盖下发射了 SS-N-20 潜射弹道导弹(游文彬，2006)。2007 年，俄罗斯空军恢复了中断 15 年之久的北极上空巡逻任务，近年来图-160 战略轰炸机和图-95 战略轰炸机在北极地区巡逻频次递增。目前，俄罗斯仍是世

图 1-8　美国核潜艇北极军演(车福德，2016)

界上唯一拥有可进出北极地区核动力破冰船的国家。2013 年，俄罗斯海军舰艇编队开始在北冰洋进行经常性巡逻(方明，2014)。2019 年，俄罗斯在斯莱德涅岛和弗兰格尔岛及施密特角部署防空雷达和航空导航基站，并举行了北极军事演习。

一旦冰雪融化，北冰洋周边国家在该水域部署的大量海上战力会使全球军事态势产生根本性改变。北极地区将成为美国、俄罗斯等世界主要军事大国竞相争夺的新战略点(Poland et al., 2001)。

五、我国极区政策

北极是全人类的北极，且关系全人类的未来。

中国是北极事务的重要利益攸关方。中国在地缘上是"近北极国家"，是陆上最接近北极圈的国家之一。北极的自然状况及其变化对中国的气候系统和生态环境有着直接的影响，进而关系中国在农业、林业、渔业、海洋等领域的经济利益。同时，中国与北极的跨区域和全球性问题息息相关，特别是北极的气候变化、环境、科研、航道利用、资源勘探与开发、安全、国际治理等问题，关系世界各国和人类的共同生存与发展，与包括中国在内的北极域外国家

的利益密不可分。

《南极条约》的签署使各国对南极的主权要求得以冻结，但在北极地区则没有这样的国际公约。1925 年生效的《斯匹次卑尔根群岛条约》是迄今为止北极地区为数不多的具有国际色彩的政府条约之一，其作用显得十分突出。该条约使得斯瓦尔巴群岛成为北极地区第一个也是唯一的非军事区，它规定签约国国民有权自由进入北极圈，并在遵守当地法律的条件下平等从事海洋、工业、矿业和商业等活动。1994 年正式生效的《联合国海洋法公约》规定，北极圈周边为冰所覆盖的北冰洋是沿海国管辖海域之外的海洋，是不属于任何一个国家的公海。公海的海底为"国际海底区域"，其资源属于"人类共同继承的遗产"。因此，北极是全人类的，北极地区的资源也自然属于全人类。我国是《斯匹次卑尔根群岛条约》的缔约国，享有相关权益，因此有权利维护与实现自己在该地区的资源利益。与此同时，也要清醒地看到，与美国、俄罗斯等北极国家不同，我国不是北极国家，参与北极治理在地缘及国际法上处于相对不利的地位，想要在北极治理中发挥作用，就必须扩大和加强与北极国家之间的交往联系。

斯德哥尔摩国际和平研究所 2010 年 3 月 1 日发表题为"中国正为'无冰'的北极做准备"的报告，关注中国的北极政策。在该报告中，北欧国家明确表示欢迎中国在北极问题上发挥作用，强调"开发北极的计划将增加中国和北欧的经济往来，这对北欧国家是有好处的"；加拿大政府也一贯支持和欢迎中国参与北极治理机制。与北极国家日益加强的交往联系为我国实施北极战略创造了条件和基础。近年来，我国北极战略意识增强，对北极事务的关注度也日益提高。2007 年 8 月，在中国极地科学学术年会上，国家海洋局的报告指出："面对新一轮北极争夺带来的机遇与挑战，我国应积极作为，谋求非环北极国家中的北极大国地位，维护我国在北极的战略权益。" 2016 年 8 月，《"十三五"国家科技创新规划》提出，未来要发展保障国家安全和战略利益的技术体系，开展对极区环境的观测和资源开发利用，重点提高我国极区科研水平和技术保障条件。2016 年 10 月，俄罗斯与我国联合成立了北极问题研究中心，为我国对北极区域研究起到促进作用。

2017 年 6 月，《"一带一路"建设海上合作设想》指出，中国发起共建"丝绸之路经济带"和"21 世纪海上丝绸之路"（"一带一路"）重要合作倡议，与各方共建"冰上丝绸之路"，为促进北极地区互联互通和经济社会可持续发展带来合作机遇，并首次将北极航道明确定位成"一带一路"三大主要海上通道之一。

2018 年 1 月，《中国的北极政策》白皮书全面介绍了中国参与北极事务的政策目标、基本原则和主要政策主张，是指导中国当前和今后一个时期参与北极事务的重要政策根据。白皮书明确指出，中国是联合国安理会常任理事国，肩负着共同维护北极和平与安全的重要使命。中国是世界贸易大国和能源消费大国，北极的航道和资源开发利用可能对中国的能源战略和经济发展产生巨大影响。中国的资金、技术、市场、知识和经验在拓展北极航道网络和促进航道沿岸国经济社会发展方面可望发挥重要作用。中国在北极与北极国家利益相融合，与世界各国休戚与共。白皮书还指出，技术装备是认知、利用和保护北极的基础。中国鼓励发展注重生态环境保护的极地技术装备，积极参与北极开发的基础设施建设，推动深海远洋考察、冰区勘探、大气和生物观测等领域的装备升级，促进冰区航行和监测及新型冰级船舶建造等方面的技术创新。白皮书对北极国际规则的制定和北极治理机制的构建发挥了积极作用。

第二节　北极航行

一、国外北极航行

在全世界范围内，人类关注极区、探索北极的尝试已经持续了上千年，早在 2000 年前的古希腊人就曾经尝试探索北极。俄罗斯及欧美等近北极国家的极区航行探索起步较早。近几个世纪，极区航行探索主要从航海和航空两个领域独立展开，其中航海领域海上航行以科考商用牵引，冰下航行则以军事牵引，下面对这一历史进行简要介绍。

(一) 北极航空飞行

1926 年 5 月 9 日，美国人伯得(Byrd)和贝内特(Bennett)驾驶福克 F.VIIA-3M 三发单翼机，从挪威斯匹次卑尔根群岛出发，穿越北冰洋上空，成功飞越北极点后安全返回。1929 年 11 月 28 日，伯得等四人机组又驾驶一架福特 4-AT 三发飞机，从南极洲边缘的小阿美利加基地出发，飞临南极后返回，往返飞行 18 h 59 min。伯得因此成为世界上第一个飞越过地球两极的人。

1926 年 5 月 11 日，欧洲飞行探险家开始由罗马至阿拉斯加的飞行尝试，但因天气原因未到达目的地。1937 年 5 月 21 日，苏联飞机成为第一架着陆北极点的飞机，并第一次实现了由莫斯科经北极飞抵安克雷奇。1941 年，英国皇家空军中校 K. C. 麦克卢尔(K. C. Maclure)首次提出极区格网导航。

1954 年，北欧航空公司(Scandinavian Airlines Systems, SAS)使用 DC-6B 型客机开通了哥本哈根经极地飞至美国西海岸城市洛杉矶的航线(CPH-SFJ-LAX)。1957 年，北欧航空公司使用 DC-6B 机型开通了哥本哈根—安克雷奇—东京航线(CPH-ANC-NRT)。欧美之间、欧亚之间陆续开始了跨越极地的飞行。1968 年，美国 KC-135 飞机从图勒(Thule)空军基地起飞穿越北极，并安装了双惯性导航(LTN-51)(Portney，1970)。1981 年，从冰岛出发穿越北极的 YP-3C 飞机首次安装了环形激光陀螺捷联惯性导航(LN-90)(Portney，1992)。1983 年，芬兰航空公司(Finnair)使用 DC-10 机型开通了赫尔辛基—东京航线(HEL-NRT)。至今，跨越极地的商业运行已有 40 余年的历史，每周有 300 多个航班往来于欧洲与美国西海岸。

从美国东部城市经北极直达亚洲地区的飞行路线开发较晚。20 世纪 90 年代，俄罗斯北部空域逐渐开放。2001 年，北美与东亚之间的北极航线正式对外开放，波音公司的大型商业飞机可执行极区飞行任务(Ng et al.，2011；Vasatka，2005)，极区商用航空导航技术在美国也已成功投入商业应用。

在军事领域，进入 21 世纪，各北极大国空军动作频繁。如前所述，2007 年，俄罗斯空军恢复了北极上空巡逻任务，说明俄罗斯的战斗机、战略轰炸机均可穿越北极。2012 年，美国空军 B-2 轰炸机从加利福尼亚州空军基地完成首次北极上空长航试验任务，向外界展示全球打击能力(张洋，2011)。加拿大的大型运输机、F-18"大黄蜂"型战斗机及无人侦察机均可在北极进行演习与巡逻。这说明美军和北约空军完全具备北极作战能力(张绍芳 等，2013)。

(二) 北极海上航行

1497 年 5 月 20 日，意大利探险家约翰·卡伯特(John Cabot)率领"马修"号从英国的布里斯托尔出发，拉开了人类探索西北航道的序幕，但此次探险以失败告终。

16 世纪，欧洲殖民国家为了扩大其帝国版图和寻求进入东亚地区的贸易路线，开始探索通往神秘东方的道路。1553 年，英国人詹斯勒(Gensler)率三艘船试图打通东北航道，最远到达俄罗斯北方的白海。但其中两艘船上的官员和水手共 70 多人全部因饥寒而丧命。西北航道的探寻开始于 1818 年，英国航海家多次深入北极地区，以富兰克林为首的庞大探险队也以惨烈的结局告终。

1878 年 7 月 18 日，瑞典人诺登舍尔德(Nordenskiold)率领四艘舰艇，乘 300 t 的帆船"维加"号和来自五国组成的官兵共 30 人的国际考察队，最终于 1879 年 7 月 20 日绕过亚洲大陆的东北角进入白令海峡，东北航道终于宣告打通。1903 年 6 月 16 日，挪威探险家罗尔德·阿蒙森(Roald Amundson)驾驶"格约亚"号从挪威的奥斯陆峡湾出发，于 1906 年 8 月 31 日到达阿拉斯加西海岸的诺姆港，至此长达数百年探索的西北航道也终于宣告打通。

1913～1915 年，维尔奇茨基(Vilkictski)带领一支探险队乘"帖木儿"和"维加契"号由符拉迪沃斯托克(海参崴)出发一直航行到阿尔汉格尔斯克，这是第一次成功地自东向西穿越东北航道。1932 年 8～9 月，苏联科学家施密特(Schmidt)驾驶蒸汽船"西比利亚科夫"号自阿尔汉格尔斯克航行到白令海峡，苏联随后成立了北方航道管理局。

1940 年 6 月，亨利·拉森(Henry Larsen)乘"圣·洛克"号离开温哥华，于 1942 年 10 月 11 日到达哈利法克斯，成为通过西北航道的第二艘船只，也是由西向东通过西北航道的第一艘船。该船于 1944 年 7 月 22 日离开哈利法克斯开始第二次航行，于 10 月 11 日到达温哥华，这也是历史上在单一季节由东向西通过西北航道的首艘船只，共计用时 86 天。

1969 年 8 月 24 日，经过船壳加厚的 15.1 万 t 的美国"曼哈顿"号油船试航西北航道，从美国宾夕法尼亚州的切斯特港起航，9 月 2 日抵达巴芬岛，3 天后正式进入西北航道，于同年 9 月 14 日抵达阿拉斯加州的巴罗角，同年 11 月 12 日回到纽约，完成往返航行。

1977 年，苏联破冰船"北极"号到达北极，这是人类第一次乘船在水面航行到达北极点。2007 年，俄罗斯核动力破冰船"50 周年胜利号"开启北极点全民探险时代，可以载客前往北极点。

2009 年夏，两艘德国商船"友爱"号和"远见"号实现了从韩国釜山港经东北航道到达荷兰鹿特丹港的航行，这是商船首次无引航员协助自行穿越东北航道的航行。

2011 年，OSI 公司为北约海军研制的舰艇电子海图系统 ECPINS-W 中利用极区格网坐标系实现极区导航功能(OSI Ltd.，2011)。2013 年，俄罗斯海军舰艇编队开始在北冰洋进行经常性巡逻。

近期资料表明，加拿大为新建破冰船已加装了极区导航系统，但技术细节未见公开。破冰船等各类运载器在北极的频繁活动表明，这些国家已经掌握了极区导航的必需技术，完全具备了极区航海导航能力。

(三) 北极冰下航行

1. 美军北极航行

美军的历次北极航行的航向如图 1-9 所示。1931 年 9 月，休伯特·威尔金斯(Hubert Wilkins)和哈拉德·斯维德鲁普(Harald Sverdrup)通过"鹦鹉螺"号柴电潜艇开启了探索北冰洋的首次尝试。该潜艇采用基于六分仪、天文钟的天文定位，陀螺罗经和计程仪相结合的推算定位，并结合陆标定位传统方式实现导航。由于潜艇难以适应冰下航行需要，这次探险以失败告终，

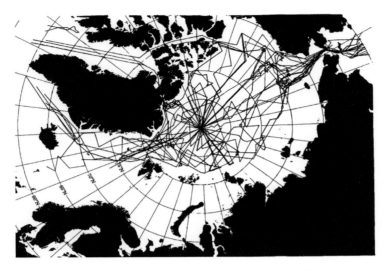

图 1-9　美军核潜艇历次穿越北极部分航线图(1977~1982 年)(Lyon，1984)

但是积累了大量的数据，包括水深、海水温度、盐度、海底底质、地球重力和磁力数据等，为 26 年之后同名的"鹦鹉螺"号核潜艇探险北极奠定了重要的基础。

1947 年 8 月，在北极楚克奇海域，美军"豚鼻鱼"号柴电潜艇利用艇上装备的前视、上视和下视声纳引导，在冰盖与海底之间行进了 12 n mile。这是历史上美国潜艇在北极冰下的首次成功下潜。此次航行使美军破除了冰下航行的神秘感，不仅掌握了冰盖扫描声纳图像的判读方法和冰下引航方法，还确立了专门开发一型北极潜艇的建设目标。1948 年夏，美军"鲤鱼"号柴电潜艇从北冰洋的巴罗角到挪威的斯匹次卑尔根进行了 33 天的航行，开发出了一套冰下定位和冰间湖垂直上浮技术(潜艇可以在冰下穿行，必要时可上浮到冰间湖进行充电和定位)。

1950~1954 年，美军利用破冰船测绘出波弗特海和加拿大群岛各海峡的海底地形图和海洋学海图。1952 年夏，美军"红鳍鱼"号柴电潜艇利用这些海图在巴罗角以东海域下潜，绕航波弗特海到麦克卢尔海峡，进行了最远的探险性巡航，导航采用陀螺罗经、螺旋桨转速推算舰位，并通过陆标定位和六分仪太阳定位进行修正，利用标准无线电时间信号对天文钟进行周期性校正。

1955 年，美国建造出第一艘核潜艇"鹦鹉螺"号，相对于柴电潜艇，其续航力大增。受苏联首颗人造卫星成功发射的刺激，尽管不是为极地冰区设计，美国仍然匆忙启动了核潜艇首次极地冰区航行。该潜艇加装了上视声纳系统，潜望镜加装了天文高度记录仪，采用了新式陀螺罗经 Sperry Mark 19 作为主罗经，制式陀螺罗经 Sperry Mark 23 作为备份罗经，并采用了两套气泡六分仪(手持式和潜望式)和一套机载型方位陀螺罗经作为备份导航设备。1957 年 8~9 月，该潜艇从美国康涅狄格州启航，最远到达 87°N 08°W 处，距北极点 180 n mile，显示了核潜艇比柴电潜艇更优越的多任务执行能力。

1958 年 1 月，美军决定派遣两艘核潜艇到北冰洋。"鹦鹉螺"号从太平洋白令海峡一侧穿越北冰洋到斯匹次卑尔根，"灰鳐"号潜艇从大西洋一侧潜航至北极点再折返回大西洋。"鹦鹉螺"号潜艇进行了艇体加固、增强罗经电源的可靠性、加装高分辨率海冰成像声纳等必要的极区环境适应性改造。其中最重要的是它首次加装了 Mod N6A 型惯性导航系统。由于该航行是世界上首次冰下穿越极点，并且当时正处于冷战关键时期，为防泄密，潜艇上没有装备前视海冰规避声纳,这给潜艇冰区安全航行带来极大风险。1958 年 8 月 1 日,"鹦鹉螺"号潜艇从巴罗海谷下潜,在有海底水深数据时采用水深定位修正,在没有水深数据的绝大部分海域则采取罗经推算舰位和惯性导航定位方式。1958 年 8 月 3 日,格林尼治时间 23:15,潜艇到达极点 90°N,之后继续前行最终到达英国波特兰,全程水下航行时间长达 99 h。与此同时,另一艘美国核潜艇"灰鳐"号 8 月 10 日到达斯匹次卑尔根,利用雷达修正舰位后,采取与"鹦鹉螺"号潜艇类似的导航装备进行冰下引导,并于 8 月 12 日也到达北极点附近,航行期间潜艇同时对所经过的海域地形进行了测绘。

1959 年 3 月 3 日,"灰鳐"号潜艇从康涅狄格州出发重返北冰洋,这是美国潜艇第一次在北冰洋进行冬季航行,"灰鳐"号潜艇加装了水下电视摄像机、漂浮电缆天线和上视声纳试验装置各一套,并设计了破冰上浮方式。在 13 天潜航期间,"灰鳐"号十次破冰而出,并对沿线北冰洋海洋环境进行了测量。

"灰鳐"号潜艇和"鹦鹉螺"号潜艇没有装备任何探测和规避海冰的声纳,始终以"声盲"方式航行。为克服声盲,美军随后设计并制造了一种与二战探雷声纳类似的海冰规避声纳。为准确量测潜艇顶部海冰的厚度,美军又进一步开发了上视声纳系统。为了测试海冰规避声纳系统的作战性能,"重牙鲷"号潜艇选择了最困难的在冬季从太平洋一侧穿越北冰洋的穿极航线。1960 年 1~2 月,该潜艇完成了 31 天冰下航行,期间 20 次破冰上浮,冰下航行 6003 n mile,其中 2002 n mile 处于浅水区。这次行动说明,美军已开始具备全年任何季节在北冰洋任何区域航行的能力。

"灰鳐"号、"重牙鲷"号和"海龙"号潜艇在北极航行所获的经验和知识,为"鲟鱼"级潜艇的装备开发和潜艇设计提供了指导。1967 年以来,这艘具有极区航行能力的潜艇被美军持续用来探索北冰洋。

直至 1993~1998 年,美军核潜艇仍被用于开展极区科学考察计划,这说明了核潜艇作为考察载体的优越性。有关报告表明,类似活动一直持续到 2005 年前后,报告对潜艇的相关航线也进行了披露。

2009 年,美军在现有核潜艇上开始全面加装极区导航模块(Jakobsson et al., 2008)。2011年,美国两艘"海狼"级核动力攻击潜艇在北冰洋进行了演习(斯年,2011)。目前北约每两年一次定期组织开展冰原演习。在 2018 年的演习中,美军出动了两艘潜艇 SSN-768"哈特福德"号(洛杉矶级的改进型)和 SSN-22"康涅狄格"号(海狼级),英国的 S-91"锋利"号(特拉法尔加级)潜艇也参加了演习。潜艇操练了寻找浮出冰面的合适地点、在高纬度进行水面和水下航行、躲避冰山、在极地条件下使用无线电通信、搜索潜艇及冰下鱼雷射击等课目。同时还训练了冰面搭建临时营地,以供人员对潜艇及艇载武器进行维护。

2. 俄罗斯(苏联)海军北极航行

鉴于北极对俄罗斯有着极其重要的军事战略意义,俄罗斯十分重视极区导航技术,目前该技术已相当成熟,在军事上已经进入常态化应用。1962 年 7 月,苏联"列宁共青团"号("K-3"号)潜艇巡航到北极点。一年后,"K-181"号潜艇也做出了同样的壮举。1963 年,"K-133"号潜艇进行了首次环球航行。美苏北极争夺期间,苏联核潜艇极地航行次数远超美国,冰下航行的技巧和水平也强于美国。

1995 年 8 月,俄罗斯利用"台风"核潜艇在北极冰下进行了 SS-N-20 导弹发射试验。2006年 9 月 9 日,667 型"海豚"级战略核潜艇在北冰洋水域又发射了一枚 PCM-54 洲际导弹。同年在北冰洋冰盖下"台风"级战略核潜艇再次发射了一枚 SS-N-20 潜射弹道导弹。这说明俄罗斯核潜艇已具备很强的极区冰下航行及作战能力。

二、我国北极航行

北极航线地缘政治权益争夺的源起是全球变暖导致北冰洋海冰加速融化，使北极的丰富资源和具有较高价值的北极航线资源受到各国的关注。对北极资源进行勘探的结果和北极科考的进度也使对北极航线地缘政治权益的争夺愈加激烈。

(一) 北极航空飞行

由于对极区探索需求不足及地理位置的局限，我国极区导航问题研究滞后于近北极国家。1981 年 1 月，国航开通了北京经停旧金山至纽约的航班，使用北太平洋航路。2001 年 5 月 29 日，东航 MU588 芝加哥至上海试飞任务圆满完成，全程航行时间为 15 h 35 min。同年 7 月 15 日，在东航试飞成功 1 个半月后，南航大型波音 B777 型 2055 号飞机也完成了极地试飞。

由于北极磁场影响，磁场变化大，有的地区磁差在 80° 以上，飞机无法按磁罗盘指示航行。东航的空客 A320 飞机主导航设备配备两部 GPS 卫星导航接收机和三套惯性导航设备。通过采取上述导航设备、飞行管理系统(flight management system，FMS)定位和格网导航方法，解决了极地飞行中的定位导航问题。在 12 000 km A320 和 13 000 km B777 飞行的航线上检测到 GPS 定位误差不超过 1 km。试验最终表明，只要机组人员根据导航原理正确执行导航操作程序，做好特殊情况应对准备，上述极地导航定位技术是可靠的。

(二) 北极海上航行

从 1999 年起，中国以"雪龙"号科考船为平台，成功进行了多次北极科学考察。2004 年，中国在斯匹次卑尔根群岛的新奥尔松地区建成中国北极黄河站。截至 2017 年底，中国在北极地区已成功开展了 8 次北冰洋科学考察和 14 个年度黄河站站基科学考察。借助船站平台，中国在北极地区逐步建立起海洋、冰雪、大气、生物、地质等多学科观测体系。

长期以来，船舶、飞机等载体航行范围主要关注中低纬度地区，导航系统在极区的性能尚需进一步验证。"雪龙"号科考船搭载的陀螺罗经随着纬度升高，精度和稳定性急剧下降，航向值误差高达十几度，罗经启动时间显著增长(大约 9 h)，难以适应极区高纬度航行。2015 年，中远集团"永盛轮"搭载了具备极区工作模式的船用光纤陀螺罗经，成功穿越北极东北航道抵达瑞典瓦尔贝里港，返回天津港。此次航行历时 55 天，航行近 2 万 n mile，到达的最北端为 78° 05′N，在一定程度上检验了导航设备的极区性能，也为我国未来极区航行积累了经验。

第三节 极区导航问题

一、极区导航技术

导航(navigation)并没有普遍认同的严格定义。《简明牛津词典》中将导航定义为：通过几何学、天文学、无线电信号等任何手段确定或规划船舶、飞机的位置及航线的方法(Paul，2013)。美国国防部和交通部制定的国家定位导航授时系统(positioning, navigation and timing, PNT)(Raquet，2011；Dow et al.，2009)中将导航定义为：在战场或其他用户的活动范围内，以地球空间信息和产品为基准，确定用户现行的位置和所希望的位置，用以校正航线、艏向和速度，以达到所希望位置的能力(魏艳艳，2011)。

根据上述定义，导航首先涵盖两个方面：一是导航系统，为用户提供高精度的位置、速度、姿态和航向等参数；二是航行方法，为用户规划航线、执行航线，以达到所希望的位置。此外，导航还涉及海图或航空图系统，为用户提供基准进行航行监控和航行绘算。因此，极区导航技术的研究应主要包括三个方面，即极区导航系统、极区航行方法和极区海图或航空图系统。

影响极区导航的因素十分复杂，主要分为两种：一是外界环境因素，如特殊自然环境，电离层活动、宇宙射线、极光、磁暴、极昼极夜、多雾等(孟泱 等，2011)；二是地球或器件固有的特征，如极点处地球自转角速度与重力加速度共线(万德钧 等，1998)、存在地磁极点(Irving et al.，1958)、陀螺仪罗经效应减弱(许江宁 等，2009)等；三是人为规定的因素，如极区地理纬度较高、经线快速收敛、存在地理极点、仅适用于中低纬度区域的投影方法与等角航线的规定等。下面对极区特殊环境影响下的导航系统的主要问题进行分析。

二、极区导航环境

极区具有多种与地球其他地区显著不同的特殊环境条件，而这对导航设备有着多方面影响。这些因素主要包括极区地处地球的地极、磁极、寒极和极地特殊的电磁环境等。

(一) 与地极相关的影响因素

极区地处地极区域是影响多种导航系统性能最核心、最本质的原因。

1. 传统定义的地球坐标系和地理坐标系在极区逐渐失效

在极点处，常用的经、纬度位置参数和东北向的航向参数全部失效。所有从北极出发的真航向均为向南；经线稠密、收敛于极点，经线过度弯曲，经、纬线不能用作航海基准；在极点处，经度可以为 0°～180°任意值，定义失效；与经度相关的时区在两极收敛，地方时失去意义；用于极区航行的方位线不能被视为恒向线，而是大圆弧；在运载体穿过或靠近极点航线时需迅速改变其航线角。

2. 地球自转角速度矢量与当地重力矢量平行

由于地处地极，地球自转角速度矢量、当地重力矢量均与地轴接近并重合，造成依赖地球自转角速度矢量、当地重力矢量双矢量测姿定位的惯性设备无法自主寻北而建立真航向基准。

3. 由地极引起的其他影响

从一定意义上说，极区绝大部分极端自然环境特点都与地极直接或间接相关。由于地处地极，无法受到太阳直射，日照强度显著少于其他地区，这是造成极区寒冷并成为寒极的主要原因。而由于极端低温,带来了海冰、海雾等一系列与温度相关的环境和气象问题。阳光照射角度的全天晦明,又造成了夏季、冬季的极昼与极夜现象。根据地球科学关于地磁场产生的发电机假说理论,地磁场的产生与地球绕地极自转相关。由铁、镍等构成的液态外核相对于地核外磁场作相对运动,形成地磁场;地磁场磁极位于地极附近。由于地球自转不稳定,不断变化,地磁场磁极在地极附近存在漂移现象。地磁场对于宇宙射线具有防护作用,但是至极区磁极附近,宇宙射线偏转方向向地面偏转,成为极区电磁环境复杂多变的主要原因。同样也是由于地处地极附近,臭氧空洞等会造成更加强烈的紫外线(汪新文 等,1999)。

上述因素对基于惯性、无线电、地磁和光学(如天文导航)等机理的导航系统均会产生影响。

(二) 与磁极相关的影响因素

地磁极是地球表面上地磁场方向与地面垂直、磁场强度最大的地方。磁北极和磁南极位置与地理两极接近,但不重合。在中低纬地区经过校验的磁罗经,进入高纬地区通过地磁差补偿尽管仍可使用,但并不可靠。国际海事组织(International Maritime Organization,IMO)《航行安全》中规定,船舶必须具有两种相互独立的非磁性原理确定和显示船舶艏向的手段。极区航空与航海磁罗经的正常工作主要受到以下地磁场因素的影响。

1. 磁倾角很大

磁场水平分量很小,垂直分量很大,航海磁罗盘不能正确测量磁航向;飞行磁罗盘指示不稳定,误差大。

2. 磁经线迅速收敛

磁差随地理位置的变化迅速变化,越靠近极点越明显,磁经线收敛导致磁差随海区变化大。因此,使用磁罗经引航对航行影响较大。

3. 地磁极位置漂移

地磁场随地壳深处液体流的变化而变化,磁极漂移难以预测。地磁极和磁差年变率每年都在变动。20世纪90年代中期,磁极移动的速度加快,从每年约15 km增加到每年约55 km。到2001年,磁极已进入北冰洋。2005年,北磁极位于82.7°N 114.4°W。目前,北磁极正以每天20.5 m的速度自北冰洋向俄罗斯方向横穿北冰洋移动,估计到2460年将移到西伯利亚泰梅尔半岛。如图1-10所示,箭头所指方向为北磁极漂移方向。南磁极的位置也不固定,每年以大约10 km的速度向北移动。

图1-10　北磁极示意图[①]
红色箭头为北磁极漂移方面

4. 地磁场不稳定性

由于地磁风暴、宇宙射线等多种极区因素影

① 引自: 佚名. 地核磁场变化致北磁极向俄罗斯方向移动[J]. 发明与创新(综合科技), 2010(02): 34.

响，地磁场本身并不稳定。这就造成了磁罗经指向误差较大，甚至无法正确定向。准确修正误差需要详细的磁差资料，目前上述资料仍较匮乏，因此磁罗经在极区难以提供准确、稳定的航向。

5. 存在磁不可靠区域

在磁极附近存在的磁不可靠区域(areas of magnetic unreliability, AMU)，磁差每天变化很大且难以校正。在磁不可靠区域不能使用磁航向导航。在使用"延展磁差"的条件下，北极磁不可靠区域的范围为所有 82°N 以北地区和经度位于 80°W 与 130°W 之间、70°N 以北地区，类似钥匙孔型区域。在不使用"延展磁差"的条件下，磁不可靠区域的范围为所有 73°N 以北地区。

(三) 与寒极相关的影响因素

极区极端寒冷，常年冰雪覆盖。海洋和冰区多年大块浮冰厚度可达 20 m，冰山吃水厚度可达 100 m。极区高寒，多暴风雪；海雾频发，能见度低、无法识别地面和地平线，不便于陆标定位、天文导航和雷达导航；云团的对流层高度与中纬度相比较低，对流层顶高度平均只有 8～9 km(赤道地区 16～18 km)。因为大量河流的注入、冰层造成的有限蒸发及太平洋大西洋的有限循环，北冰洋水域的咸度比其他海洋的平均值低，且温度基本一致，一般为–28～–34 ℃。

1. 低温造成设备性能下降

由于极地常年气温低，各种电气设备反应变得迟缓，甚至无法正常工作，如环境低温导致惯性导航设备等航海设备稳定时间延长，需要对各类设备低温条件下的适应性进行测试，并研发能够在极寒条件下使用的设备，以保障舱外导航定位的工作需要。

2. 舱外设备需增加特殊防护

舱外设备最低工作温度可达–30 ℃，部分导航系统的传感器安装在舱外，必须增加相应的保护，如凸出船底安装的导航换能器增加防冰损防护、天线等舱外部件采取防挂冰措施等。

(四) 与电磁环境相关的影响因素

极区电磁环境受宇宙辐射影响较大。宇宙辐射是指来自太空高能粒子进入地球大气层和大气中的多种原子碰撞，所产生的次级辐射。周期为 11 年的太阳黑子活动是宇宙辐射的主要原因。宇宙辐射除受太阳黑子活动影响外，还受经、纬度和飞行高度影响。纬度越高辐射越强。

进入极区的宇宙射线通量大大高于其他地区。臭氧层减弱或臭氧空洞使阳光过滤作用下降，太阳周期性活动使电磁波的干扰作用表现强烈。太阳活动剧烈变化常引起地球磁层亚暴。宇宙辐射影响地球电离层，从而影响地空通信、卫星通信、电子导航设备的信号传输，对航空飞行人员也有一定影响。根据统计和宇宙辐射剂量的测定，一般情况下，飞行人员受到宇宙辐射的剂量不应超过国际放射防护安全协会和国际规定，需要采取适当保护措施，确保飞行人员的安全。

根据美国国家海洋和大气管理局(National Oceanic and Atmospheric Administration, NOAA)

的规定,由太阳活动引起的对地球环境的影响有三类,由弱至强各分为 5 级,即地球风暴 G1～G5 级、太阳辐射风暴 S1～S5 级,无线电中断 R1～R5 级。国航规定,在航班的有效时间段内满足三个条件之一,均不采用极地航线飞行,而改飞北美—加拿大—阿拉斯加—俄远东—中国的常规航路(张炳祥,2012)。

三、主要导航设备的极区问题

(一) 对惯性导航的影响

惯性导航装备包括惯性导航系统、平台罗经、惯性航姿测量系统、陀螺罗经等设备。惯性导航系统能够提供高精度的位置、航向、姿态等运动状态参数,是目前唯一的无源自主定位手段,是潜艇最主要的导航装备。

惯性导航技术很早就被用于极区航行。1958 年,装备了 N6A 型惯导系统的美国"鹦鹉螺"号核潜艇成功穿越了北极(详见第七章)(Curtis et al.,1959)。1968 年,从美国图勒空军基地起飞穿越北极的 KC-135 飞机上首次安装了双惯性导航系统(LTN-51)(Portney et al.,1970)。1981 年,从冰岛出发穿越北极的 YP-3C 飞机首次安装了环形激光陀螺捷联惯性导航系统(LN-90)(Portney,1992)。实际上,20 世纪 60 年代以来,惯性导航系统被认为是北极航行的首选导航手段。按照编排方案的不同,极区惯性导航技术可分为格网导航技术、横向坐标导航技术和平面导航技术三种。

惯性导航装备在极区存在以下主要问题。

1. 寻北能力下降

极区罗经效应降低,罗经对准法精度下降,当地水平坐标系下的惯性导航极区自主对准问题难以解决。极区地球自转角速度与重力加速度趋于共线,由于对准极限精度均与纬度的正切、余割相关(秦永元 等,2010;Gaiffe et al.,2000;Jiang,1998),传统解析粗对准和惯性系解析对准的精度降低(徐博 等,2012;魏春岭 等,2000)。

由于在高纬度地区经线逐渐收敛于极点,以经线切线方向为参考的航向基准建立困难,惯性导航测量的航向误差在高纬度地区增大,尤其是在纬度 85°以上的极区更是急剧增大,无法保证航行等任务。纬度高于 70°的地区,需要定期核查陀螺罗经方位误差;陀螺罗经方位仪状态的漂移量增大,航向指示变得不可靠,精度降低;纬度高于 87°30′的地区陀螺罗经不能指示航向。

2. 控制误差增大

惯性导航系统为载体建立空间基准,普遍以水平、指北地理坐标系为参考,测量载体姿态、艏向,同时解算位置和速度等信息。罗经指北力矩项中包含与纬度相关的项 $\tan\varphi$,纬度接近 90°时,力矩过大,系统丧失跟踪指北功能;惯性导航方位陀螺施矩困难,惯性导航系统计算误差或控制误差增大,导航精度下降。

3. 计算溢出

传统惯性导航速度解算中也包含 $\tan\varphi$ 项,在极点附近还会出现导航解算溢出;出现计算奇异和经度退化的过极点问题,导致系统失去解算能力。指北方位的惯性系航向误差与 $\sec\varphi$

成正比，不能作为全球导航使用。游移方位惯性导航系统可在极区完成姿态方向余弦矩阵和位置方向余弦矩阵的计算，但从方向余弦矩阵中提取航向和位置信息时存在奇异值。

(二) 对卫星导航的影响

船舶在冰区航行时利用物标定位比较困难，全球卫星导航系统(global navigation satellite system, GNSS)是极区定位精度最高、可用性较强的导航手段。当北斗全球星座布设完成后，北斗导航系统在极区的导航服务能力将明显增强；在60°N～90°N，北斗导航系统的定位精度因子(position dilution of precision, PDOP)值为1.4～2.8；GPS的PDOP值为2.3～3.5。GPS和北斗导航系统在极区的水平精度因子 (horizontal dilution of precision, HDOP)值相对于中低纬度地区要小，对于航海等应用相对有利(杨元喜 等，2016)。船舶航行纬度超过80°必须装备至少一套GNSS罗经。GNSS在极区存在以下主要问题。

1. 卫星高度角下降

由于卫星分布原因，纬度增加，卫星高度角降低。在两极和高纬度地区，高仰角的部分区域可能出现卫星覆盖空洞，使接收的卫星几何分布不理想，造成导航精度有所降低。在中国国际航空公司实际测试中，88°N以北地区GPS接收信号受影响曾出现短时不工作现象。

对于欧洲地球静止导航重叠服务 (European geostationary navigation overlay service，EGNOS)和广域增强系统 (wide area augmentation system, WAAS)等天基增强系统来说，地球同步轨道 (geostationary earth orbit, GEO)卫星信号不稳定，难以覆盖极区，仅在部分地区、部分时段可见，在连续弧段的开始和结束时段，高度角较低。天基增强系统在极区改善定位精度存在困难。

2. 电离层、对流层影响

电离层延迟对GNSS系统和天基导航增强系统影响更大。极区电离层闪烁频繁发生，电子沉降(如极光)导致电离层电子密度大，随时间变化快，电离层电子密度日间波动较中纬度地区剧烈得多。现有电离层延迟模型难以满足电离层变化，不能有效补偿电离层引起的误差；电离层梯度变化量大，卫星定位误差变大。对流层延迟也是影响GNSS定位精度的关键因素。相关研究表明，对流层延迟对低高度角卫星观测的影响较大。此外，磁暴也可使卫星信号失锁。

3. 无陆基差分系统

地基增强系统由于地面设施不足或气候恶劣等因素，工作状态不好，尚无陆基差分系统。

(三) 对无线电导航和通信的影响

1. 极区的无线电导航技术

北极沿岸国家设有罗兰C台链，但极区覆盖有限(图1-11)；俄罗斯建立的"阿尔法"甚低频无线电导航系统和无线电测向信标覆盖北极，但精度较低(2～7 km)，我国船只尚未完全配备相应型号的接收设备。无线电导航系统受到极光和磁暴的干扰，电离层电子密度小范围内存在不规则变化，导致信号幅值和相位发生较大变化，影响接收机信号的接收；传统的无线电测向系统作用距离近。由于距中国陕西蒲城授时台太远，极区无线电授时台授时不可靠。未来极区授时主要依赖北斗系统。

图 1-11 欧亚罗兰 C 台链示意图

2. 高频通信的影响

太阳的周期性活动对电磁波的干扰作用在这一地区表现得特别明显。极区电离层扰动，影响电离层的性状稳定，从而引起无线电通信不稳或中断。在极地航班飞行中，当机组使用常规的 HF 设备与管制部门进行地空通信时，往往会出现信号质量下降、自动跳频及较严重的噪声和衰减现象。当太阳的周期活动表现得特别强烈时，高频通信设备甚至会完全失效。

3. 卫星通信的影响

受地球表面曲率的影响，在 82°N 以北地区存在同步卫星信号覆盖盲区，位于赤道上空静止轨道上的通信卫星发出的信号无法顺利地传送到极区范围内的接收设备。同时极区发射的信号也无法被卫星顺利捕获，因而采用海事卫星和实现通信。

(四) 对天文导航的影响

天文导航包括人工观测和天文导航系统自动观测两种方式，在极区主要存在以下问题。

1. 自然环境影响

自然环境影响表现在：雾、烟、云团、积雪等导致能见度受限；日光在雪表面和云层之间不断反射产生雪盲现象；海天对比度消失，水天线难以识别；非夏季低温、寒冷；极区气候变化剧烈(Sadler，1949)。北极星方位难辨，高度角接近 90°时，失去导航作用。

2. 天文定位使用受限

在极区，受能见度、极昼极夜、冰区水面航行频繁转向与变速等影响，天文定位受限较大。夏季极昼季节不便于天文导航装备观测星体，多采用太阳定位，但由于太阳高度较低，观测定位误差较大。

3. 经典高度差法受限

天文导航的测量基准建立在载体坐标系下，采用基于地理坐标系的经典高度差法实现定位定向解算。受模型中secφ限制，在高纬度地区，天文导航数学解算模型中出现较大的原理性误差项，对天文导航定位定向精度产生显著影响。随着载体所在纬度继续升高，经线逐渐收敛于极点，这使得建立相对于经线的航向越来越困难。到达极区后，相对地理经线的定位定向计算误差被无穷放大。

(五) 对环境探测与保障设备的影响和需求

1. 对雷达使用的影响

导航雷达可靠性低。船舶必须配备S波段和X波段双波段导航雷达，X波段具备测冰功能。无破冰船水面引航时，双波段雷达同时开启，其中S波段雷达用于较远距离监测(12 n mile/24 n mile)，X波段雷达用于近距离监测(3 n mile/6 n mile)。开阔水域探测冰情，S波段雷达比X波段雷达有更好的海浪抑制效果；在密集、流速快或平坦海冰的情况下，X波段雷达目标识别能力更适合测冰及追踪冰的走向。有破冰船水面引航时，可使用X波段和S波段雷达分别观测前部和后部图像。在冰区航行时，雷达在分辨率性能上发挥的作用远大于避碰功能。极区冰雪覆盖、未经勘测、图像难以识别；缺少岸基助航标志；浓雾、多层的云团和积雪均影响对冰上和水上情况观测。

2. 对声纳的需求

声纳对于极区冰下安全导航极其重要。可用于精确地测量与海底距离、测量与上部和前部海冰距离、测冰厚度、测量海冰吃水厚度，以保证潜航器水下航行安全并选择合适的上浮点。

3. 对水文气象的需求

极区水文气象背景资料缺乏；现有的气象仪、风速仪等船舶水文气象装备难以完全满足极区航行；船只需要直升机或无人机实现远距离冰情观测。通过网络下载的美、英、德等国的冰情资料需结合现场观测进行预报。以短波通信为主的水文气象信息资料传输手段有限；海事卫星可用于远海服务，但保密性差、费用高，现有船只尚示完全配备气象卫星接收设备。

(六) 对航海信息服务设备的影响

极区航海图的编制及其导航使用始终是极区导航亟待解决的重要问题。

1. 极区航海图缺乏

由于极区环境复杂、恶劣，海洋施测极其困难，覆盖范围广、精度高、现势性好的极区航海图严重缺乏(Anolymous，2010)。极区自然条件恶劣，许多地区及水域未经系统测量，大部分极区航海图是以空中照片为基础制作的，海图上测深、地貌及其他航海信息稀少，测量精度比极区之外差，物标在海图上地理位置不可靠。

2. 极区海图投影方式的选择

接近极区时投影变形急剧变大，墨卡托(Mercator)海图已不宜使用，超过纬度85°时不能使用，需要采用极球面投影或横向墨卡托投影等方法，并需要绘制专用的航向度量格网线。

3. 对极区航法的影响

传统等角航线在极区曲率较大、航程较长，不能用于极区航行(张志衡 等，2015)，通常采用大圆航线。但是，采用大圆航线的不足有：大圆航线上地理航向角快速变化，需要与极区新的导航方法结合应用(Wanner et al.，1988)；大圆航线基于球体模型不够精确(胡毓钜 等，2010)，且在极区投影图上并不完全为直线，对航行绘算有影响(温朝江 等，2014)。绘算方位线时，即使船与被测目标之间的距离很小，也必须引入大圆改正量。

在复杂冰区航行时，需要重视浮冰对航行操纵的影响：某些地域水浅，不适宜航行；水流速度小；瞭望困难。海冰存在、频繁转向、指向精度差，需对极区航海设备误差有充分认识并作相应特殊处理。

第四节　本书的主要内容

极区导航的内容涉及较广，本书从体系设计的角度，从基础坐标系定义、海图投影、导航系统极区工作方式、极区航行规划，以及体系设计与建设等方面分析极区导航技术。

本书的章节安排如下：极区坐标系是各导航问题的基础，由于分析极区坐标系需要极区海图投影的相关知识，在第二章分析介绍极区航海图问题。一方面为后续章节提供航海图方面的知识概念，另一方面为国内极区航海图投影方式选择提供技术根据。第三章系统分析极区坐标系的设计选择问题，对目前较为混乱的极区坐标系定义进行梳理，给出一套较为统一的极区坐标系，明确导航系统与海图作业系统之间坐标系的关系，并为极区导航参数定义提供理论基础。第四章重点介绍极区格网导航，这也是最早提出的极区导航方式。格网导航使用极区新航向基准定义，但仍旧沿用传统位置参数定义。本章重点分析惯性导航系统的格网导航编排方案，并注重与不同极区海图投影应用相结合。第五章重点介绍可适用于极区全境的极区横向导航。横向导航在使用极区新航向基准定义的同时，调整定义了经、纬度位置参数定义。第五章重点分析多种方式的捷联惯性导航系统横向导航编排方案，并提出高度差天文导航系统的横向导航编排方案。第六章分析极区航行方法，分析与极区格网导航和横向导航相适应的极区航行控制策略。第七章主要探讨极区导航能力建设的体系层面的问题，从极区特殊航行环境、美军早期经验、综合导航系统及总体建设的角度进行分析，为读者呈现更宏观的极区建设视角。

第二章

极区航海图

　　海图建设是北极航行的重要问题，本章讨论极区航海图问题。

　　众所周知，海图是导航的基础。或者更准确地说，海图是船舶航行环境和态势信息展示、导航参数表达、绘算与航法应用的基础，是航海人员必不可少的主要参考资料和航行绘算平台。极区航海导航所需要解决的导航参数定义、引航、定位、绘算等基本问题无不直接或间接地体现在海图上。

　　极区环境复杂、恶劣，这造成海洋施测极为困难，实际上，覆盖范围广、精度高、现势性好的极区航海图严重缺乏。人类从早期极区探索开始就对极区航海图进行研究，英国人提出极区格网导航法伊始其实就是源于调整转换后的极区航海图，格网坐标系最初定义的基础也是极区航海图。随着极区航运不断向更高纬度海域拓展，极区导航图的编制及使用已成为极区导航亟待解决的重要问题。而海图投影方式的选择是极区航海图编制及导航应用研究的数学基础，因而是极区导航亟待解决的基础性问题。

　　海图投影方式决定了图上所显示地理区域与实地的吻合程度、所叠加的导航空间参考框架的形状、导航信息的显示形式、航行误差特性、航法实施方式等。中低纬度航行主要使用等角航法和大圆航法，分别以图上等角航线投影成直线的墨卡托投影海图和大圆航线投影成直线的小比例尺日晷投影海图为基础。上述方法已沿用百年之久，十分成熟。然而在高纬度极区，墨卡托投影海图由于长度变形过大而使用受限；在纬度85°以上基本不能使用；早期应用于极区导航的日晷投影海图用作大比例尺航海图时也存在诸多问题。因此，需要为高纬度极区航海图选择新的投影方式(Hagger，1950)。

　　目前，国际和国内航海图编绘规范对高纬度极区航海图投影并没有作出统一而明确的规定，国内外相关研究尚不够系统完备。本章将重点研究极区航海图这一问题。

第一节   极区航海图及其投影方式研究现状

一、极区航海图研究现状

北极漫长的极夜、广袤的冰盖、复杂的气象条件、薄弱的航海导航支持等，给大面积、高精度的高纬海道测量带来了重重困难。南极海域的纬度较低，海图较多；而北极海域大片区域航海图数据稀缺(邱浩兴，2000)。与其他大洋相比，北冰洋航海图覆盖面积、精度和现势性最差。北极沿岸国家只是对北冰洋近岸水域进行相对详细的测量，很多数据年代久远，或者只是历史航迹线数据，大片海域数据空白。

1999 年，美国在核潜艇上安装了海底测绘吊舱进行科学考察(邱浩兴，2000)，这也是目前公开报道中对北极冰下海底地形测量最有效的手段。2001 年，加拿大海道测量局估计其国内海图只有 20%与北极海域相关，只有 10%符合目前海图规范要求，北极努纳武特群岛 26 个区中只有 4 个有大比例尺现代航海图，很多航线图上缺乏关键浅水区要素而只能由大片空白经纬线格网覆盖，他们计划到 2021 年所有领海都有现代化的、精确的航海图覆盖。2008 年，美国科学家前往从未去过的阿拉斯加以北海域考察，并开展洋底三维制图工作(辛华，2008)。2011 年，美国国家海洋和大气管理局声称要对阿拉斯加北部和西北沿岸航海图进行信息更新(World Maritime News，2015)，美国大部分北极海图其实是基于 18 世纪的过时技术，阿拉斯加北部和西北沿岸大部分岸线 1960 年之后再未制图，该海域海图信息量相对较低，它确定了 38 000 n mile^2 北极水域作为优先测量区，其制图过程计划要超过 25 年。俄罗斯近岸东北航道的水深数据较丰富，我国"雪龙"号考察船历次北极考察主要采用的是俄罗斯版海图，但这些海图上也存在大片数据空白区。

由于商业航运多集中在近岸水域，在高纬远岸水域，只有美国、俄罗斯、英国等少数国家的核潜艇能在水下自由活动，主要通过加装海底测绘吊舱获取航线所经水域的海洋地形水文数据。2008 年以前，这些稀有的数据又被列为核心军事机密而不公开发布，因此北极高纬度水域公开的高精度航海图数据覆盖率很低。美军潜艇早期穿越北极可参考的海图资料极少，更像是风险极大的海底探险，图 2-1 是挪威海洋学家南森(Nansen)1893 年绘制的简陋的北冰洋水深图，它是美军 20 世纪 50 年代穿越北冰洋的重要航行参考(Lyon，1984)；尽管后期逐步积累了较多航海数据和经验，但美军核潜艇北极航行仍面临较严重的数据缺乏问题。

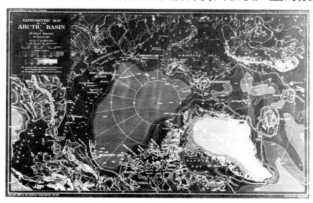

图 2-1   1893 年南森北极水深图(Lyon，1984)

目前北极沿岸国家如美国、俄罗斯、加拿大、挪威、丹麦等都发布了自己本国北极近海海域纸质海图和电子海图数据。图 2-2 和图 2-3 是英国海道测量办公室(The United kingdom Hydrographic Office, UKHO)和船商公司(Transas Marine Limited，2013)电子海图订购软件中当前极区民用航海图的覆盖范围，可以看出，北极近海海域已基本被民用航海图覆盖，最高可达 80°N，但北极点周围红线以内海域仍有大片空白。

图 2-2　英国海道测量办公室的北极电子海图覆盖范围(红线内的区域为无海图覆盖区域)

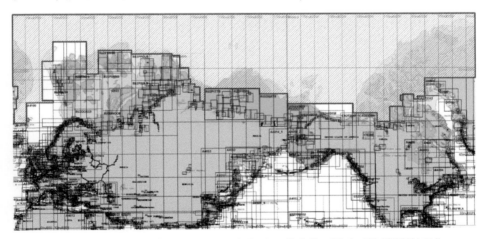

图 2-3　船商公司的北极电子海图覆盖范围(红线内的区域为无海图覆盖区域)

二、国内外极区海图投影方式研究现状

(一) 国外极区海图投影研究现状

由于极区复杂、恶劣的航行环境对航海的限制远超过航空，极区地图投影研究从航空图投影研究开始。

1949 年，英国皇家空军中校 K.C.麦克卢尔(K. C. Maclure)首次提出了格网导航的概念

(Maclure，1949)，并提出了与格网导航配合使用的导航图投影方式应满足经线投影成直线且收敛于极点、等角等条件，还提及了极球面投影。

1949 年，A. W. 福克斯(A. W. Fox)首次提出了横向和斜向导航技术，概略提到了与之配合的投影方式应为兰伯特(Lambert)等角投影、极球面投影或横向墨卡托投影，但没有对这些海图投影方式的特性及使用方式进行进一步分析与说明。

1950 年，A. J. 哈格(A. J. Hagger)首次系统地提出了极区导航需解决方向定义、引航、定位、标绘四个问题，在此框架下极区航空投影可选日晷投影、极等距离投影或极球面投影，其中极球面投影最有优势。

1951 年，J. D. D.摩尔(J. D. D. Moore)提出了极区导航图投影的四条要求(Commander，1951)，即大圆航线投影成直线，长度变形小以便精确量测距离，经线应投影成直线以便量测方向，等角投影；对日晷投影、极球面投影、横向墨卡托投影和极等距离投影的极区投影特性进行了简略的分析比较，并指出了当时英国的极区航海图由墨卡托投影、日晷投影全部转换到极球面投影上。

1952 年，R. H. 布莱克摩(R. H. Blackmore)侧重讨论了极区导航图上格网导航的使用方法，提出了极区航空图应采用极球面投影，然而对投影方式的探讨比较概略。1956 年，E. C. 肯达尔(E. C. Kendall)提出了基于陀螺方位仪的格网导航方法和流程，从格网选择与海图投影方式的关系出发，建议在使用格网导航时采用斜向墨卡托投影。

1953 年，P. C. 贝雷斯福德(P. C. Beresford)专门探讨了极区导航图投影方式的选用，他从格网导航便利性的角度，提出了极区导航图投影方式的三条标准，即比例尺固定从而便于叠加矩形格网，等角投影、大圆航线投影成直线，并从长度误差、角度误差、大圆航线与直线的偏离程度、经纬线格网构建便捷性四方面比较分析了改进的兰伯特投影、高斯(Guass)等角投影(即横向墨卡托投影)、极球面投影、极等距离投影四种投影方式的极区可用性，还指出了极球面投影最适宜作为极区地图投影。

1971 年，G. C. 代尔(G. C. Dyer)提出了一种基于横向墨卡托投影导航图的极区横向导航技术，将横向地理坐标系与横向墨卡托投影结合以支持极区导航，是少有的专门针对某种投影方式极区导航运用的文献。

之后极区海图投影的研究沉寂了近 30 年，于 21 世纪再次受到关注，并重点集中于电子海图显示与信息系统(electronic chart display and information system, ECDIS)。

2011 年，约格·诺曼(Jorg Naumann)对极球面投影上用直线直接代替大圆航线所造成的航向误差和位置误差进行了定性分析，对备选极区投影方式的导航应用研究更深入细致。

2013 年，雅典大学莱桑德罗斯·托洛斯(Lysandros Tsoulos)等探讨了 ECDIS 中极区航海图应采用的投影方式，建议北极区域使用等距离方位投影和等角方位投影，亚北极区域使用兰伯特圆锥投影和等距离圆锥投影(Skopeliti et al.，2013)，认为有必要修正 ECDIS 相关性能标准以包含上述所建议的投影方式，这是迄今为止国外第一次在公开文献中专门从极区航海导航角度，对海图投影所进行的较系统和深入的研究。

此外，还有一些极区气象图和极区全图投影方式选择的相关文献，由于这些图都不直接用于极区导航，其投影方式选择标准与航海图差异较大，不再详述。

可见，目前国外极区导航图投影研究的相关文献大部分集中在 20 世纪 40～60 年代，时间较早且集中在航空图方面。极区航海图投影相关文献很少且集中在 2010 年以后，发轫于极区航道冰即将消融所引起的新一轮极区关注热潮。早期文献主要在格网导航、横向或斜向导航航法的基础上探讨极区投影方式的选用问题，但不够系统、深入和具体。

(二) 国内极区海图投影研究现状

1989 年，叶子印译介了国外极区航空图上最常用的极球面投影和横向墨卡托投影两种投影方式，以及基于这些投影的极区领航网格使用方法(叶子印，1989)。1999 年，郭德印等译介了俄罗斯基于日晷投影的高纬度船位确定方法(郭德印 等，1999)。

2002 年，王清华等总结了国际上南极地区常用极球面投影、兰伯特等角圆锥投影、横向墨卡托投影三种投影方式(王清华 等，2002)。我国《南北极地图集》(极地测绘科学国家测绘局重点实验室，2010)中对图集中的南极和北极制图采用了墨卡托投影、极球面投影、极等距离投影等多种投影方式(陶岚 等，2010)。

2012 年，艾松涛等在北极测绘时用极球面投影制图(艾松涛 等，2012)。

2012 年，李树军等从海图投影、制图资料、专题符号、海图分幅四个方面，研究了当前北极航海图编制需要解决的关键问题(李树军 等，2012)，讨论了几种备选的极区航海图投影方式，是目前国内专门研究极区航海图编制的开篇之作。

2014 年，李忠美、边少锋等系列推导了横向墨卡托投影极区非奇异公式并分析了其投影，认为横向墨卡托投影可作为极区航海图编制的重要参考(李忠美 等，2013；边少锋 等，2014)。

2015 年，张雨佳借鉴了文献的思路，研究了北极航海图投影方法及其在 ECDIS 中的应用(张雨佳，2015)。

2015 年，张志衡等研究了极地海区等距离正圆柱投影平面上等角航线的展绘方法，为等距离圆柱投影的极区应用进行了探索(张志衡 等，2015)。

由此可见，国内对极区航海图投影方式的研究起步较晚，早期文献多从国外译介而来且数量不多，尚有很大的拓展空间。

(三) 国内外海图规范中对极区航海图投影方式的规定

1989 年，美军国防制图局(Defense Mapping Agency，DMA)规定 84°N 至北极点与 80°S 至南极点间的图幅采用"通用极球面投影"(universal polar stereographic projection)(Hager et al.，1989)。

《中国航海图编绘规范》(GB12320—1998)规定，图上超过 60%区域位于纬度 75°以上时采用日晷投影。

国际海图编绘规范规定，纬度 80°以上需要采用非墨卡托投影(The International Hydrographic Bureau，2011)，如极球面投影。

现有 ECDIS 的国际标准、国内标准、美国和北约的军用电子海图标准中规定，电子海图导航系统中主要采用墨卡托投影，而对极区航海图投影方式没有规定。

2011 年，北冰洋区域性海道测量委员会(Arctic Regional Hydrographic Commission，ARHC)建议使用极球面投影(ARHC2-08A，2011)。

因此，目前航海图相关的国际国内规范中并没有对极区航海图投影方式做出明确规定，甚至存在争议，这说明极区航海图投影方式选择仍未统一，有待继续深入研究。

(四) 国内外研究总结

从国内外相关海图规范与研究文献中可见，极区导航图投影的选择已经与其导航使用结合起来，极区导航图投影方式的选择标准基本一致，备选的极区导航图投影方式的范围已经基本确定且有重点选择对象，这些投影方式的导航使用方法也有较明确的思路，研究已逐步系统和具体，这为极区航海图投影选择及其导航使用问题的解决奠定了良好基础。然而，目前研究成果并没有系统深入地解决极区海图投影方式选择及其导航使用问题。这体现在以下几个方面。

(1) 对于能否为便于使用而将全球极区航海图投影方式统一为一种，目前国际海图和航运界尚未达成共识，官方缺乏明确规定，仍存在争议。

(2) 对几种备选投影方式的极区投影特性及可用性分析，只给出了笼统定性分析的初步结论，这些投影的极区投影变形特性、误差特性、方向与距离量算方法等方面还需要更加系统、深入、细致的理论推导和数值分析，才能直接应用于极区航海图编制及导航应用中。

(3) 目前国内外文献均未涉及基于选定投影方式航海图编制时的投影计算问题，不利于结合各幅图实际深入分析导航使用的误差特性和克服办法。

(4) 现有研究中对极区海图投影选择与使用都是忽略地球扁率而直接基于球面的，这种近似处理可能产生原理性制图和导航误差，现有文献并未对此进行系统、深入分析。这实际上未顾及到导航基准统一问题，可能影响采用不同地球体参数的投影方式转换及导航设备信息融合精度。

(5) 国外文献中对极区导航图投影在极区综合导航中的使用方法往往一笔带过、语焉不详，国内研究目前还很少关注极区海图投影的综合导航应用问题。有资料表明，美国和北约相关军用系统已经应用，应对此有较好的参考。

第二节　墨卡托投影的极区可用性分析

尽管墨卡托投影航海图在极区存在长度变形过大的问题，然而中低纬度航行长期沿用墨卡托投影海图，基于墨卡托投影形成的航海图、导航装备使用、航法等一整套航海导航技术非常成熟，符合航海人员使用习惯，难以轻易转变和放弃。事实上，由图 2-2 和图 2-3 可见，在 80°N 以上，目前部分外版极区航海图仍普遍采用墨卡托投影。

考虑中国海图编绘规范将墨卡托投影限制在纬度75°以下，而南极所有海域在80°S以下，北极东北航线和西北航线在85°N以下，如果墨卡托投影航海图可延伸使用，那么航行人员在纬度不高于本区域极区海域活动时，仍可按照习惯航法进行航行操作，而无须转用非墨卡托投影航海图采用新航法及其相应的海图作业方法。

长度变形过大是限制墨卡托投影极区应用的主要因素，因此长度变形控制是保证墨卡托投影极区可用性的关键，其主要影响因素为基准纬度的选用、最大长度变形的确定、制图区域的纬度范围。极区墨卡托投影航海图可用的关键在于对长度变形程度的合理控制，本节首先从长度变形控制的角度重点讨论纬度 75°～85°墨卡托投影的可用性。

一、墨卡托投影的特性

（一）圆柱投影

将圆柱面作为投影面，按某种投影条件(如等角、等积、等距离等)，将地球椭球面上的经、纬线投影到圆柱面上，并沿圆柱面的某条母线展开成平面，即为圆柱投影。

正轴圆柱投影的经、纬线定义为：纬线为一组平行直线；经线投影为一组与纬线正交的平行直线；经线间隔与经差成正比。

设正圆柱投影区域的中央为经线(经度 λ_0 投影为 x 轴，赤道或投影区域最低纬线投影为 y 轴)，则正轴圆柱投影的一般公式为

$$\begin{cases} x = f(\varphi) \\ y = C\alpha \end{cases} \tag{2-1}$$

其中：C 为常数；$\alpha = \lambda - \lambda_0$ 为经差；φ 为纬度。

经线长度比为

$$m = \frac{\mathrm{d}x}{M\mathrm{d}\varphi}$$

其中：$\mathrm{d}x$ 为微小的弧长；M 为子午圈曲率半径；$\mathrm{d}\varphi$ 为微小的纬度变化量。

纬线长度比为

$$n = \frac{C}{r}$$

其中：r 为纬线圈半径。

由于经、纬线正交，极值长度比即为经、纬线长度比，即 $m=a$，$n=b$ 或 $m=b$，$n=a$。面积比为 $P = ab = mn$。角度最大变形为

$$\sin\frac{\omega}{2} = \frac{a-b}{a+b} = \left| \frac{m-n}{m+n} \right|$$

常数 C 确定方法：当为割圆柱投影(割在 $\pm\varphi_0$ 纬线上)时，标准纬线长度比 $n_0=1$，$C = r_0 = N_0 \cos\varphi_0$ (N_0 为 φ_0 纬度处的卯酉圈半径)；当为切圆柱投影(切在赤道上)时，$C = a_e$ (a_e 为地球椭球体的长半轴)。故 C 为基准纬线的半径，它仅与切或割的位置有关，而与投影性质无关。圆柱与地球椭球体相切或相割处的纬度 φ_0 称为基准纬度；φ_0 所对应的纬线称为基准纬线或标准纬线。

确定某一具体的圆柱投影，就是确定 $f(\varphi)$ 的具体函数形式，$f(\varphi)$ 仅与投影性质有关，与基准纬线无关。正圆柱投影的所有变形都是纬度 φ 的函数，经差大小不影响变形。等变形线与经线相符合，是平行于标准纬线的直线，故正圆柱投影适合制作沿赤道延伸地区的地图。

（二）墨卡托投影的表达式

墨卡托投影是由著名制图学家墨卡托所创制的等角正圆柱投影，1569 年用于海图编制。墨卡托投影的坐标表达式与变形公式为

$$\begin{cases} x = r_0 q = r_0 \ln U \\ y = Cl = r_0 l \end{cases} \tag{2-2}$$

其中

$$U = \tan\left(\frac{\pi}{4} + \frac{\varphi}{2}\right)\left(\frac{1 - e\sin\varphi}{1 + e\sin\varphi}\right)^{e/2}$$

长度比公式为

$$u = m = n = \frac{C}{r} = \frac{r_0}{r}$$

面积比公式为

$$P = mn\sin\theta = m^2 = n^2 = \frac{r_0^2}{r^2}$$

最大角度变形为 $\omega = 0$。

上面为相割于 $\pm\varphi_0$ 的两条基准纬线上的投影公式, 当相切于赤道上时, 只要将公式中的 r_0 换成地球椭球体长半径 a 即可。

(三) 墨卡托投影的特点

墨卡托投影有如下特点。

(1) 经纬线格网为矩形, 计算简单, 绘制方便。由投影坐标公式可知, 经线等间隔; 纬线不等间隔, 纬度越高间距越大, 即纬度渐长性。

(2) 等角投影, 能保持实地方位与图上方位一致性, 图上作业十分方便, 无须进行角度改正。

(3) 等角航线投影成直线, 非常有利于海图作业。

(四) 墨卡托投影的变形规律

割墨卡托投影的变形规律如下。

(1) 在两条基准纬线 $\pm\varphi_0$ 上无变形;

(2) 在两条基准纬线之间 $(-\varphi_0, +\varphi_0)$, 长度比小于 1, 为负向变形;

(3) 两条基准纬线之外 $(-\varphi_0, -90°)$ 和 $(\varphi_0, 90°)$ 长度比大于 1, 为正向变形;

(4) 两极处 $(\pm90°)$ 长度比为无穷大。

切墨卡托投影的变形规律如下。

(1) 赤道上没有长度变形;

(2) 纬度越高变形越大, 至地球极点处变形为无穷大。

根据墨卡托投影的变形规律, 可以得出如下结论。

(1) 切投影适合制作沿赤道延伸地区的地图, 而割投影适合制作沿纬线延伸的地图。选好基准纬线, 长度变形可减少一半左右。

(2) 墨卡托投影不适合制作高纬度地区海图。

二、极区墨卡托投影可用性的影响因素

(一) 基准纬度

极区墨卡托投影宜采用割墨卡托投影, 基准纬度 φ_0、纬度 φ 处长度变形 v_M 为(郑义东 等, 2009)

$$v_M = \frac{\cos\varphi_0}{\cos\varphi}\sqrt{\frac{1-e^2\sin^2\varphi}{1-e^2\sin^2\varphi_0}} \tag{2-3}$$

表 2-1 是基准纬度为 75°~85°时重要纬度处的长度变形，可见长度变形与偏离基准纬度的程度相关，可通过调整基准纬线的位置来控制长度变形。

表 2-1　基准纬度 75°~90°时重要纬度处的长度变形

φ	ϕ_S								
	75°	76°	78°	80°	82°	84°	86°	88°	90°
75°	0	0.0698	0.2448	0.4903	0.8594	1.4756	2.7096	6.4145	∞
76°	−0.0653	0	0.1635	0.3930	0.7381	1.3140	2.4675	5.9306	∞
77°	−0.1308	−0.0701	0.0819	0.2954	0.6162	1.1518	2.2244	5.4446	∞
78°	−0.1966	−0.1405	0	0.1973	0.4934	0.9889	1.9802	4.9566	∞
79°	−0.2627	−0.2112	−0.0822	0.0988	0.3709	0.8253	1.7351	4.4667	∞
80°	−0.3290	−0.2821	−0.1648	0	0.2477	0.6611	1.4891	3.9752	∞
81°	−0.3955	−0.3533	−0.2475	−0.0991	0.1240	0.4965	1.2424	3.4821	∞
82°	−0.4622	−0.4246	−0.3306	−0.1985	0	0.3314	0.9950	2.9876	∞
83°	−0.5291	−0.4962	−0.4138	−0.2981	−0.1243	0.1659	0.7470	2.4919	∞
84°	−0.5961	−0.5679	−0.4972	−0.3980	−0.2489	0	0.4984	1.9950	∞
85°	−0.6632	−0.6397	−0.5808	−0.4981	−0.3737	−0.1662	0.2494	1.4973	∞
86°	−0.7304	−0.7116	−0.6644	−0.5983	−0.4988	−0.3326	0	0.9988	∞
87°	−0.7977	−0.7836	−0.7482	−0.6986	−0.6239	−0.4993	−0.2497	0.4996	∞
88°	−0.8651	−0.8557	−0.8321	−0.7990	−0.7492	−0.6661	−0.4997	0	∞
89°	−0.9326	−0.9278	−0.9160	−0.8995	−0.8746	−0.8330	−0.7498	−0.4999	∞
90°	−1.0000	−1.0000	−1.0000	−1.0000	−1.0000	−1.0000	−1.0000	−1.0000	—

为减小变形且使变形分布均匀，一般按照制图区域内最大正、负向变形绝对值相等的条件来选取基准纬度(戚永卫 等，2009；李振福，2000)并按比例尺凑整，计算方法见式(2-3)。同比例尺成套航行图以制图区域中纬为基准纬度，其余图以本图中纬为基准纬度(郑义东 等，2009)，即

$$\sec\phi_S = \frac{\sec\phi_1 + \sec\phi_2}{2} \tag{2-4}$$

(二) 最大长度变形

同一基准纬度处不同长度变形所覆盖的区域大小不同，可接受的最大长度变形是极区航海图基准纬度选择的重要根据。目前，国内外海图编绘规范中对极区航海图的基准纬度和长度变形范围没有明确规定，最大长度变形的确定可以通过借鉴航海图编绘规定和现有外版极区航海图来讨论。表 2-1 中颜色由浅到深的部分分别为各基准纬度处长度变形分别为 50%、40%、30%、20%和 10%时的纬度范围，随着纬度升高，各基准纬度处最大长度变形覆盖的纬度范围变小。

(三) 图幅纬差范围限制

图幅的纬差范围由海图比例尺和图幅规格确定，相同规格的大比例尺图比小比例尺图的纬差小，横幅图比直幅图纬差范围小，便于长度变形控制，可应用的纬度范围更高。比例尺为 $1/C_0$、边长为 l(mm)的图幅纬差范围 $\Delta\varphi'_M$ 为(以 "$'$" 为单位)(郑义东 等，2009)

$$\Delta\varphi'_M = \frac{lC}{1\,852\,000} \tag{2-5}$$

目前，我国常用图幅规格为全张横幅(980 mm×660 mm)、全张直幅(680 mm×960 mm)、对开横幅(680 mm×460 mm)、对开直幅(480 mm×660 mm)，在系列比例尺下的图幅纬差范围如表 2-2 所示。

表 2-2 常用海图比例尺及图幅下纬度覆盖范围比例尺

比例尺	全张横幅	全张直幅	对开横幅	对开直幅
1:1万	0°03.6′	0°05.2′	0°02.5′	0°03.6′
1:5万	0°17.8′	0°26.0′	0°12.4′	0°17.8′
1:10万	0°35.6′	0°51.8′	0°24.8′	0°35.6′
1:20万	1°11.3′	1°43.7′	0°49.7′	1°11.3′
1:25万	1°29.1′	2°09.6′	1°02.1′	1°29.1′
1:50万	2°58.2′	4°19.2′	2°04.2′	2°58.2′
1:100万	5°56.4′	8°38.4′	4°08.4′	4°19.2′

(四) 提高墨卡托投影极区可用性的方法

提高墨卡托投影极区可用性有如下方法。

(1) 通过调整基准纬度控制长度变形程度，尽可能将基准纬度选在各图幅中纬处，同比例尺成套航行图可适当选用多个基准纬度而不强求统一；

(2) 极区航海图最大长度变形要求应较中低纬度更宽松，可按比例尺差异梯次确定最大长度变形；

(3) 直幅图长度变形过大时可多采用横幅图。

三、极区墨卡托投影最大长度变形的确定

(一) 现有航海图编绘规定中长度变形范围

计算现有航海图编绘规定中不同比例尺航海图的区域划分、纬度范围、基准纬度下的最大长度变形，中低纬度时 1:5 万图上最大长度变形在 5%以内，40°～68°中高纬度 1:10 万、1:20 万航行图的最大长度变形在 20%～30%；世界范围内 1:50 万近海航行图最大长度变形在 20%～40%。

(二) 俄罗斯版极区航海图上墨卡托投影长度变形范围

表 2-3 和表 2-4 是对我国第五次北极科考所用的部分俄罗斯版极区海图的图号、比例尺、

图幅尺寸及形式、基准纬度、纬度范围及南北图廓处长度变形的统计，最高可覆盖 81°20′N，基准纬度在 69°～80°；1∶50 万航行图最大长度变形为 44.97%，绝大部分在 40%以内；1∶200 万航行图最大长度变形范围为 3.31%～89.11%，一般在 50%内。

表 2-3　1∶50 万俄罗斯极区图的基准纬度、纬度范围及最大长度变形

俄罗斯版航海图图号	11133	11136	11137	11139
图幅尺寸/mm	929.7×679.6	679.2×928.2	930.7×681.4	933.0×685.7
图幅形式	横幅	直幅	横幅	横幅
基准纬度	75°00′	75°00′	75°00′	71°30′
纬度范围	75°42′～78°20′	76°25′～79°43′	76°44′～78°22′	74°38′～77°00′
南图廓长度变形/%	4.78	10.20	12.78	19.73
北图廓长度变形/%	27.98	44.97	28.34	41.03

表 2-4　1∶200 万基准纬度、纬度范围及长度变形范围

俄罗斯版航海图图号	10104	10105	10106	10107
图幅尺寸/mm	935.6×683.7	912.5×672.3	926.0×690.2	935.6×674.7
图幅形式	横幅	横幅	横幅	横幅
基准纬度	70°00′	70°00′	70°00′	70°00′
纬度范围	70°40′～79°35′	68°00′～78°00′	64°00′～76°00′	67°30′～77°45′
南图廓长度变形/%	3.31	−8.69	−21.96	−10.62
北图廓长度变形/%	89.11	64.46	41.35	61.16

(三) 极区墨卡托投影最大长度变形范围的确定

参照现有航海图编绘规定和外版极区航海图，极区墨卡托投影海图编制时，1∶5 万及以上比例尺港湾图、海岸图的长度变形范围限制在 5%以内，1∶10 万、1∶20 万比例尺沿岸航行图长度变形范围在 30%之内，1∶50 万比例尺近海航行图长度变形范围限制在 40%以内，1∶100 万及更小比例尺普通航行图长度变形范围可限制在 50%左右，以作为下面分析的根据。

四、墨卡托投影极区航海图编制可用性分析

极区墨卡托投影的可用性，可考虑通过墨卡托投影在一定变形范围下宜编制航海图的纬度范围、比例尺区间和图幅规格来衡量。

根据地球椭球面在球面上等角描写需要满足的条件及表 2-1，当纬度为 75°～85°，基准纬度介于 75°～85°，长度变形范围分别为 5%、10%、20%、30%、40%和 50%，图幅规格采用全张横幅和全张直幅两种形式时，墨卡托海图宜编制海图的基准纬度、纬度范围、比例尺区

间和图幅形式如表 2-5～表 2-10 所示。比例尺分母以万为单位，比例尺区间以当前可用的最小比例尺表示，比该最小比例尺大的横幅图和直幅图两种规格海图都能编制。纬度区间中加粗的纬度值表示相应最小比例尺及图幅形式下图幅可涵盖的最高纬度。

表 2-5　长度变形 5%时墨卡托投影的可用性

基准纬度	纬度区间	纬差范围	最小比例尺及图幅形式
79°	78°24′～**79°31′**	1°07′	1∶20 万，全张横幅
82°	81°34′～**82°22′**	0°48′	1∶10 万，全张直幅
84°	83°40′～**84°16′**	0°36′	1∶10 万，全张横幅
85°	84°44′～**85°14′**	0°30′	1∶5 万，全张直幅

表 2-6　长度变形 10%以内时墨卡托投影的可用性

基准纬度	纬度区间	纬度差值	最小比例尺及图幅规格
77°	75°31′～**78°12′**	2°41′	1∶50 万，全张横幅
82°	81°06′～**82°44′**	1°38′	1∶20 万，全张直幅
84°	83°19′～**84°32′**	1°13′	1∶20 万，全张横幅
85°	84°26′～**85°27′**	1°01′	1∶10 万，全张直幅

表 2-7　长度变形 20%以内时墨卡托投影的可用性

基准纬度	纬度区间	纬度差值	最小比例尺及图幅规格
76°	72°24′～**78°22′**	5°58′	1∶100 万，全张横幅
80°	77°27′～**81°40′**	4°13′	1∶50 万，全张直幅
83°	81°14′～**84°10′**	2°56′	1∶50 万，全张横幅
85°	83°45′～**85°50′**	2°05′	1∶20 万，全张直幅

表 2-8　长度变形 30%时墨卡托投影的可用性

基准纬度	纬度区间	纬差范围	最小比例尺及图幅形式
77°	71°15′～**80°02′**	8°47′	1∶100 万，全张直幅
81°	77°05′～**83°05′**	6°00′	1∶100 万，全张横幅
85°	82°50′～**86°09′**	3°19′	1∶50 万，全张横幅

表 2-9　长度变形 40%时墨卡托投影的可用性

基准纬度	纬度区间	纬差范围	最小比例尺及图幅形式
81°	74°53′～**83°35′**	8°42′	1∶100 万，全张直幅
83°	78°16′～**85°00′**	6°44′	1∶100 万，全张横幅
85°	81°38′～**86°25′**	4°47′	1∶50 万，全张直幅

表 2-10 长度变形 50%时墨卡托投影的可用性

基准纬度	纬度区间	纬差范围	最小比例尺及图幅形式
83°	75°53′～85°20′	9°27′	1：100 万，全张直幅
85°	79°57′～86°40′	6°43′	1：100 万，全张横幅

(一) 基准纬度在图幅中纬时墨卡托投影的可用性分析

当基准纬度在图幅中纬时，图幅最大长度变形比采用其他基准纬度时要小。由表 2-5 可见，长度变形范围为 5%时，可以编制 1：20 万以上的航海图；长度变形范围为 10%时，可以编制 1：50 万以上的航海图；长度变形范围为 20%～50%时，可以编制纬度 75°～85°、1：100 万比例尺以上的航海图，墨卡托投影适用的纬度区间及图幅形式可从表 2-5 中查看。由此可见，通过调整基准纬线位置、确定合理的长度变形范围，基本可以满足 1：100 万以上常用系列比例尺和普通全开图幅的航海图编制需要。

(二) 基准纬度不在图幅中纬时墨卡托投影的可用性分析

当成套同比例尺海图采用统一基准纬线、某些图幅的基准纬线不在图幅中间(如表 2-3 中的 11133 和表 2-4 中的 10104 等)时，图上最大长度变形比采用图幅中纬作为基准纬线时要大，使墨卡托投影的适用范围受到限制。

然而，参照表 2-1 中的有背景色部分，纬度 75°～85°、基准纬度 75°～85°，各基准纬度附近有 5°～7°纬差内的最大长度变形在 50%以内，3°～5°纬差范围内长度变形在 30%以内，1°～2°纬差范围内长度变形在 10%以内。

考虑较极端的情况，当纬度为 75°～80°、基准纬度为 75°时，长度变形范围为 0～49.03%；当纬度为 80°～85°、基准纬度为 80°时，84°处的长度变形为 49.65%。墨卡托投影仍可分别满足这两个纬度范围内 1：100 万以上不同比例尺下一定纬度范围海图的编制需要。

再结合表 2-1 中各种比例尺及图幅规格下的纬差范围，这说明较极端情况下墨卡托投影仍具有较大使用价值。如果选定合适的基准纬线并适当调整长度变形范围，墨卡托投影在基准纬线不在图幅中纬的情况下使用价值会更大。

因此，在 75°～85°纬度范围内，无论基准纬度是否位于图幅中纬，通过采用合理的基准纬线、合理的长度变形范围，墨卡托投影仍能满足一定比例尺范围及图幅规格航海图的编制需要，其可用性有拓展空间。在海图编制中，可以综合参考表 2-1 和表 2-5～表 2-10 使用墨卡托投影。

(三) 结论

综上所述，可得出如下结论。

(1) 基于墨卡托投影形成的航海图、导航装备使用、航法等一整套航海导航技术非常成熟，符合航海人员使用习惯，难以轻易转变和放弃，在长度变形更小、投影特性更适合极区使用的非墨卡托投影海图投入使用以前,在适当放宽使用精确性要求(或牺牲部分使用精度)的条件下，墨卡托投影仍可能延续到纬度 75°以上更高纬度极区航海图的编制中。

(2) 长度变形过大限制了墨卡托投影的极区可用性，通过调整基准纬度、合理选择和放宽长度变形范围、采用合适的比例尺及图幅形式等限制长度变形的方法，可提高墨卡托投影的极区可用性。

(3) 合理长度变形范围的选用是保证墨卡托投影极区可用性的关键，可以根据不同用图需要，按比例尺区间梯次确定该指标大小。

(4) 纬度 75°～85°范围内，墨卡托投影仍能在一定程度上满足常用比例尺及图幅规格的航海图编制需要，具有一定的使用价值和潜力。

尽管墨卡托投影可在 75°以上更高纬度使用，但在制图精度及图幅设计方面受到多方面限制，不宜作为高纬度极区航海图的主要投影方式，应继续深入研究更适合极区航海图编制及导航应用的其他投影方式。

第三节　基于地球球体的典型极区海图投影方式

墨卡托投影向更高纬度的拓展有限，高纬极区仍需选用其他投影方式。考虑与墨卡托投影的过渡并与我国航海图规范一致，本节讨论非墨卡托投影方式时仍将其适用范围假定为 75°～90°高纬极区。关于该区域投影方式的选用，在选用标准和备选投影方式学界已达成了较多共识，本节主要讨论高纬度极区基于地球球体模型的非墨卡托投影方式的选择。

一、极区航海图投影方式选择标准

在纬度 75°～90°，若采用非墨卡托海图投影方式，首先需要确认新投影应满足的基本条件。根据文献(Naumann，2011)，在新投影方式下，海图各要素在投影后应保持其图形与实地相似且经线图形简单，以便制图和用图，满足图上量测角度、距离、测定点位的地理坐标、描绘航线和标绘航行状况等。根据航海图使用的精确性和图上作业的便利性需要，极区海图投影应采用的准则依次如下。

(1) 采用等角投影，这是航海图的基本要求，便于角度量测；

(2) 长度变形和面积变形尽量小，全图的比例尺统一，便于距离和面积的精确量测；

(3) 经纬线网格简单，经线投影成直线，便于构建格网，量测航向，也便于与格网导航等极区特殊航法配合使用；

(4) 大圆航线呈直线或尽量接近直线，以便在极区采用大圆航线航行。

根据文献(Skopeliti et al.，2013)，目前高纬度极区(纬度 75°以上)满足上述四个基本原则的可选投影方式主要有：

(1) 极球面投影(polar stereographic projection)，也称为等角方位投影；

(2) 横向墨卡托投影(transverse Mercator projection)，也称为等角横圆柱投影；

(3) 日晷投影(gnomonic projection)；

(4) 兰伯特投影(Lambert's projection)，也称为等角圆锥投影；

(5) 极等距离投影(polar equidistant projection)，也称为等距离方位投影。

由于极区兰伯特投影在图上不能完全闭合，极等距离投影既不等角，大圆航线也不投影成直线，兰伯特投影主要用于中小比例尺的航空图。极区航海图重点推荐的投影有极球面投影、横向墨卡托投影和日晷投影。国外研究多认为极球面投影和横向墨卡托投影最适宜作为极区海图投影方式，并将极球面投影置于优先地位。我国航海图编绘规范则规定制图区域超过 60%处于 75°以上时采用日晷投影，与其他相关国际标准或研究文献中的建议有所不同(GB12320—1998，1999)。

现有文献对这些备选投影的极区特性分析过于概略，只是给出了粗略的定性比较和概略数据，缺乏关键的计算公式和翔实的分析数据，不够系统、完备和具体，尚难以直接满足极区海图编制及导航实际应用需要。因此，本节根据极区海图投影应满足的基本条件，在现有成果的基础上推导或改进三种投影的某些重要公式，并进行详尽的数值分析，在深入、细致地比较三种重要备选投影方式可用性差异的基础上，分析各种典型投影方式的独特性，突出极球面投影的相对优势，试图为未来海图编制和应用研究奠定基础。

二、极球面投影

通用极球面投影是 1989 年美军国防制图局规定 84°N 至北极点与 80°S 至南极点间图幅所采用的投影方式(Hager et al.，1989)。下面对照极区航海图投影要求，分别从球面投影的角度和长度变形，经、纬线形状，大圆航线与直线的近似性等方面逐一分析其极区投影特点，系统探讨极球面投影在极区导航中的可用性。

(一) 投影公式

如图 2-4 所示，极球面投影是一种透视方位投影，其视点位于地球极点上，为了推导和计算简洁，公式推导在此采用球面坐标系 (Z,α)，此时球面极坐标系的极点与北极点重合。假定极区范围为 $Z = 0°\sim15°$，则球面坐标系与地理坐标系的关系为

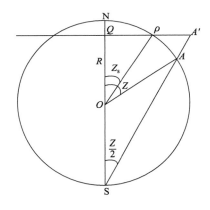

图 2-4　正轴极球面投影示意图

$$\begin{cases} Z = \dfrac{\pi}{2} - \phi \\ \alpha = l_0 - l \end{cases} \tag{2-6}$$

当球面半径为 R、基准极距为 Z_s 时，极球面坐标 (Z,α) 表示的投影公式为(孙达 等，2012)

$$\begin{cases} x = m_0 R(1+\cos Z_s)\tan\dfrac{Z}{2}\cos\alpha \\ y = m_0 R(1+\cos Z_s)\tan\dfrac{Z}{2}\sin\alpha \end{cases} \tag{2-7}$$

其中：m_0 为类似于高斯–克吕格(Krüger)投影公式中的长度比系数，用来调整区域长度变形程度，在 1 上下浮动，如可设为 0.9996，本书使用时将其值设为 1。

为简化公式形式，以便后续推导计算，令 $m = m_0 R(1+\cos Z_s)$，式(2-7)可表示为

$$\begin{cases} x = m\tan\dfrac{Z}{2}\cos\alpha \\ y = m\tan\dfrac{Z}{2}\sin\alpha \end{cases} \tag{2-8}$$

后文基于球面极坐标系的相关推导均基于此公式，其反解公式为

$$\begin{cases} Z = 2\arctan\dfrac{\sqrt{x^2+y^2}}{m} \\[2mm] \tan\alpha = \dfrac{y}{x} \end{cases} \tag{2-9}$$

当球面半径为 R，基准极距为 Z_s 时，用等角经、纬度表示的极球面坐标投影公式为(华棠, 1985)

$$\begin{cases} x = m\tan\left(\dfrac{\pi}{4}+\dfrac{\phi}{2}\right)\cos\alpha \\[2mm] y = m\tan\left(\dfrac{\pi}{4}+\dfrac{\phi}{2}\right)\sin\alpha \end{cases} \tag{2-10}$$

其反解公式为

$$\begin{cases} \phi = \dfrac{\pi}{2} - 2\arctan\dfrac{\sqrt{x^2+y^2}}{m} \\[2mm] \tan\alpha = \dfrac{y}{x} \end{cases} \tag{2-11}$$

(二) 经、纬线方程

在式(2-8)中分别消去 Z 和 α，得极球面投影上经线方程为

$$y = x\tan\alpha \tag{2-12}$$

纬线方程为

$$x^2 + y^2 = m^2\tan^2\dfrac{Z}{2} \tag{2-13}$$

(三) 长度变形公式

根据方位投影经、纬线长度比公式，可得极球面投影的长度比 μ_{ps}(ps 为极球面投影英文缩写)公式为

$$\mu_{ps} = \mu_{lat} = \mu_{lon} = \dfrac{1}{2}m\sec^2\dfrac{Z}{2} \tag{2-14}$$

其中：μ_{lat} 和 μ_{lon} 分别为沿纬线和沿经线方向上的长度比，则长度变形公式为

$$v_{ps} = \mu_{ps} - 1 \tag{2-15}$$

(四) 角度变形公式

极球面投影的角度变形 ω_{ps} 满足：

$$\sin\dfrac{\omega_{ps}}{2} = \left|\dfrac{\mu_{lat}-\mu_{lon}}{\mu_{lat}+\mu_{lon}}\right| = 0 \tag{2-16}$$

可见 $\omega_{ps} = 0$，表明极球面投影的等角性。

(五) 大圆航线公式

如图 2-5 所示，球面上过 $A(Z_1, \alpha_1)$ 和 $B(Z, \alpha)$、方向角为 α_0' 的大圆航线方程为

$$\cot\alpha_0' \sin\Delta\alpha + \cos Z_1 \cos\Delta\alpha = \cot Z \sin Z_1 \qquad (2\text{-}17)$$

其中
$$\begin{cases} \Delta\alpha = \alpha_1 - \alpha \\ \cot\alpha_0' = \dfrac{\sin Z_1 \cot Z - \cos Z_1 \cos\Delta\alpha}{\sin\Delta\alpha} \end{cases} \qquad (2\text{-}18)$$

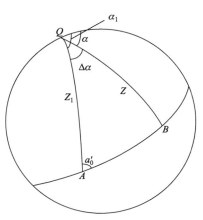

图 2-5 球面上的大圆航线示意图

下面推导极球面投影上大圆航线的方程。

当 A、B 两点同处于一经线圈时，A、B 两点间大圆航线即为经线，形状为直线。

当 A、B 两点不处于同一经线圈时，将式(2-18)两边同乘 m 并将式中 $\Delta\alpha = \alpha_1 - \alpha$ 展开，结合式(2-8)可将式 (2-17)化为

$$p_1 x + q_1 y = \frac{\sin Z_1[m^2 - (x^2 + y^2)]}{2m} \qquad (2\text{-}19)$$

其中
$$\begin{cases} p_1 = \cos Z_1 \cos\alpha_1 + \cot\alpha_0' \sin\alpha_1 \\ q_1 = \cos Z_1 \sin\alpha_1 - \cot\alpha_0' \cos\alpha_1 \end{cases} \qquad (2\text{-}20)$$

当 $Z_1 = 0$ 即为极点时，可得大圆航线方程为

$$y = \frac{\tan(\alpha_1 - \alpha)\cos\alpha_1 - \sin\alpha_1}{\tan(\alpha_1 - \alpha)\sin\alpha_1 + \cos\alpha_1} x \qquad (2\text{-}21)$$

α_1 可取 $[-180°, 180°]$ 内任何值，若取 $\alpha_0' = \alpha_1 - \alpha = \pi$，则经线投影方程为

$$y = -x\tan\alpha \qquad (2\text{-}22)$$

可见经线投影成过极点的直线。

当 $Z_1 \neq 0$，即初始点 $A(Z_1, \alpha_1)$ 不在极点时，整理式(2-19)可得

$$\left(x + \frac{p_1 m}{\sin Z_1}\right)^2 + \left(y + \frac{p_2 m}{\sin Z_1}\right)^2 = m^2 \csc^2\alpha_0' \csc^2 Z_1 \qquad (2\text{-}23)$$

由式(2-23)可见，极球面投影上大圆航线是一条圆弧线，其圆心坐标 (x_{ps0}, y_{ps0}) 和半径 r_{ps} 满足：

$$\begin{cases} x_{ps0} = -\dfrac{mp_1}{\sin Z_1} \\[2mm] y_{ps0} = -\dfrac{mp_2}{\sin Z_1} \\[2mm] r_{ps} = m\left|\csc\alpha_0' \csc Z_1\right| \end{cases} \qquad (2\text{-}24)$$

可见大圆航线投影圆的半径与点 A 所处的纬度和大圆航线初始方位角有关，纬度越高，初始方位角越小，投影圆的半径越大。

由 $\Delta\alpha = \alpha_1 - \alpha$，不妨设 $\Delta Z = Z_1 - Z$，将大圆航线投影公式用 Z_1、$\Delta\alpha$、ΔZ 表示，以便更清楚地显示大圆航线形状与起点纬度、起点终点经差、纬差的关系，则过点 (Z_1, α_1) 和 $(Z_1 - \Delta Z,$

$\alpha_1 - \Delta\alpha)$ 的大圆航线方程式可写为

$$(x + mp_2)^2 + (y + mq_2)^2 = m^2 r_{ps}^2 \tag{2-25}$$

其中

$$\begin{cases} p_2 = \dfrac{\cos Z_1 \sin\alpha + \sin Z_1 \sin\alpha_1 \cot(Z_1 - \Delta Z)}{\sin\Delta\alpha \sin Z_1} \\[2mm] q_2 = \dfrac{\cos Z_1 \cos\alpha - \sin Z_1 \cos\alpha_1 \cot(Z_1 - \Delta Z)}{\sin\Delta\alpha \sin Z_1} \\[2mm] r_{ps} = \sqrt{[\cot(Z_1 - \Delta Z)\csc\Delta\alpha - \cot Z_1 \cot\Delta\alpha]^2 + \csc^2 Z_1} \end{cases} \tag{2-26}$$

为了便于在第四、五小节中与其他投影比较，这里给出投影平面切于极点时，从初始经线上出发的大圆航线方程。此时 $Z_s = 0$，$m_0 = 1$，$\alpha_1 = 0$，$\Delta\alpha = \alpha$，将式(2-26)中的 Z_1 写为 Z，则过点 $(Z,0)$ 和 $(Z - \Delta Z, \Delta\alpha)$ 的大圆航线方程可写为

$$\begin{aligned} &(x + 2R\cot Z)^2 + \{y - 2R[\cot Z \cot\Delta\alpha - \csc\Delta\alpha \cot(Z - \Delta Z)]\}^2 \\ &= 4R^2\{[\cot(Z - \Delta Z)\csc\Delta\alpha - \cot Z \cot\Delta\alpha]^2 + \csc^2 Z\} \end{aligned} \tag{2-27}$$

此时图上大圆弧线半径 r_{ps} 为

$$r_{ps} = \sqrt{[\cot(Z - \Delta Z)\csc\Delta\alpha - \cot Z \cot\Delta\alpha]^2 + \csc^2 Z} \tag{2-28}$$

三、横向墨卡托投影

(一) 投影公式

横向墨卡托投影的坐标公式(李忠美 等，2012)为

$$\begin{cases} x = -R\arctan(\tan Z \cos\alpha) \\ y = R\operatorname{arctanh}(\sin Z \sin\alpha) \end{cases} \tag{2-29}$$

(二) 经、纬线方程

横向墨卡托投影的纬线方程为

$$\frac{\tan^2 x}{\tan^2 Z} + \frac{\tanh^2 y}{\sin^2 Z} = 1 \tag{2-30}$$

经线方程为

$$\frac{\coth^2 y}{\csc^2 l} - \frac{\cot^2 x}{\sec^2 l} = 1 \tag{2-31}$$

由式(2-31)可见，横向墨卡托投影上经线并不投影为直线，其子午线偏移角如图 2-6 所示，计算公式为

$$\gamma' = \arctan(\cos Z \tan l) - l \tag{2-32}$$

(三) 长度变形公式

横向墨卡托投影的长度变形公式为

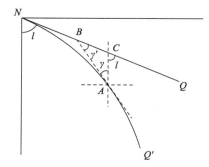

图 2-6 横向墨卡托投影子午线偏移
角示意图

$$v_{tm} = \frac{1}{\sqrt{1-\sin^2 Z \sin^2 \alpha}} - 1 \tag{2-33}$$

(四) 角度变形公式

横向墨卡托投影为等角投影，没有角度变形。

(五) 大圆航线公式

文献(李忠美 等，2013；李忠美 等，2012)给出了横向墨卡托投影上大圆航线的方程，然而该方程形式较复杂，不便于本节使用，因此本节推导了横向墨卡托投影上大圆航线方程的另一种简化形式。

由式(2-29)以及 $\sin^2 \alpha + \cos^2 \alpha = 1$ 和 $\csc^2 Z = \cot^2 Z + 1$ 可得

$$\begin{cases} \sin Z = \dfrac{\sqrt{\tan^2 \dfrac{x}{R} + \tanh^2 \dfrac{y}{R}}}{\sec \dfrac{x}{R}} \\[4mm] \cos Z = \dfrac{\operatorname{sech} \dfrac{y}{R}}{\sec \dfrac{x}{R}} \\[4mm] \sin \alpha = \dfrac{\sec \dfrac{x}{R} \tanh \dfrac{y}{R}}{\sqrt{\tan^2 \dfrac{x}{R} + \tanh^2 \dfrac{y}{R}}} \\[4mm] \cos \alpha = -\dfrac{\tan \dfrac{x}{R} \operatorname{sech} \dfrac{y}{R}}{\sqrt{\tan^2 \dfrac{x}{R} + \tanh^2 \dfrac{y}{R}}} \end{cases} \tag{2-34}$$

将大圆航线方程式(2-17)中的 $\Delta\alpha = \alpha - \alpha_1$ 展开并整理可得

$$\begin{aligned} &\cot \alpha_1 (\cot Z_1 \tan \alpha_0' \tan Z \cos \alpha + \csc Z_1 \tan Z \sin \alpha) \\ &+ \sin \alpha_1 (\cot Z_1 \tan \alpha_0' \tan Z \sin \alpha - \csc Z_1 \tan Z \cos \alpha) = \tan \alpha_0' \end{aligned} \tag{2-35}$$

将式(2-29)和式(2-34)代入式(2-35)并整理可得

$$y = R \operatorname{arcsinh}\left[\frac{1}{q_3}\left(r_3 \cos \frac{x}{R} - p_3 \sin \frac{x}{R} \right) \right] \tag{2-36}$$

其中

$$\begin{cases} p_3 = \cot Z_1 \cos \alpha_1 \tan \alpha_0' - \csc Z_1 \sin \alpha_1 \\ q_3 = \cot Z_1 \sin \alpha_1 \tan \alpha_0' + \csc Z_1 \cos \alpha_1 \\ r_3 = \tan \alpha_0' \end{cases} \tag{2-37}$$

由式(2-36)可见，横向墨卡托投影上大圆航线的方程较为复杂，其形状不像极球面投影上大圆弧那样规则，本章第四节第四小节"大圆航线与直线的逼近程度比较"中通过曲率半径大小来比较哪种投影上大圆航线更逼近直线，曲率半径越大越逼近直线。

在式(2-37)中消去 $\tan \alpha_0'$ 并用 (Z_1, α_1) 和 $(Z_1 - \Delta Z, \alpha_1 + \Delta\alpha)$ 两点坐标表示为

$$\begin{cases} p_3 = \dfrac{\cot Z_1 \sin\alpha - \cot Z \sin\alpha_1}{\sin Z_1 \cot Z - \cot Z_1 \cos\Delta\alpha} \\[4mm] q_3 = -\dfrac{\cot Z_1 \cos\alpha - \cot Z \cos\alpha_1}{\sin Z_1 \cot Z - \cot Z_1 \cos\Delta\alpha} \\[4mm] r_3 = \dfrac{\sin\Delta\alpha}{\sin Z_1 \cot Z - \cot Z_1 \cos\Delta\alpha} \end{cases} \tag{2-38}$$

当初始角 $\alpha_0' = 0°$ 或 $180°$ 时，$\tan\alpha_0' = 0$，此时

$$\begin{cases} p_3 = -\csc Z_1 \sin\alpha_1 \\ q_3 = \csc Z_1 \cos\alpha_1 \\ r_3 = 0 \end{cases} \tag{2-39}$$

式(2-36)可化为

$$\sinh\frac{y}{R} = \tan\alpha_1 \sin\frac{x}{R} \tag{2-40}$$

即形式与 $Y = \tan\alpha_1 X$ 的直线方程类似。

(六) 极球面投影与墨卡托投影的转换

极球面投影与墨卡托投影在极区一定纬度范围内存在覆盖重叠的区域以便换图操作，应考虑这两种投影的转换问题。正轴墨卡托投影公式 (x_M, y_M) (Yang et al., 2000；杨启和，1989)为

$$\begin{cases} x_M = c\ln\tan\left(\dfrac{\pi}{4} + \dfrac{\varphi}{2}\right) = c\ln\cot\dfrac{Z}{2} \\[3mm] y_M = c(\lambda - \lambda_0) = -c\alpha \end{cases} \tag{2-41}$$

其中：c 为与基准纬度相关的系数。由式(2-41)可得

$$\begin{cases} \tan\dfrac{Z}{2} = e^{\frac{x_M}{c}} \\[3mm] \alpha = -\dfrac{y_M}{c} \end{cases} \tag{2-42}$$

而根据正轴极球面投影公式(2-8)，可得墨卡托投影转换为极球面投影的公式为

$$\begin{cases} x = m_0 e^{-\frac{x_M}{c}} \cos\dfrac{y_M}{c} \\[3mm] y = -m_0 e^{-\frac{x_M}{c}} \sin\dfrac{y_M}{c} \end{cases} \tag{2-43}$$

由式(2-10)和式(2-43)可得极球面转换为墨卡托投影坐标的公式为

$$\begin{cases} x_M = c\left[\ln m_0 - \dfrac{1}{2}\ln(x_S^2 + y_S^2)\right] \\[3mm] y_M = -c\arctan\dfrac{y_S}{x_S} \end{cases} \tag{2-44}$$

四、日晷投影

(一) 投影公式

根据文献(李国藻 等，1993)，基准极距为 Z_s 的日晷投影(球心投影)的坐标公式为

$$\begin{cases} x = R \cos Z_s \tan Z \cos \alpha \\ y = R \cos Z_s \tan Z \sin \alpha \end{cases} \tag{2-45}$$

(二) 经、纬线方程

$$\begin{cases} x = \dfrac{R(\cot Z - \cot Z_s \cos \alpha)}{\cot Z \cot Z_s + \cos \alpha} \\ y = \dfrac{R \csc Z_s \sin \alpha}{\cot Z \cot Z_s + \cos \alpha} \end{cases} \tag{2-46}$$

由方程组(2-46)消去 Z 可得经线方程式。消去的方法是，首先以式(2-46)的第一式除以第二式，可得

$$\frac{x}{y} = \frac{\cot Z - \cot Z_s \cos \alpha}{\csc Z_s \sin \omega} \tag{2-47}$$

解出 $\cot Z$，可得

$$\cot Z = \frac{x}{y} - \sec Z_s \sin \alpha + \cot Z_s \cos \alpha \tag{2-48}$$

再代入的第二式，消去 $\cot Z$，得经线方程式为

$$y = \tan \alpha (R \sin Z_s - x \cos Z_s) \tag{2-49}$$

由式(2-49)可见，它是一个一元一次方程式，因此经线在日晷投影中被描绘为直线，它的斜率是 $-\cos Z_s \tan \alpha$。这说明该直线簇是一簇呈放射状的直接簇，当 $y=0$ 时，代入式(2-49)可得

$$x = R \tan Z_s \tag{2-50}$$

该点就是各经线的交点，即交于中央经线上距切点上方 $R \tan Z_s$ 处。当切点在极点上 ($Z_s = 0$) 时，代入式(2-49)可得 $y = -x \cot \alpha$，该式无常数，说明经线都通过切点(极点)，即所有经线呈交于极点的放射直线，斜率为 $-\tan \alpha$。当切点位于赤道 ($Z_s = 0$) 时，代入式(2-49)可得

$$y = R \tan \alpha \tag{2-51}$$

该式没有 x 项，说明经线是平行于中央子午线的直线，斜率为 0，此时各经线都与赤道正交。

由式(2-46)有

$$x^2 + y^2 = \frac{R^2 \csc^2 Z_s \csc^2 Z}{(\cot Z_s \cot Z + \cos \alpha)^2} - R^2 \tag{2-52}$$

即

$$x^2 + y^2 + R^2 = \frac{R^2 \csc^2 Z_s \csc^2 Z}{(\cot Z_s \cot Z + \cos \alpha)^2} \tag{2-53}$$

若 x 和 y 以弧度表示，并令

$$\sigma^2 = 1 + x^2 + y^2 = \frac{\csc^2 Z_s \csc^2 Z}{(\cot Z_s + \cot Z + \cos \alpha)^2} \tag{2-54}$$

则

$$\sigma = \frac{\csc Z_s \csc Z}{\cot Z_s \cot Z + \cos \alpha} \tag{2-55}$$

代入方程组(2-46)的第二式可得

$$y = \sigma \, \sin Z \, \sin \alpha \tag{2-56}$$

所以

$$\sin Z = \frac{y \, \csc \alpha}{\sigma} \tag{2-57}$$

$$\cos^2 Z = \frac{1 + x^2 - y^2 \, \cot^2 \alpha}{\sigma^2} \tag{2-58}$$

再将式(2-49)代入式(2-58)，并顾及式中 x 和 y 均为弧度，可得

$$\cos^2 Z = \frac{(\cos Z_s + x \, \sin Z_s)^2}{\sigma^2} \tag{2-59}$$

将式(2-54)代入式(2-59)可得

$$\cos^2 Z (1 + x^2 + y^2) = (\cos Z_s + x \, \sin Z_s)^2 \tag{2-60}$$

式(2-60)即为日晷投影平面上的纬线方程式。整理成标准的二次曲线方程式为

$$\frac{\left(x - \dfrac{\cos Z_s \, \sin Z_s}{\cos^2 Z - \sin^2 Z_s} \right)^2}{\left(\dfrac{\cos Z \, \sin Z}{\cos^2 Z - \sin^2 Z_s} \right)^2} + \frac{y^2}{\left(\dfrac{\sin Z}{\sqrt{\cos^2 Z - \sin^2 Z_s}} \right)^2} = 1 \tag{2-61}$$

此处 x 和 y 以弧度为单位，若 x 和 y 以米为单位，式(2-61)可改写为

$$\frac{\left(x - \dfrac{R\cos Z_s \, \sin Z_s}{\cos^2 Z - \sin^2 Z_s} \right)^2}{\left(\dfrac{R\cos Z \, \sin Z}{\cos^2 Z - \sin^2 Z_s} \right)^2} + \frac{y^2}{\left(R\dfrac{\sin Z}{\sqrt{\cos^2 Z - \sin^2 Z_s}} \right)^2} = 1 \tag{2-62}$$

由式(2-62)可见，等号左边第一项恒为正值，第二项的符号随 $\cos^2 Z - \sin^2 Z_s$ 的正负而定。当 $\cos^2 Z - \sin^2 Z_s > 0$，即 $Z < 90° - Z_s$ 时，第二项为正值，此时纬线是一组椭圆曲线，曲线中心为 $\left(\dfrac{R\cos Z_s \, \sin Z_s}{\cos^2 Z - \sin^2 Z_s}, 0 \right)$，即通过切点的经线上离切点 $\dfrac{R\cos Z_s \, \sin Z_s}{\cos^2 Z - \sin^2 Z_s}$ 处；当 $\cos^2 Z - \sin^2 Z_s < 0$，即 $Z > 90° - Z_s$，第二项为负值，此时纬线是一簇双曲线；当 $Z > 90° - Z_s$ 时，由式(2-60)可得

$$y^2 = 2\cot Z_s x - (1 - \cot^2 Z_s) \tag{2-63}$$

可见此时纬线为一抛物线。因此，在一般情况下，日晷投影平面上的纬线是椭圆、双曲线或抛物线，即二次曲线。

当 $Z = 90°$ 时，式(2-60)变为

$$x = -\cot Z_s \tag{2-64}$$

若改以米为单位，则

$$x = -R\cot Z_s \tag{2-65}$$

可见赤道被描写为平行于 y 轴的直线。

当 $Z=0$ 时，式(2-60)又变为

$$1 + x^2 + y^2 = (\cos Z_s + x \sin Z_s)^2 \tag{2-66}$$

整理后得

$$(x - \tan Z_s)^2 + \frac{y^2}{\cos^2 Z_s} = 0 \tag{2-67}$$

可知极点在投影面上位于点 $(R \tan Z_s, 0)$ 处。

又当切点位于极点上时，称为正投影。将 $Z=0$ 代入式(2-60)可得

$$x^2 + y^2 = R^2 \tan^2 Z \tag{2-68}$$

可知此时纬线为圆，圆心在极点，半径为 $R\tan Z$。

当切点在赤道上时，称为横投影。将 $Z=90°$ 代入式(2-62)可得简单的双曲线方程式为

$$\frac{x^2}{R^2 \cot^2 Z} - \frac{y^2}{R^2} = 1 \tag{2-69}$$

双曲线中心在通过切点的经线与赤道的交点上。

(三) 长度变形公式

经线上的长度变形公式是某点处最大长度变形的最大值，即

$$v_{\text{gn max max}} = v_{\text{lon}} = \cos Z_s \sec^2 Z - 1 \tag{2-70}$$

纬线上的长度变形公式是某点处最大长度变形的最小值，即

$$v_{\text{gn max min}} = v_{\text{lat}} = \cos Z_s \sec Z - 1 \tag{2-71}$$

(四) 角度变形公式

由于极球面投影和横向墨卡托投影都是等角投影，角度变形为零，日晷投影角度变形公式为

$$\sin \frac{\omega_{\text{gn}}}{2} = \tan^2 \frac{Z}{2} \tag{2-72}$$

(五) 大圆航线公式

在图 2-5 及式(2-17)球面上大圆航线方程的基础上，下面推导日晷投影上大圆航线方程。

如图 2-5 所示，当 A、B 两点处于同一经线圈时，A、B 两点间大圆航线与经线重合，投影成直线；当 A、B 两点不处于同一经线圈时，将式(2-17)两边同乘 $R\cos Z_s \tan Z$，并将 $\Delta\alpha = \alpha_1 - \alpha$ 展开，可将式(2-17)化为

$$\begin{aligned}&\cot \alpha_0' \sin \alpha_1 \cdot R\cos Z_s \tan Z \cos \alpha - \cot \alpha_0' \cos \alpha_1 \cdot R\cos Z_s \tan Z \sin \alpha \\&+ \cos Z_1 \cos \alpha_1 \cdot R\cos Z_s \tan Z \cdot \cos \alpha + \cos Z_1 \sin \alpha_1 \cdot R\cos Z_s \tan Z \sin \alpha \\&= R\cos Z_s \sin Z_1\end{aligned} \tag{2-73}$$

结合式(2-45)可得

$$\left(\cot\alpha_0'\sin\alpha_1+\cos Z_1\cos\alpha_1\right)x-\left(\cot\alpha_0'\cos\alpha_1-\cos Z_1\sin\alpha_1\right)y=R\cos Z_s\sin Z_1 \tag{2-74}$$

式(2-74)可简化为

$$\gamma_1 x - s_1 y = R\cos Z_s\sin Z_1 \tag{2-75}$$

其中
$$\begin{cases}\gamma_1=\cot\alpha_0'\sin\alpha_1+\cos Z_1\cos\alpha_1 \\ s_1=\cot\alpha_0'\cos\alpha_1-\cos Z_1\sin\alpha_1\end{cases}$$

可见日晷投影上大圆航线投影成直线。

第四节　基于地球球体的典型极区海图投影方式可用性比较

极区航空图上常采用的兰伯特圆锥投影不能使整个极区在图上完全闭合，主要用于比例尺较小的极区航空图，这里暂不将其列入极区航海图投影的备选方式。

横向墨卡托投影由于是等角投影，极区范围内沿着中央经线附近长度变形小，且便于与横向地理坐标系配合使用，有文献(王海波 等,2017)将其列为极区航海图投影的重要备选方式。

日晷投影常用于中低纬度的远洋航行图编制，中国海图制图规范建议极区航海图采用这种投影。

本节从长度变形、角度变形、经线与直线逼近程度、图上大圆航线与直线逼近程度等方面来综合比较基于地球球体的极球面投影、横向墨卡托投影和日晷投影这三种投影的极区可用性。

一、长度变形比较

(一) 极球面投影

由式(2-14)及图 2-7 和图 2-8 可见，极球面投影各点各方向长度变形相同，长度变形 v 只与基准极距 Z_s(基准纬度)和极距 Z(纬度)有关，而与方位角 α(经差)无关，随着基准极距 Z_s 的增大而减小，随着极距 Z 的增大而增大。

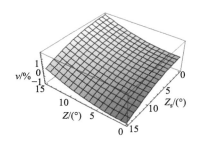

图 2-7　极区极球面投影的长度变形随基准极距 Z_s 和极距 Z 的变化趋势

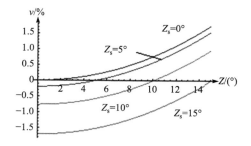

图 2-8　不同基准极距处长度变形随极距的变化趋势

(二) 横向墨卡托投影

$Z_s = 0$ 即极点处横向墨卡托投影的长度变形公式(李忠美，2013)为

$$v_{tm} = \frac{1}{\sqrt{1 - \sin^2 Z \sin^2 \alpha}} - 1 \tag{2-76}$$

由公式(2-76)及图 2-9 和图 2-10 可见，横向墨卡托投影各点的各个方向处长度变形相同，长度变形与极距 Z (纬度)和方位角 α (经差)同时相关。极区范围内，横向墨卡托的长度变形随着 Z 的增大(纬度的降低)而增大，随着纬差呈正弦变化趋势，在经差为 90° 或 270° 左右时最大，在经差为 0° 或 180° 时为零。

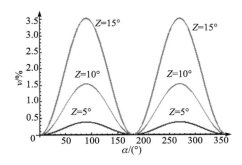

图 2-9 极区横向墨卡托长度变形投影
随经差 α 的变化趋势

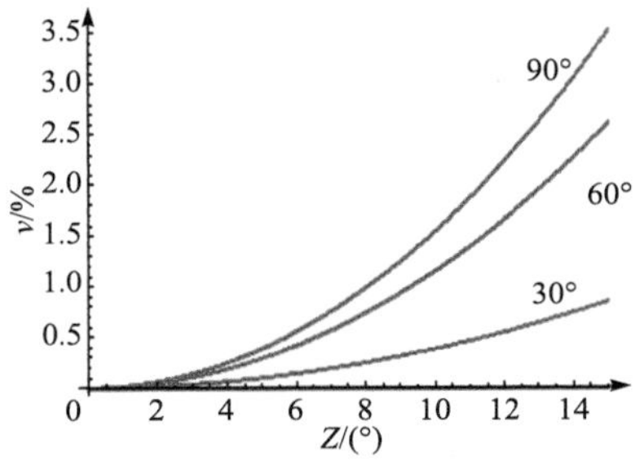

图 2-10 极区横向墨卡托投影长度变形
随极距 Z 的变化趋势

(三) 日晷投影

根据式(2-70)，将经线上的长度变形公式复列如下：

$$v_{gn\,max\,max} = v_{lon} = \cos Z_s \sec^2 Z - 1 \tag{2-77}$$

根据式(2-71)，将纬线上的长度变形公式复列如下：

$$v_{gn\,max\,min} = v_{lat} = \cos Z_s \sec Z - 1 \tag{2-78}$$

图 2-11 是 v_{lon} 随 Z_0 和 Z 的变化趋势图，v_{lon} 的变化趋势与 v_{lat} 类似；图 2-12 是 $Z_s=0$ 时 v_{lon} 和 v_{lat} 随 Z 的变化趋势图。由此可见，日晷投影各点处的长度变形只与基准极距 Z_s (基准

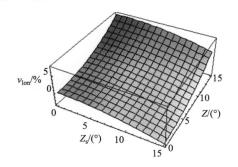

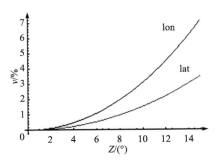

图 2-11 极区 v_{lon} 随 Z_s 和 Z 的变化趋势图

图 2-12 $Z_s=0$ 时 v_{lon} 和 v_{lat} 随 Z 的变化趋势图

纬度)和极距 Z(纬度)相关,而与方位角 α(经度)无关,各点的各方向长度变形不均匀,沿着经线方向长度变形最大,沿着纬线方向长度变形最小,各方向的长度变形随着基准极距 Z_s 的增大而减小,随着极距 Z 的增大而增大。

(四) 三种投影的极区最大长度变形水平比较

表 2-11 是极距 15°以下(纬度 75°以上)的极区范围内,基准极距 $Z_s=0$ 时极区极球面投影、日晷投影、横向墨卡托投影在各纬度处的最大长度变形水平,可见在相同基准纬度和纬度下有如下结论。

表 2-11 基准极距 $Z_s=0$ 时极区极球面投影、日晷投影、横向墨卡托投影的长度变形水平

$Z/(°)$	$v_{ps}/(°)$	$v_{tm}/(°)$	$v_{gn}/(°)$	
			$v_{gn\,max\,min}/(°)$	$v_{gn\,max\,min}/(°)$
0	0	0	0	0
1	0.0076	0.0152	0.0305	0.0152
2	0.0305	0.0610	0.1219	0.0610
3	0.0686	0.1372	0.2747	0.1372
4	0.1219	0.2442	0.4890	0.2442
5	0.1906	0.3820	0.7654	0.3820
6	0.2747	0.5508	1.1047	0.5508
7	0.3741	0.7510	1.5076	0.7510
8	0.4890	0.9828	1.9752	0.9828
9	0.6194	1.2465	2.5086	1.2465
10	0.7654	1.5427	3.1091	1.5427
11	0.9272	1.8717	3.7784	1.8717
12	1.1047	2.2341	4.5180	2.2341
13	1.2981	2.6304	5.3300	2.6304
14	1.5076	3.0614	6.2165	3.0614
15	1.7332	3.5276	7.1797	3.5276

(1) 极区日晷投影的长度变形最大,横向墨卡托投影次之,极球面投影变形最小。极区日晷投影长度变形的最大最大值(沿经线方向)是最小最大值(沿纬线方向)的两倍左右;横向墨卡托投影长度变形的最大值与日晷投影的长度变形的最小最大值基本相等;极球面投影的极区长度变形水平最大长度变形仅为横向墨卡托投影的 1/2,为日晷投影的 1/8~1/4。

(2) 当投影平面切于极点时,极球面投影、日晷投影、横向墨卡托投影的最大长度变形都在极区边缘($Z=15°$,$\varphi=75°$)取到,最大长度变形分别为 1.73%、7.17%和 3.53%。若再将基准纬度选在极区中部($Z=10.6369°$),极球面投影的最大长度变形水平还能降一半到 0.86%。

由此可见,三种投影中极球面投影的极区变形水平最低,在采用相同基准纬度的情况下,其长度变形水平只是横向墨卡托投影的 1/2,日晷投影的 1/8~1/4,比其他投影更适合用于极区航海图编制。

二、角度变形比较

由于极球面投影和横向墨卡托投影都是等角投影,角度变形为零,下面讨论日晷投影的角度变形情况。日晷投影角度变形公式为

$$\sin\frac{\omega_{gn}}{2} = \tan^2\frac{Z}{2} \tag{2-79}$$

由式(2-79)和表 2-12 可见,极区日晷投影的角度变形随着极距 Z 的增大而增大,当 $Z<5°$(纬度 85°以上)时小于 0.5°,导航精度要求不高时可使用;但当 $Z=10°$(纬度 80°左右)时接近 1°,在极区边缘 $Z=15°$(纬度为 75°)时接近 2°,角度变形已经难以忽略。

表 2-12 极区日晷投影的角度变形

$Z/(°)$	$\omega_{gn}/(°)$	$Z/(°)$	$\omega_{gn}/(°)$
0	0	8	0.5603
1	0.0087	9	0.7098
2	0.0349	10	0.8771
3	0.0786	11	1.0625
4	0.1397	12	1.2659
5	0.2184	13	1.4876
6	0.3147	14	1.7277
7	0.4287	15	1.9862

三、经线与直线的逼近程度

在极区导航时,海图上的经线常被用来作为量算真航向的参考线和量算距离的海里尺。因此,极区航海图要求经线投影成直线,这样既可以直接量测真航向和距离,又便于直接读出所在点经线与其他经线的经差。

(一) 极球面投影和日晷投影的经、纬线形状

由式(2-12)和式(2-13)及图 2-13 可见,极球面投影中经线是极点为中心的放射状直线,纬线是以投影中心 Z_s 处为中心的同心圆。这样既便于量测方向,又非常便于经纬线格网和其他辅助性导航网格的构建使用。日晷投影等其他正轴方位投影的经纬线格网的形状与极球面投影相同,只是图上纬线的间距有差异,如图 2-13 所示,因此本节主要讨论横向墨卡托投影的

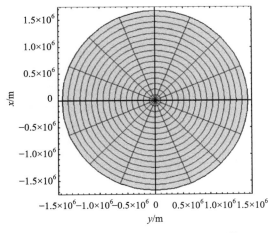

图 2-13 极球面投影的经纬线格网形状

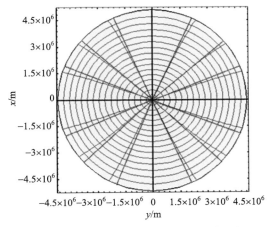

图 2-14 横向墨卡托投影的经、纬线形状

经线与直线的偏离程度。

（二）横向墨卡托投影的经、纬线形状

如图 2-14 所示，由文献(李忠美，2013)可知，横向墨卡托投影中，在极区范围内纬线圈的形状类似椭圆，子午线形状类似反双曲线(红色直线为投影成弯曲形状的经线切线，$R=6371$ km 为地球半径)。在近极点区域子午线近似直线，其子午线偏移角如图 2-6 所示，计算公式为

$$\gamma' = \arctan(\cos Z \tan \lambda) - \lambda \tag{2-80}$$

表 2-13 是极区各整数纬度处子午线偏移角的最大值，可见极区当 λ 保持不变时，偏移角 $|\gamma'|$ 随着 Z 的增大而加速增大；当 Z 保持不变时，$|\gamma'|$ 随着 λ 的变化趋势先变大后变小。在经差为 $0°$ 或 $90°$ 时，偏移角 γ' 为零；在经差为 $45°$ 或 $135°$ 左右时偏移角最大。在 $80°$ 以下 $|\gamma'|_{max}$ 已超过 $0.5°$，$75°$ 时 $|\gamma'|_{max}$ 已接近 $1°$，对于角度量测已有较大影响。

表 2-13　极区整数纬度处的子午线偏移角最大值

$Z/(°)$	$\lambda/(°)$	$|\gamma'|_{max}/(°)$	$Z/(°)$	$\lambda/(°)$	$|\gamma'|_{max}/(°)$
0	45.0000	0	8	45.1401	0.2802
1	45.0022	0.0044	9	45.1774	0.3549
2	45.0087	0.0175	10	45.2193	0.4386
3	45.0196	0.0393	11	45.2656	0.5312
4	45.0349	0.0699	12	45.3165	0.6330
5	45.0546	0.1092	13	45.3719	0.7438
6	45.0787	0.1574	14	45.4319	0.8638
7	45.1072	0.2143	15	45.4966	0.9931

四、大圆航线与直线的逼近程度比较

由于日晷投影上大圆航线投影是直线，而极球面投影和横向墨卡托投影上大圆航线都不是直线，需要比较大圆航线在后面哪种投影上更接近直线。

这里先用极球面投影上大圆弧线与纬线圈半径的比值来粗略衡量大圆航线与直线的接近程度。实际上，由式(2-13)，图 2-5 过点 $A(Z_1, \alpha_1)$ 的纬线圈半径为

$$r_{lat} = m \tan \frac{Z_1}{2} \tag{2-81}$$

大圆航线半径可由式(2-24)得到，其与初始点纬线圈半径比率 v 为

$$v = \frac{r_{ps}}{r_{lat}} = \frac{1}{|\sin \alpha'_0|(1 - \cos Z_1)} \tag{2-82}$$

v 在极区随 Z_1 和 α 的变化趋势及总体水平如图 2-15 所示，可见在极区范围(Z_1 为 $0°\sim15°$)，v 值非常大，即过某点的大圆航线圆弧半径要远大于该处纬线圈半径；越接近极点、大圆航线初始角越小，v 值越大，大圆航线的曲率越小、越接近直线，即使在 $\alpha'_0 =90°$，$Z_1=15°$ 时 v 的最小值也达到了 29.347 7。图 2-16 表示了经度纬度($85°$, $89°$)间几条大圆航线的图形，因此在极区极球面投影上，大圆航线形状几乎是直线。

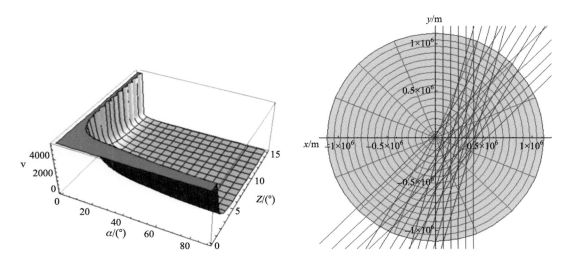

图 2-15 极区 ν 随 Z 和 α 的变化规律　　图 2-16 极球面投影上极区大圆航线的形状

根据式(2-36)和式(2-38)可得横向墨卡托投影上大圆航线的曲率半径为

$$r_{\mathrm{tm}}=\left|\frac{(1+y'^2)^{3/2}}{y''}\right|=\frac{R\sqrt{p_3^2+q_3^2+r_3^2}}{\left|r_3\cos\dfrac{x}{R}-p_3\sin\dfrac{x}{R}\right|} \tag{2-83}$$

极球面投影上大圆航线的曲率半径 r_{ps} 可由式(2-28)得到。令

$$\xi=\frac{r_{\mathrm{ps}}}{r_{\mathrm{tm}}}-1 \tag{2-84}$$

只要 $\xi>0$ ，则所在点处极球面投影上大圆航线曲率半径比横向墨卡托投影上大圆航线曲率半径更大，从而更接近直线。ξ 与初始点极距 Z_1 和方位角 α_1 及始末点极距差值(纬差) ΔZ 和方位角差值(经差) $\Delta\alpha$ 有关。

图 2-17～2-20 分别为 Z_1 取 15°、10°、5°、1°，α_1 取 0°～180°内 15°整倍数时 ξ 的取值情况，灰色部分为 $\xi>0$ 的区域，白色部分为 $\xi<0$ 的部分，分界线为二者相等的情况；图 2-21 则以等值线图的形式列出了 Z_1 取 15°，α_1 分别取 0°、30°、60°、90°时 ξ 的取值。

由图 2-17～2-20 可见，当 Z_1 确定时，ξ 关于 $\alpha_1=90°$ 和 $\alpha_1=-90°$ 对称分布(插图只给出了

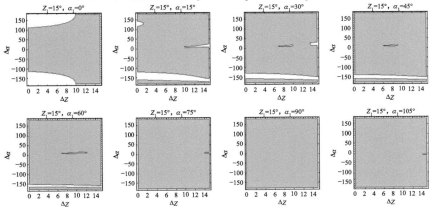

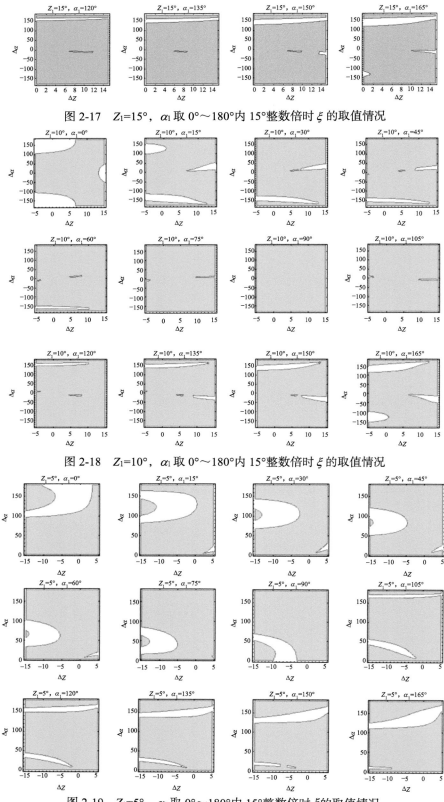

图 2-17　$Z_1=15°$，α_1 取 $0°\sim180°$ 内 $15°$ 整数倍时 ξ 的取值情况

图 2-18　$Z_1=10°$，α_1 取 $0°\sim180°$ 内 $15°$ 整数倍时 ξ 的取值情况

图 2-19　$Z_1=5°$，α_1 取 $0°\sim180°$ 内 $15°$ 整数倍时 ξ 的取值情况

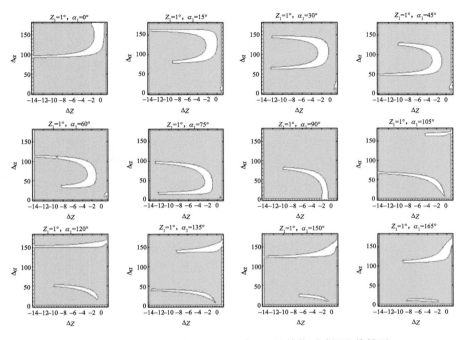

图 2-20　$Z_1=1°$，α_1 取 0°～180°内 15°整数倍时 ξ 的取值情况

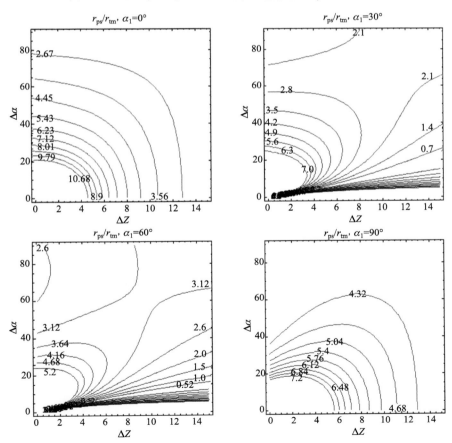

图 2-21　$Z_1=15°$，α_1 取 0°、30°、60°、90°时 ξ 的等值线图

$\alpha_1 > 0°$ 的情况）。当 $\alpha_1=90°$ 时 $\xi > 0$ ，随着 α_1 与 90°的差值变大，$\xi < 0$ 的区域逐步变大，在 $\alpha_1=0°$ 和 $\alpha_1=180°$ 时达到最大；除 $\alpha_1=0°$ 和 $\alpha_1=180°$ 处外，$\xi < 0$ 的部分并不一定随 ΔZ 和 $\Delta \alpha$ 对称分布。各幅图中蓝色部分占绝大部分面积，这表明绝大部分极区范围内，极球面投影上大圆航线比横向墨卡托投影上的大圆航线更接近于直线。

由图 2-21 可见，极区大部分区域内极球面投影上大圆航线的曲率半径是横向墨卡托投影上大圆航线半径的数倍到数十倍，这从数量上进一步说明了，在极球面投影上大圆航线比横向墨卡托投影上大圆航线更接近于直线。

表 2-14 从角度变形、长度变形、经线与直线逼近程度、大圆航线与直线逼近程度四个方面，给出了基于地球球体的极球面投影、横向墨卡托投影、日晷投影各自的极区投影特性，可见这三种投影虽各具优势，但均不满足极区航海图投影选用的全部准则。根据极区航海图投影选用准则的优先级，在等角性、长度变形水平小这前两项主要准则上，极球面投影和横向墨卡托投影明显优于日晷投影，因此极区海图投影方式应在这两种投影方式中选用。虽然二者都是等角投影，但在长度变形、经线与直线的逼近程度、大圆航线与直线的逼近程度等方面，极球面投影比横向墨卡托投影更有优势。

表 2-14　极球面投影、日晷投影、横向墨卡托投影的极区投影特性比较

衡量标准	极球面投影	日晷投影	横向墨卡托投影
角度变形	等角，无变形	角度变形较大，纬线投影成圆，75°最大变形达到 1.99°	等角，无变形
长度变形	较小，各点各方向长度变形均匀，最大变形为横向墨卡托投影的 1/2、日晷投影的 1/8～1/4	最大，各点各方向长度变形不均匀，最大变形为横向墨卡托投影的 2 倍、极球面投影的 4～8 倍	较大，各点各方向长度变形均匀，最大变形为极球面投影的 2 倍、日晷投影的 1/2 至相等
经线与直线逼近程度	经线投影成直线、纬线投影成圆，经纬线格网构建方便	经线投影成直线，经纬线格网构建方便	经线投影成双曲线，纬线投影成椭圆，75°时子午线与直线偏移角达到 0.99°，经纬线格网构建不便
大圆航线与直线逼近程度	大圆航线投影成圆弧，与直线非常接近	大圆航线投影成直线	大圆航线投影成类似三角函数曲线，与直线非常接近，但与直线逼近程度不及极球面投影

第五节　基于地球椭球体的极区海图投影方式比较分析

本章第三节、第四节中研究的极区导航图投影都基于地球球体模型。高精度的地球模型为一个旋转椭球体，因此基于球体模型的投影方法用于极区航行必然存在固有原理性误差，也不利于与现代基于地球椭球模型的导航设备结合应用。本节重点研究基于地球椭球模型的极区极球面投影和横向墨卡托投影。

双重投影是地图投影理论中解决椭球投影的一种有效方法，即先将地球椭球面等角投影到一个合适的过渡球面上，再将该球面按极球面投影方式或横向墨卡托投影方式再次投影到

地图平面上。从本章第四节可知，极球面投影和横向墨卡托投影的极区投影综合性能最好，本节将基于地球椭球模型，给出完整的极区双重极球面投影和极区双重横向墨卡托投影变换方法，进一步分析比较这两种投影方式的极区应用性能，为极区航海图投影方式的选定提供具体根据。

一、极区地球椭球面等角投影到球面的方法

地图投影中，椭球面到球面上的等角投影可分为完整等角投影和局部等角投影(Thomson et al., 1977)。由于极点的存在，极区区域涵盖了全部经度范围，本书采用完整等角投影方法。地球椭球面赤道所在的平面与球面赤道所在的平面共面，且两个赤道同心。地球椭球面上的子午线投影到球面上为球面子午线，等纬线圈投影到球面上也为等纬线圈。地球椭球面投影到球面上的一般变换式为

$$\begin{cases} l = \lambda \\ \phi = f(\varphi) \end{cases} \tag{2-85}$$

其中：ϕ 为球面纬度；$f(\cdot)$ 为纬度投影坐标变换函数。

投影后经线长度比 m 和纬线长度比 n 分别为

$$\begin{cases} m = \dfrac{R\mathrm{d}\phi}{R_M\mathrm{d}\varphi} \\ n = \dfrac{R\cos\phi}{R_N\cos\varphi} \end{cases} \tag{2-86}$$

其中：R 为投影后的球体半径。

根据等角投影条件 $m = n$，可得大地经、纬度与球面经、纬度的坐标变换公式为

$$\begin{cases} l = \lambda \\ \tan\left(\dfrac{\pi}{4} + \dfrac{\phi}{2}\right) = \tan\left(\dfrac{\pi}{4} + \dfrac{\varphi}{2}\right)\left(\dfrac{1 - e\sin\varphi}{1 + e\sin\varphi}\right)^{e/2} \end{cases} \tag{2-87}$$

其中：e 为地球椭球模型第一偏心率。

进一步可求得长度比 μ_1、面积比 P_1 和角度变形 ω_1 的公式分别为

$$\begin{cases} \mu_1 = \dfrac{R\cos\phi}{R_N\cos\varphi} \\ P_1 = \mu_1^2 = \dfrac{R^2\cos^2\phi}{R_N^2\cos^2\varphi} \\ \omega_1 = 0 \end{cases} \tag{2-88}$$

设置投影的基准纬度为 φ_0，投影到球面上的基准纬度为 ϕ_0，基准纬度上长度比为 1，可求得球体半径 R 为

$$R = \dfrac{R_{N0}\cos\varphi_0}{\cos\phi_0} \tag{2-89}$$

由式(2-87)～式(2-89)分析可得，上述投影方法用于极区主要存在三个问题：一是近极点

区域的极区导航图通常选北极点为投影中心，即基准纬度为90°时，球体半径、接近极点处的投影长度比和面积比存在计算奇异问题，具体表现在式(2-88)和式(2-89)分母中的余弦函数值为零；二是极点处纬度为90°，接近极点处投影坐标计算会出现溢出，具体表现在式(2-87)中正切函数的计算溢出；三是极点处经线收敛于一点，经度具有多值性的特点(也可以理解为第二章提及的极点处经度退化问题)。

由于式(2-87)纬度的坐标变换公式中采用正切函数，当纬度$\varphi=90°$时，会出现计算的溢出。因此，将该变换公式左侧变换为正弦函数的形式，即

$$\sin\left(\frac{\pi}{4}+\frac{\phi}{2}\right)=\frac{1}{\sqrt{1+\cot^2\left(\frac{\pi}{4}+\frac{\varphi}{2}\right)\left(\frac{1+e\sin\varphi}{1-e\sin\varphi}\right)^e}} \tag{2-90}$$

进一步可推导出

$$\phi=2\arcsin\left[\frac{1}{\sqrt{1+\cot^2\left(\frac{\pi}{4}+\frac{\varphi}{2}\right)\left(\frac{1+e\sin\varphi}{1-e\sin\varphi}\right)^e}}\right]-\frac{\pi}{2} \tag{2-91}$$

由于地球椭球面上的极点投影到球面上仍为极点，即$\varphi=90°$对应$\phi=90°$，经验证明满足式(2-91)，能够解决极区椭球到球面等角投影变换的计算溢出问题。

极区尤其是近极点地区导航图通常以北极点作为投影中心，其长度变形比为1。由于极点处没有纬线圈，式(2-89)采用纬度长度比$n=1$为条件求取球体半径的方法不再适用。考虑到极点处任意方向均沿经线方向，可以采用经线长度比$m=1$为条件求取球体半径，具体过程如下。

要使

$$m=\frac{R\mathrm{d}\phi}{R_M\mathrm{d}\varphi}=1 \tag{2-92}$$

因为

$$R_M=\frac{a(1-e^2)}{(1-e^2\sin^2\varphi)^{3/2}} \tag{2-93}$$

其中：a为地球椭球体长半径。

联立式(2-92)和式(2-93)可得

$$\frac{\mathrm{d}\phi}{\mathrm{d}\varphi}=\frac{a(1-e^2)}{R(1-e^2\sin^2\varphi)^{3/2}} \tag{2-94}$$

将式(2-91)看成ϕ关于φ的函数，对该函数求微分可得

$$\frac{\mathrm{d}\phi}{\mathrm{d}\varphi}=\frac{\left(\frac{1+e\sin\varphi}{1-e\sin\varphi}\right)^{e/2}}{1+\cot^2\left(\frac{\pi}{4}+\frac{\varphi}{2}\right)\left(\frac{1+e\sin\varphi}{1-e\sin\varphi}\right)^e}\left[\csc^2\left(\frac{\pi}{4}+\frac{\varphi}{2}\right)-2e^2\frac{\cos\varphi\cot\left(\frac{\pi}{4}+\frac{\varphi}{2}\right)}{1-e^2\sin^2\varphi}\right] \tag{2-95}$$

联立式(2-94)和式(2-95)，并令$\varphi=90°$，可得以北极点为基准纬度的椭球面到球面等角投影方法的球体半径为

$$R=\frac{a}{\sqrt{1-e^2}}\left(\frac{1-e}{1+e}\right)^{e/2} \tag{2-96}$$

由于长度比和面积比公式在极点处存在计算奇异,将式(2-94)~式(2-96)代入式(2-86)中的经线长度比公式,并利用等角投影经、纬线长度比相等的条件可得

$$\mu_1 = m = n = \frac{\left(\dfrac{1-e}{1+e}\right)^{e/2}\left(\dfrac{1+e\sin\varphi}{1-e\sin\varphi}\right)^{e/2}(1-e^2\sin^2\varphi)^{3/2}}{(1-e^2)^{3/2}\left[1+\cot^2\left(\dfrac{\pi}{4}+\dfrac{\varphi}{2}\right)\left(\dfrac{1+e\sin\varphi}{1-e\sin\varphi}\right)^e\right]}\left[\csc^2\left(\dfrac{\pi}{4}+\dfrac{\varphi}{2}\right)-2e^2\dfrac{\cos\varphi\cot\left(\dfrac{\pi}{4}+\dfrac{\varphi}{2}\right)}{1-e^2\sin^2\varphi}\right]$$

$$(2\text{-}97)$$

由式(2-97)可以看出,在北极点处已没有计算奇异,当 $\varphi \neq 90°$ 时,式(2-97)与式(2-88)中长度比公式相等。

虽然极点处经线收敛于一点,会出现经度多值性问题,但是从上述计算公式来看,在极点处经度取任意一个值均不会影响计算结果的正确性。因此,可以假设极点处经度为零,则投影到球面上的经度变换公式重新表示为

$$\begin{cases} l = \lambda = 0, & \text{极点处} \\ l = \lambda, & \text{非极点处} \end{cases} \qquad (2\text{-}98)$$

综上所述,式(2-91)、式(2-96)~式(2-98)共同构成了以北极点为基准位置的极区椭球面到球面的等角投影公式,结合以非极点为基准纬度的投影方法,二者共同构成了极区椭球面到球面的等角投影公式。

二、极区双重极球面投影

以上研究了极区地球椭球面等角投影到球面的方法,将地球椭球等角投影到球面后,还需要将该球面进一步投影到地图平面上。本节对基于椭球面的双重横向墨卡托投影进行研究。

(一) 极区双重极球面投影方法

极球面投影就是视点在地球极点上的透视方位投影,如图 2-4 所示。

采用第五节第一小节的方法将椭球面等角投影于球面后,利用极球面投影的方法将球面投影到平面上,极球面投影的相关公式如下:

$$\begin{cases} \rho = 2R\cos^2\dfrac{Z_s}{2}\tan\dfrac{Z}{2} \\ \delta = \sigma \\ x = \rho\cos\delta \\ y = \rho\sin\delta \\ \mu_3 = \cos^2\dfrac{Z_s}{2}\sec^2\dfrac{Z}{2} \\ P_3 = \cos^4\dfrac{Z_s}{2}\sec^4\dfrac{Z}{2} \\ \omega_3 = 0 \end{cases} \qquad (2\text{-}99)$$

其中：ρ 为纬线投影半径；δ 为两经线间的经差投影后的夹角；Z 和 σ 为球面坐标；μ_3、P_3 和 ω_3 分别为投影的长度比、面积比和角度变形。

假设投影的中心点位为地理极点，基准经线为 0°经线，则式(2-99)可以进一步变化为

$$\begin{cases} \rho = 2R\tan\left(\dfrac{\pi}{4} - \dfrac{\phi}{2}\right) \\ \delta = l \\ x = \rho\cos\delta \\ y = \rho\sin\delta \\ \mu_3 = \sec^2\left(\dfrac{\pi}{4} - \dfrac{\phi}{2}\right) \\ P_3 = \sec^4\left(\dfrac{\pi}{4} - \dfrac{\phi}{2}\right) \\ \omega_3 = 0 \end{cases} \tag{2-100}$$

由式(2-99)和式(2-100)可见，极球面投影用于极区不存在任何计算奇异。因此，结合上节椭球面投影到球面的投影方法，二者共同构成了基于双重投影的极区椭球极球面投影方法。

（二）极区双重极球面投影的子午线收敛角

对于椭球极球面投影，式(2-100)中坐标变换公式经过转化，可得到极球面投影上经线方程和纬线方程分别为

$$y = x\tan l \tag{2-101}$$

$$x^2 + y^2 = \rho^2 \tag{2-102}$$

可见极球面投影中经线投影是以极点为中心的放射线，故以本初子午线为基准经度的极球面投影上的子午线收敛角 γ_d 为 l，由式(2-98)可知，l 和 λ 相等，因此

$$\gamma_d = \lambda \tag{2-103}$$

（三）算例分析

对极区双重极球面投影进行仿真验证，使用 Mathematica 软件可画出该投影的经纬线格网图，如图 2-22 所示。

比较与直接基于粗略球面的单重极球面投影之间的差异，仿真两种方法的平面投影 x 坐标和 y 坐标差值 dx 和 dy 随经、纬度变化的三维分布图，如图 2-23 和图 2-24 所示。

由图 2-23 和图 2-24 可见，基于椭球面的极区双重极球面投影，与基于球面半径粗略取值的单重极球面投影相比，在 x 坐标和 y 坐标有更高的精度，最大差值可达 5000 m，这是由于极区范围内的地球椭球面采取了更为精确的球面逼近造成的。

在上述仿真区域内对本书投影方法的长度变形进行仿真，结果如图 2-25 所示。

由图 2-25 可见，极区双重极球面投影的长度变形主要是由球面到平面投影长度变形所决定的。由于选用极点为基准纬度，长度变形随着纬度的升高而减小，纬度越低变形越大。若设置极区中部纬度为基准纬度，则在整个极区范围内的长度变形会控制到更小程度。因此，双重极球面投影非常适用于极区航行。

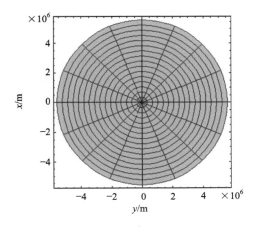

图 2-22　基于双重投影的椭球极球面投影经纬
线格网图

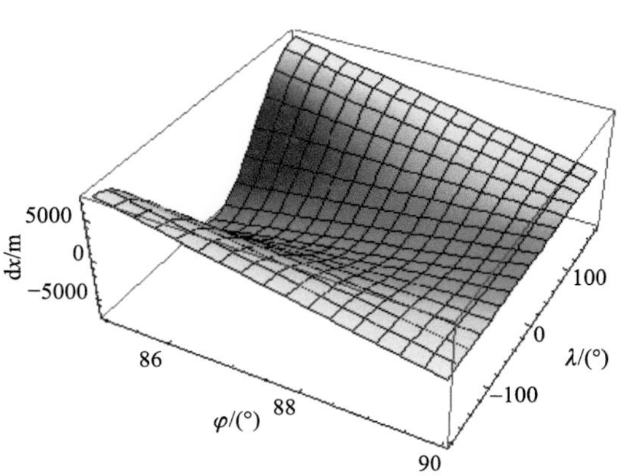

图 2-23　单重和双重极球面投影方法 x 坐标的差异

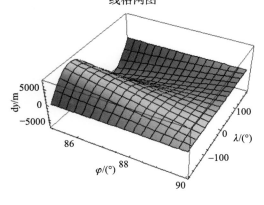

图 2-24　单重和双重极球面投影方法 y 坐标的差异

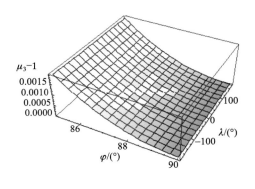

图 2-25　极区双重极球面投影长度变形

三、极区双重横向墨卡托投影

(一) 极区双重横向墨卡托投影方法

根据前二小节的方法，将椭球面等角投影于球面后，采用横向墨卡托投影方法将球面投影到平面上。此处直接给出球面横向墨卡托投影公式：

$$\begin{cases} x = R\arctan(\tan\phi\sec l) \\ y = \dfrac{1}{2}R\ln\dfrac{1+\cos\phi\sin l}{1-\cos\phi\sin l} \\ \mu_2 = \dfrac{1}{\sqrt{1-\cos^2\phi\sin^2 l}} \\ P_2 = \dfrac{1}{1-\cos^2\phi\sin^2 l} \\ \omega_2 = 0 \end{cases} \tag{2-104}$$

其中：x 和 y 为投影后的平面坐标；μ_2、P_2 和 ω_2 分别为投影长度比、面积比和角度变形。

中低纬度地区通常需要根据经差进行分带，如采用 3° 分带和 6° 分带等。但是极区面积较小，且经线汇聚于极点，为便于极区完整表达，极区导航图不再进行分带处理。

此外，式 (2-104) x 坐标变换公式中采用正切函数、余割函数和反正切函数，当纬度 $\phi = 90°$ 或 $l = \pm 90°$ 时，会出现计算溢出。因此，将式 (2-104) 等效变换为反正弦函数的形式，即

$$x = \begin{cases} R \arcsin \dfrac{1}{\sqrt{1 + \cot^2 \phi \cos^2 l}}, & |l| \leqslant 90° \\[4mm] -R \arcsin \dfrac{1}{\sqrt{1 + \cot^2 \phi \cos^2 l}}, & |l| > 90° \end{cases} \tag{2-105}$$

上述变换关系的投影原点为赤道，为了使用方便，北极地区投影通常以北极点为投影原点。因此，在式 (2-105) 的基础上进行坐标平移可得

$$x = \begin{cases} R \arcsin \dfrac{1}{\sqrt{1 + \cot^2 \phi \cos^2 l}} - \dfrac{\pi}{2} R, & |l| \leqslant 90° \\[4mm] -R \arcsin \dfrac{1}{\sqrt{1 + \cot^2 \phi \cos^2 l}} + \dfrac{\pi}{2} R, & |l| > 90° \end{cases} \tag{2-106}$$

由式 (2-106) 可知，当纬度 $\phi = 90°$ 或 $l = \pm 90°$ 时，不会出现计算溢出。

式 (2-106) 和式 (2-104) 中后三式构成了极区球面横向墨卡托投影公式，与本节第一小节椭球等角投影到球面的公式共同构成了基于椭球面的极区双重横向墨卡托投影方法。

(二) 极区双重横向墨卡托投影的子午线收敛角

极区导航中，通常需要进行地理真航向与极区新航向基准之间的转换，这需要计算横向墨卡托投影下的子午线收敛角。

由文献 (李忠美，2013) 可知，横向墨卡托投影的子午线收敛角 γ_S 为

$$\gamma_S = \arctan(\tan l \sin \phi) \tag{2-107}$$

为避免计算奇异，采用等效数学表达式可得

$$\gamma_S = \arccos \frac{\cos l}{\sqrt{\cos^2 l + \sin^2 l \sin^2 \phi}} \tag{2-108}$$

将式 (2-91) 代入式 (2-108)，可得极区椭球横向墨卡托投影子午线收敛角 γ_E 的计算公式为

$$\gamma_E = \arccos \frac{\cos \lambda \left[1 + \cot^2 \left(\dfrac{\pi}{4} + \dfrac{\varphi}{2} \right) \left(\dfrac{1 + e \sin \varphi}{1 - e \sin \varphi} \right)^e \right]}{\sqrt{\cos^2 \lambda \left[1 + \cot^2 \left(\dfrac{\pi}{4} + \dfrac{\varphi}{2} \right) \left(\dfrac{1 + e \sin \varphi}{1 - e \sin \varphi} \right)^e \right]^2 + \sin^2 \lambda \left[1 - \cot^2 \left(\dfrac{\pi}{4} + \dfrac{\varphi}{2} \right) \left(\dfrac{1 + e \sin \varphi}{1 - e \sin \varphi} \right)^e \right]^2}}$$

$$\tag{2-109}$$

(三) 算例分析

为分析本书投影方法用于极区的可行性，采用 WGS-84 椭球模型，其中长半径 $a = 6\,378\,137\,\text{m}$，扁率 $f = 1/298.257\,223\,563$，以北极点为基准纬度，并设置纬度范围为 85°N～90°N，经度范围为–180°W～180°E，采用 Mathematica 软件可画出该投影方法的经纬线格网图，如图 2-26 所示。

为了比较与基于球面的单重横向墨卡托投影的差异，取极点处平均曲率半径为球面半径，与基于 WGS-84 椭球模型的双重横向墨卡托投影进行比较，可得两种方法的平面投影 x 坐标和 y 坐标差值 dx 和 dy 随经、纬度变化的三维分布图，如图 2-27 和图 2-28 所示。

由图 2-27 和图 2-28 可见，极区双重横向墨卡托投影与基于球面半径粗略取值的单重横向墨卡托投影相比，在 x 坐标和 y 坐标有更高的精度，差值最大可达 5 000 m，这是由于对极区范围内的地球椭球面采取了更为精确的球面逼近方式造成的。

在相同仿真条件下，对两种投影方法下子午线收敛角进行计算，结果如表 2-15 所示。

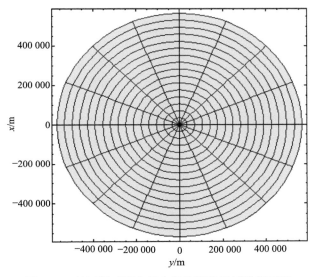

图 2-26 极区椭球横向墨卡托投影的经纬线格网图

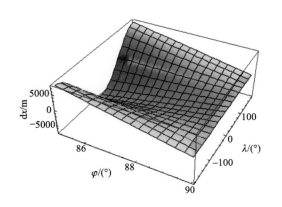

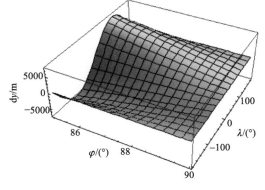

图 2-27 单重和双重横向墨卡托投影方法　　　　图 2-28 单重和双重横向墨卡托投影方法
　　　　　　x 坐标的差异　　　　　　　　　　　　　　　y 坐标的差异

表 2-15　双重横向墨卡托投影与单重横向墨卡托投影下子午线收敛角的差异

φ	20°E			50°E			80°E		
	$\gamma_S/(°)$	$\gamma_E/(°)$	$\gamma_S-\gamma_E/('')$	$\gamma_S/(°)$	$\gamma_E/(°)$	$\gamma_S-\gamma_E/('')$	$\gamma_S/(°)$	$\gamma_E/(°)$	$\gamma_S-\gamma_E/('')$
85.0°N	19.929 89	19.928 95	3.391	49.892 40	49.890 95	5.214	79.962 57	79.962 07	1.816
85.5°N	19.943 21	19.942 44	2.750	49.912 87	49.911 70	4.225	79.969 70	79.969 29	1.470
86.0°N	19.955 13	19.954 52	2.175	49.931 17	49.930 24	3.340	79.976 07	79.975 75	1.161
86.5°N	19.965 65	19.965 18	1.666	49.947 32	49.946 60	2.558	79.981 69	79.981 44	0.889
87.0°N	19.974 76	19.974 42	1.225	49.961 30	49.960 78	1.880	79.986 55	79.986 37	0.653
87.5°N	19.982 47	19.982 24	0.851	49.973 13	49.972 77	1.305	79.990 66	79.990 53	0.453
88.0°N	19.988 78	19.988 63	0.545	49.982 80	49.982 57	0.835	79.994 02	79.993 94	0.290
88.5°N	19.993 70	19.993 60	0.307	49.990 33	49.990 19	0.470	79.996 64	79.996 59	0.163
89.0°N	19.997 20	19.997 16	0.136	49.995 70	49.995 64	0.209	79.998 50	79.998 48	0.072
89.5°N	19.999 29	19.999 28	0.034	49.998 92	49.998 91	0.052	79.999 62	79.999 62	0.018

　　由表 2-15 可见，在同一经线上，子午线收敛角随着纬度的升高而增大，接近经度值。单重与双重横向墨卡托投影方法相比，二者子午线收敛角差别较小，误差为秒级，近极点区域误差小于 1 角秒，这个结论可以为第三章近似格网坐标系和椭球横向坐标系的设计提供根据。

　　通过以上分析，极区使用单重横向墨卡托投影引起的误差主要体现为平面坐标差别较大，子午线收敛角差别较小。单重横向墨卡托投影与导航设备采用的地球椭球体模型不一致，会引起导航误差和实际使用的不便。本节采用基于椭球面的双重投影方法与导航设备采用的地球椭球模型一致，能够使导航图上坐标参数与导航设备输出的参数保持一致而便于配合使用，同时解决由于地球模型不同引起的误差，提高航行绘算精度。

　　极区椭球面到球面的等角投影长度变形较小，极区双重横向墨卡托投影长度变形主要由球面到平面投影长度变形决定。在上述仿真区域对双重横向墨卡托投影方法的长度变形进行仿真，结果如图 2-29 和 2-30 所示。由图可见，由于选取极点为基准纬度，长度变形随着纬度的升高而减小，在 88°N 到极点的范围内变形较小，如果设置其他纬度为基准纬度，那么在基准纬度范围变形较小。因此，本章介绍的投影方法可以与极区导航技术结合应用。

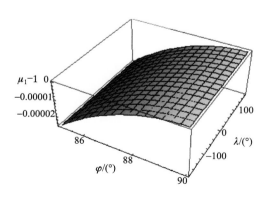

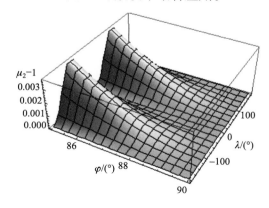

图 2-29　极区椭球面到球面投影长度变形　　　　图 2-30　极区球面到平面投影长度变形

四、两种投影方法的比较分析

现在从角度变形、长度变形和经纬线格网的规则性三个方面，对极区双重横向墨卡托投影和双重极球面投影方法的极区适用性进行比较分析。

(一) 角度变形比较

由式(2-88)、式(2-99)和式(2-104)可知，两种投影都是等角投影，均可满足极区等角投影的要求。

(二) 长度变形比较

由图 2-25、图 2-29 和图 2-30 可以看出，在采用相同基准纬度的情况下，极区双重极球面投影的最大长度变形普遍要小于极区横向墨卡托投影，在这方面它比极区双重横向墨卡托投影更有优势。

(三) 经纬线格网的规则性比较

由式(2-101)和式(2-102)可知，极球面投影中经线投影是以极点为中心的一簇放射线，纬线投影是一簇同心圆。这样既便于量测航向和距离，又便于经纬线格网与极区导航格网的结合应用。

由文献(Osbome，2008)可知，横向墨卡托投影的纬线方程和经线方程分别为

$$\frac{\cot^2 x}{\cot^2 \phi} + \frac{\tanh^2 y}{\cos^2 \phi} = 1 \tag{2-110}$$

$$\frac{\coth^2 y}{\csc^2 l} - \frac{\tan^2 x}{\sec^2 l} = 1 \tag{2-111}$$

可以看出，横向墨卡托投影的纬线投影为椭圆形式，经线投影为双曲线形式。

因此，从角度变形、长度变形和经纬线格网的规则性来说，极区双重极球面投影上的经纬线格网更为规则，更便于航行绘算，从而适用性更有优势。但在实际使用中，与惯性导航系统等导航装备的坐标系统一致，双重横向墨卡托投影也具有独特的优势。因此，这两种投影均可作为极区导航图的主要投影方法。

五、极区海图投影方式的选用方案

从本章第四节和本节的上述研究可看出，无论是基于地球球体模型还是地球椭球模型，在等角性、长度变形、经纬线格网的规则性、大圆航线与直线的接近程度等方面，极球面投影和横向墨卡托投影相对于其他投影方式更优越，且极球面投影方式较横向墨卡托投影略优。因此，极区航海图可优先采用极球面投影方式。实际上，2011 年，北冰洋区域性海道测量委员会也推荐极球面投影方式作为北极航海图投影方式。

海图投影方式对基于不同极区导航坐标系的极区航法使用直接相关，从投影方式和航法配合使用的便利性而言，极球面投影能够直接支持极区格网导航并很好地兼顾横向导航、斜向导航等航法需要；而横向墨卡托投影与横向导航技术配合使用优势明显，详见本书后续章节及相关文献。

考虑纸质航海图编绘印制成图后，基于特定投影方式的地理要素表达形式和航海绘算方法已固化，在图上不能进行投影方式和坐标系转换，系列极区纸质航海图宜统一采用一种综合性能最优的投影方式；而电子海图导航系统可轻松支持地球形状模型、投影方式和坐标系切换，海图上地理要素的表达和航海绘算方式更加灵活，极区电子海图导航系统中可以一种综合性能最优的投影方式为主，并兼容其他多种投影方式，便于各种备选投影方式扬长避短、灵活支持多种导航方法的应用需要。

目前，国际上海图编绘规范对极区海图投影方式尚未做出统一规定。从海图编制、航法使用、要素表达绘算、投影方式过渡转换等方面综合考虑，极区航海图投影方式选用可尝试如下方案。

(1) 极区纸质航海图。纬度 75°以下区域采用墨卡托投影；纬度 80°以上区域采用极球面投影；纬度 75°～80°作为两种投影方式的过渡区域。

(2) 极区电子海图导航系统。纬度 75°以下区域采用墨卡托投影；纬度 80°以上区域主要采用极球面投影，并兼容横向墨卡托投影、日晷投影等投影方式；纬度 75°～80°作为墨卡托投影与非墨卡托投影极区航海图的过渡区域。

第三章

极区导航坐标系

现有真航向系统以收敛于极点的地理经线作为航向参考基准，会造成导航参数定义、解算、载体引航、航行绘算等一系列困难。在极点处，所有从北极出发的真航向均向南；经线稠密，收敛于极点；极点处经度可以为 0°～180°任意值，定义失效；与经度相关的时区在两极收敛，地方时失去意义；极区墨卡托海图由于长度变形过大不再适用；极区采用恒向线航行航程很长；采用大圆航线在运载体穿过或靠近极点航线时需迅速地改变其航向角。上述问题归咎为一点，就是真航向、经度等导航基准定义在极区不再适用。极区导航中必须重新定义导航基准，这就是极区导航基础的坐标系定义问题。

第一节　极区坐标系研究的主要问题

极区坐标系的定义涉及极区航海需求及多种导航设备极区工作编排。这两方面的关注点有所不同，在进行极区坐标系研究时，应当将二者统筹考虑，才能比较全面地构建解决极区导航使用的完整极区坐标系组。

一、极区航行要求必须调整极区航向基准

传统导航基准及坐标系定义不能满足极区航行的需求。如图 3-1 所示，由于极区导航图上恒向线为逼近极点的曲率很大的螺旋线，航程很长，且不便于航行作业，载体通常采用大圆航法航行，大圆航线在极区导航图上几乎呈直线，航行作业方便。

但由于极区经线迅速汇聚，采用大圆航线航行必须频繁改变真航向角。如图 3-2 所示，假设原本计划执行的大圆航线为 EGF，在此情况下点 E 航行到点 F 的真航向角逐渐增大，在点 G 处真航向角改变速度最快，非常不利于航行作业。由于极区内导航设备提供的经、纬度位置存在偏差，这将引起真航向存在较大偏差，进一步恶化航行作业质量。例如，由导航设备提供的位置存在误差，将实际点 G 位置定位为点 H，而二者处的真航角向差别高达 180°，这种偏差将严重误导航行人员。此外，载体航行时会受到风、流等外界条件的影响，风向、流向这类矢量要素的表达同样存在上述问题。因此，极区经线快速汇聚会导致存在上述一系列问题，继续以地理真北为航向基准已难以满足极区航行需求。导航人员希望采取有效的航向基准调整方法，使经、纬度定位和相对经线定向的使用习惯能在极区继续沿用。

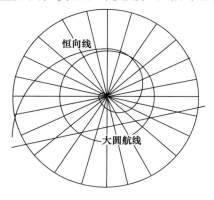

图 3-1　极区恒向线与大圆航线对比图

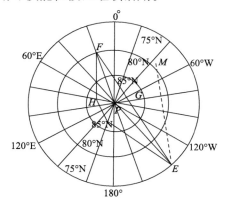

图 3-2　极区大圆航线航行

二、极区导航系统要求必须调整极区坐标系基准

由于在极区经线快速收敛于极点，以经线切线方向为参考的航向基准存在较多问题。极区罗经效应降低，陀螺罗经等惯性指北系统航向误差与 $\sec\varphi$ 成正比，航向误差在极区增大，尤其是在纬度 85° 以上的极区更是急剧增大，纬度高于 87°30′ 的地区陀螺罗经不能再指示航向。

建立在传统地理坐标系基础上的平台式指北方位惯性导航系统方位控制指令中有 $\tan\varphi$ 项，

当纬度接近 90°时，力矩过大，平台方位跟踪控制及惯性导航方位陀螺施矩困难。自由方位惯导系统、游移方位惯导系统、捷联式惯性导航力学编排中需要计算 $\tan\varphi$，在极点附近会出现导航解算溢出和经度退化的过极点问题，导致系统失去解算能力。

基于传统地理坐标系的经典高度差法的天文导航受模型中 $\sec\phi$ 限制，在高纬度地区数学解算中出现较大的原理性误差项，对天文导航定位精度也将产生显著影响。因此，为改善极区导航系统工作性能也必须调整极区坐标系基准。

三、常见的极区导航坐标系及导航研究方案

针对上述问题，人们提出了重建极区导航坐标系的问题解决方案，通过构建新的航向基准和位置基准，可以克服真实地球极点处经线收敛带来的定向和定位困难问题。这些方案多从侧重航行控制的角度入手。在新的极区导航坐标系下，大圆航线将转为中低纬度航行时采用的等角航线，便于航海作业。从国外极区导航文献(Watland，1995)来看，有多种导航坐标系的构建方法，并基于这些坐标系形成了几种极区导航方案。

(一) 基于格网坐标系的极区格网导航技术

在某些特定投影方式(如极球面投影、改进型兰伯特投影、日晷投影等)的极区导航图上叠绘平行于某条经线的平行线格网作为航向基准，载体依此航向基准航行，这样可以将极区大圆航线转换为中低纬度常用的等角航线，可以继续沿用恒向线导航方法。

(二) 基于横向地理坐标系的极区横向导航技术

横向地理坐标系是参照现有地理坐标系的构建方法，将现有地理极点沿某条经线旋转 90°到赤道后作为新坐标系的"极点"构建而成的，使得现有极区转换为新坐标系下的"赤道"地区，以解决极区航向和位置表示方面存在的问题，这种坐标系通常与横向墨卡托投影极区导航图配合使用。

(三) 基于斜向地理坐标系的极区斜向导航技术

斜向地理坐标系是参照地理坐标系的构建方法，以计划航线(采用大圆航线)作为新地理坐标系的赤道或中央经线、极轴不与现有地理赤道平面垂直或平行的一种坐标系。实际上，横向坐标系和现有地理坐标系均为斜向地理坐标系的一种特例，在极区导航图上，斜向地理坐标系的中央经线与赤道投影为互相垂直的直线，便于图上作业。

(四) 基于平面坐标系的极区平面导航技术

平面坐标系是以导航图上的出发点为坐标系原点，以导航图的两条互相垂直的图廓方向分别作为 x 轴和 y 轴建立的导航坐标系，建立起位置和航向基准。这种导航方式适用于方圆几十公里的小区域，难以大范围使用。

这几种导航方案都可以将中低纬度依靠地理坐标系航行的习惯继续沿用于极区，目前应用最广泛的是前两种导航方案，但均需要极区航海图与导航设备一起配合使用。本章重点对前两种坐标系的构建与使用进行深入研究。

四、基于地球椭球体的极区统一坐标系构建问题

从导航系统的角度，为保证导航参数解算精度，常将地球视为近似旋转椭球体，如卫星导航、惯性导航均基于地球旋转椭球体构建地理坐标系。但目前极区格网导航、横向导航技术所依据的地图投影方式均基于地球球体，由于地球椭球面在各方向不像球面均匀和规则，造成了直接基于地球椭球面构建格网坐标系、横向坐标系的构建十分复杂，构建时也需要进行必要的近似或简化处理(林秀秀 等，2019；卞鸿巍 等，2018)。因此，在极区导航坐标系构建及极区地图投影过程中还需要解决以下几个问题。

(一) 地球椭球面等角投影到地图平面的问题

在极区，如果所依据的地球球体选用不合理，就会与地图投影存在更大的制图和导航误差，也不便于与基于地球椭球体模型的配合使用，对高精度的极区导航应用造成不利影响。因此，需要研究如何选用最贴近极区地球椭球面的球面，或者直接采用地球椭球面，来构建尽可能精准而又易用的极区导航坐标系。

在地图投影理论中，第二章介绍的双重投影是解决椭球面投影到地图平面的一种有效方法，即先将地球椭球体按某等角条件(为便于导航使用，导航图通常要求采用等角投影)投影到某个球面上，再采用极球面投影或横向墨卡托投影的方式将该球面等角投影到地图平面上。但地球椭球面等角投影到球面时，又会存在极点处计算奇异和计算溢出问题。第二章已对该问题进行了解决。因此，我们采用双重投影方法以解决基于地球椭球面的极球面投影和横向墨卡托投影问题。

(二) 极区导航坐标系的构建问题

极区格网坐标系是一种基于特定投影方式(极球面投影、改进的兰伯特投影等)的平面坐标系，而导航设备基于地球椭球面，需要将格网坐标系所代表的航向基准和位置基准变换到地球椭球体上，构建成新的极区导航坐标系。因此，我们需要研究基于地球椭球面的格网坐标系和横向坐标系等极区坐标系的构建问题。

现有极区坐标系主要存在以下问题。

(1) 格网坐标系体系中的定义和概念多样，格网坐标系的构建依赖于导航图所选用的地图投影方式，地图投影方式的不同造成了格网坐标系的多种定义方式。

(2) 横向地理坐标系的定义和概念不尽一致，没有明确建立起横向地理坐标系与格网坐标系之间的联系。

(3) 格网坐标系在有的文献中也被称为栅格坐标系、网格坐标系等，横向坐标系也被称为逆坐标系、伪坐标系、横向地球坐标系等，专业术语不一致。

(4) 基于格网坐标系的指向类导航系统与基于横向坐标系的指向兼定位类导航系统难以统一，造成不同导航系统间信息交联转换困难；缺乏统一的极区坐标系定义，给国内极区导航的研究和应用造成了一定程度上的混乱。

(三) 导航坐标系、导航图投影方式与导航设备的配合使用问题

由于极区导航图上所叠绘的极区导航坐标系格网与导航设备所采用的极区导航坐标系不一定相同，例如，惯性导航系统输出的是横向地理坐标系下的极区导航参数，而极区导航图

采用的是极球面投影等极区投影，图上叠绘的是极区格网坐标系。为了保证导航坐标系、极区导航图与导航设备的协调使用，还需要解决不同坐标系和不同地图投影方式下的导航参数转换与统一问题。

第二节　极区格网坐标系

一、基于地球球体模型的格网坐标系

极球面投影是极区导航图最适用的地图投影方式之一。极球面投影上与某条经线平行的直线系列可作为方向基准，即目前极区导航广泛应用的格网航向基准(Maclure，1949)。英国海军核潜艇装备的电子海图系统中采用的是格网坐标系。格网线在球面上都是由过南极点的小圆线投影而来的，或者是由球心在南极点、半径为$2R$的球面上大圆线投影而来的。

在极球面投影海图上选择某条经线作为航向参考基准，格网航向基准一般采用以下三种方式(Jones，1994)。

(1) 如图 3-3 所示，以 0°经线作为航向基准，被称为格林尼治格网坐标系；

(2) 如图 3-4 所示，以图幅中央经线作为航向基准；

(3) 如图 3-5 所示，以沿着或垂直于某条航线的方向作为航向基准。

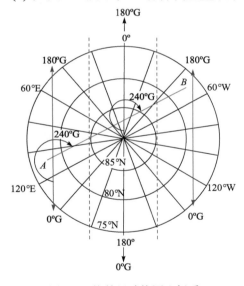

图 3-3　格林尼治格网坐标系

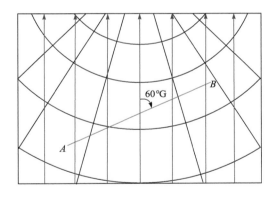

图 3-4　以图幅中央经线为格网
北向的格网坐标系

除此之外，还可以与格网北向垂直的方向绘制平行格网构成矩形导航格网，便于推算定位或位置转换及标绘，如图 3-6 所示。

应用最广泛的是第一种格林尼治格网坐标系，后两种会随着具体导航图或计划航线而变动，必要时还需要重新叠绘。

在图上绘制平行于 0°经线的直线，在北极点沿 0°经线朝向太平洋一侧方向表示成 0°G，相反方向朝向大西洋一侧被称为 180°G。量测方向时，从这些平行线中任意一条以 0°～360°的顺时针方式进行，该基准下的航向被称为格林尼治格网航向，全极区可以统一采用这种坐

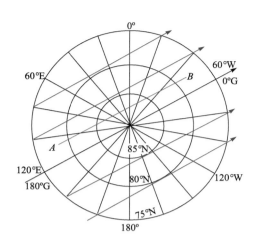

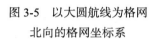

图 3-5 以大圆航线为格网
北向的格网坐标系

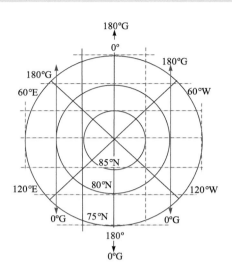

图 3-6 矩形格网坐标系

标系。如图 3-7 所示，图上 E、W、S、N 和 G 分别表示东经、西经、南纬、北纬和格网航向。考虑南半球和北半球两种情形，格网航向基准与地理真北航向基准的夹角为 $\gamma_{\mathrm{d}}\mathrm{sign}(\varphi)$，即 $l\mathrm{sign}(\varphi)$（$\mathrm{sign}(\cdot)$ 为符号函数，φ 为地理纬度，l 为极区导航图上的经度）。$l\mathrm{sign}(\varphi)$ 为正表示格网 0°G 航向按逆时针旋转到真北航向；$l\mathrm{sign}(\varphi)$ 为负表示格网 0°G 航向按顺时针旋转到真北航向。

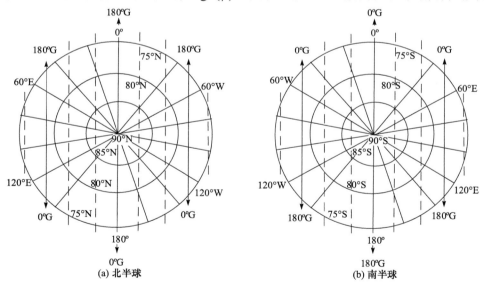

图 3-7 极球面投影下格网坐标系示意图

格网北向所在经度为 λ_0 时，格网航向 GC 与真航向 TC 的转换关系为

$$GC = TC + \lambda_0 - \lambda_{\mathrm{E}}\left(+\lambda_{\mathrm{W}}\right) \qquad (3\text{-}1)$$

格林尼治格网坐标系下，格网航向 GC 与真航向 TC 的转换关系为

$$GC = TC - \lambda_{\mathrm{E}}\left(+\lambda_{\mathrm{W}}\right) \qquad (3\text{-}2)$$

格网北所在经线的经度分别为 λ_2 和 λ_1 的两个格网，其格网航向转换关系为

$$\mathrm{GC}_2 = \mathrm{GC}_1 + (\lambda_2 - \lambda_1) \tag{3-3}$$

采用格网航向基准后，地理极点不再是经线收敛点，而只是格网坐标系下的普通点，大圆航线可转化为格网坐标系下的等角航线，图上矩形格网类似墨卡托投影上的矩形经纬线格网，可参照墨卡托极区导航图上的等角航法进行引航。

二、基于地球椭球面的极区格网坐标系设计

根据第二章的分析可知，基于地球椭球体的极区双重横向墨卡托投影和极区双重极球面投影均可以用于极区导航图。在使用格网导航方法时，不同投影的导航图采用的航向基准并不完全一致。因此，基于这两种投影方法，通过采用对平面投影进行逆向投影的方法，将平面投影导航图上的航向基准逆向投影到地球椭球面上，从而构建基于地球椭球模型的三维格网坐标系。

(一) 基于极球面投影的格网坐标系设计

在此情况下，格网导航的方法是基于极球面极区导航图的平面，而惯性导航系统等导航系统的编排方案则是以地球椭球模型为参考。因此，需要根据传统格网导航方法，将平面格网航向基准逆向投影到地球椭球面上，构建椭球面格网航向基准和格网位置基准，方法如下。

1. 极球面格网航向基准与地理航向基准的夹角 β_1

将极球面投影导航图上的格网航向基准(极球面格网航向基准)还原到地球椭球面上，需先将极球面投影导航图上的格网航向基准还原到球面上，利用极球面投影的等角性质，球面上的格网航向基准与真北航向基准的夹角也为 $l\mathrm{sign}(\varphi)$；然后将球面上的网格航向基准反还原到椭球面上，利用椭球面投影到球面上的等角性质，椭球面上的格网航向基准与真北航向基准的夹角也为 $l\mathrm{sign}(\varphi)$；再利用椭球面等角投影到球面上球面经度 l 与椭球面经度 λ 相等的性质，得到椭球面上航向基准与地理航向基准的夹角为

$$\beta_1 = l\mathrm{sign}(\varphi) = \lambda\mathrm{sign}(\varphi) \tag{3-4}$$

2. 极球面格网坐标系

极区任一点 (φ, λ) 处的格网航向基准为地理航向基准在当地水平面内顺时针旋转 $\lambda\mathrm{sign}(\varphi)$ 角。因此，格网坐标系(简称 G 系)可由东 – 北 – 天 $(E\text{-}N\text{-}U)$ g 系在地水平面内绕 $-U$ 轴转过 $\lambda\mathrm{sign}(\varphi)$ 角确定，其三个坐标轴分别为格网东向轴 GE、格网北向轴 GN 和格网天向轴 GU，GU 轴与 U 轴重合，如图 3-8 所示。

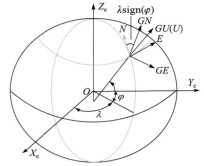

图 3-8　椭球格网坐标系

(二) 基于横向墨卡托投影的格网坐标系的设计

类似于基于极区极球面投影的格网坐标系设计方法，针对椭球横向墨卡托投影，同样可以参考格网导航的思路，在此极区导航图上绘制平行于本初子午线的格网线，区别在于极区导航图上格网航向基准与地理真北航向基准的夹角为横向墨卡托极区导航图上的子午线收敛

角 γ_E。考虑南半球和北半球两种情形及真北航向的旋转方向,该角进一步写为 $\gamma_E \text{sign}(\phi l)$。然后将椭球横向墨卡托投影导航图上的格网航向基准还原到地球椭球面上,构建椭球面格网坐标系,方法如下。

1. 格网航向基准与地理航向基准的夹角 β_2

先将横向墨卡托投影中的格网航向基准(横向墨卡托格网航向基准)还原到球面上,然后将球面上的格网航向基准反还原到椭球面上,利用横向墨卡托投影及椭球面到球面投影的等角性质,再利用椭球面等角投影到球面上球面经度与椭球面经度符号相同、球面纬度与椭球面纬度符号相同的性质,得到椭球面上航向基准与地理航向基准的夹角为

$$\beta_2 = \gamma_E \text{sign}(\varphi\lambda)$$

$$= \arccos \frac{\cos\lambda\left[1+\cot^2\left(\frac{\pi}{4}+\frac{\varphi}{2}\right)\left(\frac{1+e\sin\varphi}{1-e\sin\varphi}\right)^e\right]}{\sqrt{\cos^2\lambda\left[1+\cot^2\left(\frac{\pi}{4}+\frac{\varphi}{2}\right)\left(\frac{1+e\sin\varphi}{1-e\sin\varphi}\right)^e\right]^2 + \sin^2\lambda\left[1-\cot^2\left(\frac{\pi}{4}+\frac{\varphi}{2}\right)\left(\frac{1+e\sin\varphi}{1-e\sin\varphi}\right)^e\right]^2}} \text{sign}(\varphi\lambda)$$

$$(3-5)$$

2. 横向墨卡托格网坐标系

任一点处的格网航向基准为地理航向基准在当地水平面内顺时针旋转 $\gamma_E \text{sign}(\varphi\lambda)$ 角。因此,g 系在当地水平面内绕 $-U$ 轴旋转 $\gamma_E \text{sign}(\varphi\lambda)$ 角可得到格网坐标系(简称 Q 系),三个坐标轴分别为格网东向轴 QE,格网北向轴 QN 和格网天向轴 QU,其中 QU 轴与 U 轴相同。

(三) 基于地球椭球模型的格网坐标系的设计

基于椭球横向墨卡托投影的格网坐标系中式(3-5)较为复杂,航向基准线在椭球面上为不规则的曲线,因此可以根据椭球横向墨卡托投影与球面横向墨卡托投影的子午线收敛角在极区相差极小这一特点,采用如下设计方法设计一种基于地球椭球模型的格网坐标系,它实际上是基于横向墨卡托投影的格网坐标系的一种近似。

下面在研究椭球面格网航向基准的基础上完成格网坐标系的构建。该模型的特性主要包括椭球面格网线的定义、基于地球椭球体模型的横向墨卡托格网航向基准定义、地理航向基准与三维横向墨卡托格网航向基准的夹角,具体如下。

1. 椭球面格网线定义

椭球面格网线是指平行于某子午圈的平面切割地球椭球体所形成的椭圆面轮廓线。因此,每个子午圈对应于一族椭球面格网线。为方便使用,采用格林尼治子午圈对应的椭球面格网线,如图 3-9 所示。

2. 基于地球椭球体模型的横向墨卡托格网航向基准定义

如图 3-10 所示,面向位置点 $(0°,90°E)$,格网北向为椭球面格网线的顺时针方向,即图 3-9 中箭头所指方向。格网北轴顺着格网线切线指向格网北向,"格网东轴,格网北轴,天"坐标系($\overline{Q}$ 系)构成右手直角坐标系。

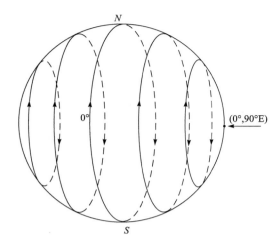

图 3-9 椭球格网航向基准模型

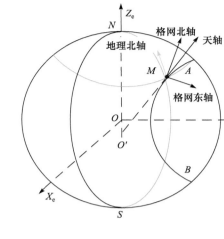

图 3-10 椭球面格网坐标系

3. 地理航向基准与三维横向墨卡托格网航向基准的夹角

由几何关系可得，两个航向基准的夹角等于子午圈切线矢量与格网线切线矢量的夹角。过地球上任一点 $M(\varphi,\lambda)$，子午圈在点 M 处的切线矢量为 $\boldsymbol{a}(-\tan\varphi\cos\lambda,-\tan\varphi\sin\lambda,1)$，过点 M 的格网线在点 M 处的切线矢量为 $\boldsymbol{b}(-\tan\varphi\sec\lambda,0,1)$，则地理航向基准与格网航向基准的夹角 β_3 满足以下关系：

$$\cos\beta_3 = \cos<\boldsymbol{a},\boldsymbol{b}> = \frac{\boldsymbol{a}\cdot\boldsymbol{b}}{|\boldsymbol{a}||\boldsymbol{b}|} \tag{3-6}$$

解得

$$\beta_3 = \begin{cases} \arccos\dfrac{\cos\lambda}{\sqrt{\cos^2\lambda+\sin^2\varphi\sin^2\lambda}}, & \lambda\geqslant 0 \\[4mm] -\arccos\dfrac{\cos\lambda}{\sqrt{\cos^2\lambda+\sin^2\varphi\sin^2\lambda}}, & \lambda\leqslant 0 \end{cases} \tag{3-7}$$

由式(3-7)可见，该公式恰好与球面横向墨卡托投影的子午线收敛角一致。由仿真可以看出，球面子午线收敛角和椭球横向墨卡托子午线收敛角相差极小，与惯性导航航向精度相比，该差值的量级对航向导航参数解算的影响可以忽略。因此，该坐标系可以作为基于椭球横向墨卡托投影的严格格网坐标系的一种实用近似。

第三节 极区横向坐标系

由于格网导航方法仅重建了新的航向基准，仅能解决大圆航行时引起的航向快速变化问题，而横向导航方法则同时创建了新的航向基准和位置基准，即定义了新的经纬度坐标系，最初这种坐标系与基于球面的横向墨卡托投影配合使用于近极点区域的导航，以解决载体过极点的问题。目前相关文献中，这种坐标系主要基于简化的地球球体模型而不是直接基于地球椭球体模型，不利于高精度极区导航。本节在研究基于球体的横向坐标系构建的基础上，结合第二章中基于地球椭球的极区双重横向墨卡托投影方法，提出一种基于地球椭球模型的极区横向坐标系，为后续基于地球椭球模型的惯性导航极区横向坐标导航编排方案研究提供坐标系基准。

一、基于地球球体模型的横向坐标系设计

（一）球体横向经、纬度的定义

参照球体地理经、纬度的定义方法来定义球体横向经、纬度，具体如下：设本初子午线所在的子午圈为横向赤道，将原地理坐标点 $(0°, 90°E)$ 和 $(0°, 90°W)$ 设定为新的横向北极点和横向南极点。横向子午线为过横向极点的平面截取地球形成的轮廓线。设点 P 为地球表面上一点，地理法线与横向赤道平面的交角 φ^t 为点 P 的横向纬度。横向北半球的点位于地理东半球，横向南半球的点位于地理西半球。定义初始的横向子午线为地理经度 90°E 所在子午圈的北半球部分，横向子午面与初始横向子午面的交角 λ^t 为点 P 的横向经度。那么，可以判断出横向东半球位于地理经度 90°W～90°E 内，横向西半球位于地理经度 90°W～180° 和 90°E～180° 内。因此，可以用横向纬度 φ^t 和横向经度 λ^t 表示地球表面上点的位置，如图 3-11 所示。横向地球坐标系与地球固联，取地球球体模型的中心为坐标原点，X^t 轴指向传统北极，Y^t 轴指向格林尼治子午线与赤道的交点，Z^t 轴指向横北极点。

（二）球体横向地理坐标系

如图 3-12 所示，参照球体模型下地理坐标系的构建方法，根据上述构建的横向经、纬线，构建出球面横向地理坐标系。设载体的位置点为横向坐标系的原点，E^t 轴顺着横向纬线的切线指向横向正东，N^t 轴顺着横向子午线的切线指向横向正北，U^t 轴顺着球面的法线指向天顶，E^t 轴、N^t 轴和 U^t 轴相互垂直。

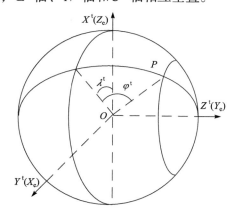

图 3-11　横向地球坐标系

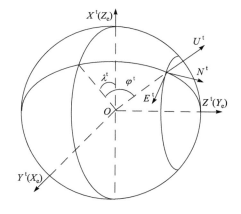

图 3-12　球体横向地理坐标系

（三）基于球面的横向地理坐标系与其他坐标系的转换

1. 基于球面的地理经纬度与横向经纬度的转换

设地球上一点在地球系中的笛卡儿(Descartes)坐标表示为 (x, y, z)，采用地理经纬度表示

为 (φ, λ)，采用横向经纬度表示为 (φ^t, λ^t)，则 (x, y, z) 与 (φ^t, λ^t) 的变换公式为

$$\begin{cases} x = R\cos\varphi^t \sin\lambda^t \\ y = R\sin\varphi^t \\ z = R\cos\varphi^t \cos\lambda^t \end{cases} \tag{3-8}$$

地理经纬度与地球笛卡儿坐标的变换公式为

$$\begin{cases} x = R\cos\varphi\cos\lambda \\ y = R\cos\varphi\sin\lambda \\ z = R\sin\varphi \end{cases} \tag{3-9}$$

联立式(3-8)和式(3-9)，推导出球体地理经纬度与横向经纬度的变换公式为

$$\begin{cases} \sin\varphi^t = \cos\varphi\sin\lambda \\ \tan\lambda^t = \cot\varphi\cos\lambda \\ \sin\varphi = \cos\varphi^t \cos\lambda^t \\ \tan\lambda = \tan\varphi^t \csc\lambda^t \end{cases} \tag{3-10}$$

2. 横向经纬度与球面极坐标位置参数的转换

(1) 球面极坐标位置参数与地理经纬度的转换。

极点为 (φ_0, λ_0) 的球面极坐标 (Z, α) 与地理经纬度 (φ, λ) 转换的正反解公式为

$$\begin{cases} \cos Z = \sin\varphi\sin\varphi_0 + \cos\varphi\cos\varphi_0 \cos(\lambda - \lambda_0) \\ \tan\alpha = \dfrac{\cos\varphi\sin(\lambda - \lambda_0)}{\sin\varphi\cos\varphi_0 - \cos\varphi\sin\varphi_0 \cos(\lambda - \lambda_0)} \end{cases} \tag{3-11}$$

$$\begin{cases} \sin\varphi = \cos Z \sin\varphi_0 + \sin Z \cos\varphi_0 \cos\alpha \\ \tan(\lambda - \lambda_0) = \dfrac{\sin Z \sin\alpha}{\cos Z \cos\varphi_0 - \sin Z \cos\alpha \sin\varphi_0} \end{cases} \tag{3-12}$$

(2) 横向经纬度与地理经纬度的转换。

当 $\varphi_0 = 0$，λ_0 为任意值时，横向经纬度与地理经纬度的通用正反解公式为

$$\begin{cases} \sin\varphi^t = \cos\varphi\cos(\lambda_0 - \lambda) \\ \tan\varphi^t = \cot\varphi\sin(\lambda_0 - \lambda) \end{cases} \tag{3-13}$$

$$\begin{cases} \sin\varphi = \cos\varphi^t \cos\lambda^t \\ \tan(\lambda_0 - \lambda) = \cot\varphi^t \sin\lambda^t \end{cases} \tag{3-14}$$

根据横向经纬度与球面极坐标位置参数的转换公式(3-11)和公式(3-12)，以及地理经纬度与横向经纬度的转换公式(3-13)和公式(3-14)，可得横向经纬度与球面极坐标位置参数转换的正反解公式为

$$\begin{cases} Z = \dfrac{\pi}{2} - \varphi^t \\ \alpha = -\lambda^t \end{cases} \tag{3-15}$$

$$\begin{cases} \varphi^{t} = \dfrac{\pi}{2} - Z \\ \lambda^{t} = -\alpha \end{cases} \tag{3-16}$$

3. 用横向经纬度表示的横向墨卡托投影公式

球面地理经纬度的横向墨卡托投影公式为

$$\begin{cases} x = R\arctan(\tan\varphi\sec\lambda) \\ y = \dfrac{1}{2}R\ln\dfrac{1+\cos\varphi\sin\lambda}{1-\cos\varphi\sin\lambda} \end{cases} \tag{3-17}$$

将横向经纬度替代坐标变换公式中的地理经纬度，可得用横向经纬度表示的横向墨卡托投影公式为

$$\begin{cases} x = R\arctan(\cot\lambda^{t}) \\ y = \dfrac{1}{2}R\ln\dfrac{1+\sin\varphi^{t}}{1-\sin\varphi^{t}} \end{cases} \tag{3-18}$$

由式(3-18)可见，x 仅为 λ^{t} 的函数，y 仅为 φ^{t} 的函数。因此，横向经线和纬线分别投影为直线，且横向经纬线互相垂直，这种投影方法类似于中低纬度采用的墨卡托投影中经、纬线投影为直线且互相垂直的特点，便于航行使用。

二、基于地球椭球模型的极区横向坐标系设计

(一) 椭球横向地球坐标系

由于基于球体模型构建的横向坐标系难以满足高精度导航的要求，根据椭球地理坐标系和球体横向坐标系的设计思想，构建基于椭球的极区横向地球坐标系。如图 3-13 所示，首先确定横向极点，取(0°，90°E)为横向北极点，取(0°，90°W)为横向南极点；然后确定横向赤道，取 0°经线和 180°经线组成的大椭圆为横向赤道；最后确定 0°横向经线，取 90°E 和 90°W 北半球部分组成的半个大椭圆为 0°横向经线。这样，原本的地理东半球为横向北半球，原本的地理西半球为横向南半球，并定义原本经度小于 90°的区域为横向东半球，大于 90°的区域为

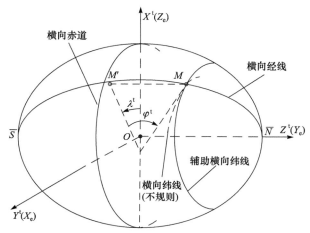

图 3-13 椭球横向地球坐标系

横向西半球。横向地球坐标系与地球固联，取地球椭球模型的中心为坐标原点，X^t轴指向传统北极，Y^t轴指向格林尼治子午线与赤道的交点，Z^t轴指向横北极点。

定义椭球面上任意一点的横向纬度φ^t为地球椭球体外法线与横向赤道平面的夹角。设任意一点的坐标为(x,y,z)，则该点处的椭球法线矢量坐标为$\left(x,y,\dfrac{z}{1-e^2}\right)$。因此，该点的横向纬度满足

$$\sin\varphi^t = \frac{y}{\sqrt{x^2+y^2+\dfrac{z^2}{(1-e^2)^2}}} \tag{3-19}$$

并且，相同横向纬度的位置点均满足式(3-19)，与地球椭球体方程联立，可得等横向纬线圈方程为

$$\begin{cases} \dfrac{x^2}{a^2}+\dfrac{y^2}{a^2}+\dfrac{z^2}{b^2}=1 \\[3mm] \tan\varphi^t = \dfrac{y}{\sqrt{x^2+\dfrac{z^2}{(1-e^2)^2}}} \end{cases} \tag{3-20}$$

由式(3-20)可知，等横向纬线圈是一个不规则的曲线，如图3-14所示，其特性研究较为复杂和困难。因此，定义辅助横向纬度$\bar{\varphi}^t$如下：

$$\sin\bar{\varphi}^t = \frac{y}{a} \tag{3-21}$$

则等辅助横向纬线圈的方程为

$$\begin{cases} \dfrac{x^2}{a^2}+\dfrac{y^2}{a^2}+\dfrac{z^2}{b^2}=1 \\[3mm] \sin\bar{\varphi}^t = \dfrac{y}{a} \end{cases} \tag{3-22}$$

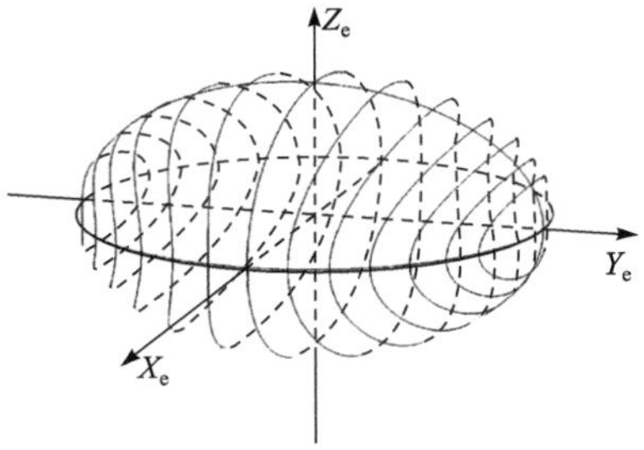

等辅助横向纬线圈为一个等势椭圆，为平行于横向赤道面的平面切割地球形成的椭圆，这与第二节中基于横向墨卡托投影的近似格网坐标系定义的椭球面格网线定义完全一致。

图3-14　椭球横向纬度示意图

定义椭球面上任一点的横向经度λ^t为过该点的外法线矢量在横向赤道平面上的投影与Z轴矢量的夹角。那么，该点处的椭球法线矢量在横向赤道平面内投影为$\left(x,0,\dfrac{z}{1-e^2}\right)$。因此，横向经度满足

$$\cot\lambda^t = \frac{z}{x(1-e^2)} \tag{3-23}$$

相同横向经度的位置点均满足式(3-23)，与地球椭球方程联立，可得等横向经线圈的方程为

$$\begin{cases} \dfrac{x^2}{a^2}+\dfrac{y^2}{a^2}+\dfrac{z^2}{b^2}=1 \\[2mm] z=(1-e^2)\cot\lambda^t x \end{cases} \tag{3-24}$$

因此，等横向经线圈为横向极轴所在平面截取椭球形成的大椭圆。

由式(3-23)可知，任意点的经度也可定义为该点所在等势椭圆(即平行于横向赤道的平面截取椭球的轮廓线)的外法线矢量与 Z 轴矢量的夹角。

由式(3-24)可得，等横向经线圈的切线矢量 T_1 为

$$T_1 = [-\sin\varphi^t \sin\lambda^t, \cos\varphi^t(1 - e^2\cos^2\lambda^t), -(1 - e^2)\sin\varphi^t\cos\lambda^t]^T \tag{3-25}$$

由式(3-20)可得，等横向纬线圈的切线矢量 T_2 为

$$T_2 = [\cos\lambda^t(1 - e^2\cos^2\varphi^t), -e^2\sin\varphi^t\cos\varphi^t\sin\lambda^t\cos\lambda^t, -(1 - e^2)\sin\lambda^t]^T \tag{3-26}$$

由式(3-22)可得，等辅助纬线圈的切线矢量 T_3 为

$$T_3 = [\cos\lambda^t, 0, -\sin\lambda^t]^T \tag{3-27}$$

因此，由式(3-25)～(3-27)可知，$T_1 \cdot T_2 \neq 0$，$T_1 \cdot T_3 \neq 0$。因此，横向经线与横向纬线、横向经线与横向辅助纬线均不正交，这势必会提高后续惯性导航解算的复杂性和困难程度。

此外，由式(3-25)和式(3-27)可得横向经线与辅助纬线的夹角 ς 满足

$$\cos\varsigma = \frac{-e^2\sin\varphi^t\sin\lambda^t\cos\lambda^t}{\sqrt{(1 - e^2\cos^2\lambda^t)^2 + e^4\sin^2\varphi^t\sin^2\lambda^t\cos^2\lambda^t}} \tag{3-28}$$

(二) 椭球横向经纬度与地理经纬度的转换

利用几何关系，可以得到横向经纬度与地球笛卡儿坐标的转换关系为

$$\begin{cases} x = R_N\cos\varphi^t\sin\lambda^t \\ y = R_N\sin\varphi^t \\ z = R_N(1 - e^2)\cos\varphi^t\cos\lambda^t \end{cases} \tag{3-29}$$

那么，根据椭球地理经纬度与地球笛卡儿坐标的关系

$$\begin{cases} x = R_N\cos\varphi\cos\lambda \\ y = R_N\cos\varphi\sin\lambda \\ z = R_N(1 - e^2)\sin\varphi \end{cases} \tag{3-30}$$

可得椭球地理经纬度与椭球横向经纬度的变换公式为

$$\begin{cases} \sin\varphi^t = \cos\varphi\sin\lambda \\ \tan\lambda^t = \cot\varphi\cos\lambda \\ \sin\varphi = \cos\varphi^t\cos\lambda^t \\ \tan\lambda = \tan\varphi^t\csc\lambda^t \end{cases} \tag{3-31}$$

用横向经纬度表示的卯酉圈曲率半径 R_N 为

$$R_N = \frac{a}{(1 - e^2\cos^2\varphi^t\cos^2\lambda^t)^{1/2}} \tag{3-32}$$

由式(3-21)、式(3-30)和式(3-31)可得横向纬度和辅助横向纬度的关系为

$$\sin\overline{\varphi}^t = \frac{\cos\varphi\sin\lambda}{(1 - e^2\sin^2\varphi)^{1/2}} = \frac{\sin\varphi^t}{(1 - e^2\cos^2\varphi^t\cos^2\lambda^t)^{1/2}} \tag{3-33}$$

因此，椭球面上任意一点的位置既可以用 $(\varphi^{\mathrm{t}}, \lambda^{\mathrm{t}})$ 表示，也可以用 $(\bar{\varphi}^{\mathrm{t}}, \lambda^{\mathrm{t}})$ 表示。

(三) 椭球横向地理坐标系的设计

如图 3-15 所示，定义横向东向 E^{t} 为顺着等辅助纬线圈的切线指向经度升高的方向，定义天向 U^{t} 沿椭球法线指向天顶。因此，定义椭球横向坐标系(t 系)：E^{t} 轴顺着等辅助纬线指向横向东向，U^{t} 轴沿着地球椭球体的法线指向天顶，E^{t} 轴、N^{t} 轴和 U^{t} 轴按顺序满足右手直角坐标系。

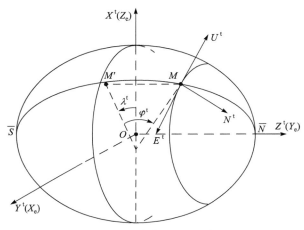

图 3-15　椭球横向地理坐标系

(四) 椭球横向坐标系与极区双重横向墨卡托投影的关系

本节从航向基准应用和横向位置的可用性两方面论述椭球横向坐标系与极区双重横向墨卡托投影间的对应关系，为椭球横向坐标系的极区应用提供充分依据。

1. 航向基准

由椭球横向地球坐标系的定义可知，等辅助横向纬线圈与基于横向墨卡托投影的近似格网坐标系定义的椭球面格网线完全一致，椭球横向地理坐标系与基于椭球横向墨卡托投影的近似格网坐标系仅存在一个 90°的旋转关系。因此，与近似格网坐标系一样，该坐标系的极区应用对惯性导航航向导航参数的解算影响很小，在航向基准方面能够与横向墨卡托极区导航图实现高精度结合。

2. 横向位置的可用性

上述椭球横向坐标系是基于几何方法构建的，但构建的横向经纬线在椭球横向墨卡托投影中不为直线，且不垂直，不方便使用。因此，也可以从方便使用的角度，定义只在椭球横向墨卡托投影表现为直线的横向经纬度，暂且称为横向墨卡托海图的横向经纬度，以区别于横向经纬度，记为 $\varphi_{\mathrm{T}}^{\mathrm{t}}$ 和 $\lambda_{\mathrm{T}}^{\mathrm{t}}$。

由于在基于椭球的双重横向墨卡托投影中，第二步将球面按横向墨卡托投影方式投影到平面上，而球面上的横向经纬线在横向墨卡托投影导航图上表现形式是直线。要达到横向墨卡托海图的横向经纬线在椭球横向墨卡托投影中为直线且互相垂直的目的，需要将球面横向经纬线再逆向投影到地球椭球面上,以得到横向墨卡托海图的横向经纬线在三维椭球面上的表达形式。因此,利用球体的过渡关系,采用代数的方法,利用椭球横向经纬度与地理经纬度的转换关系式(3-31)来定义横向墨卡托海图的横向经纬度,即可得 φ_T^t、λ_T^t 与 φ、λ 的关系表达式为

$$\sin\varphi_T^t = \frac{2\cot\left(\dfrac{\pi}{4}+\dfrac{\varphi}{2}\right)\left(\dfrac{1+e\sin\varphi}{1-e\sin\varphi}\right)^{e/2}}{1+\cot^2\left(\dfrac{\pi}{4}+\dfrac{\varphi}{2}\right)\left(\dfrac{1+e\sin\varphi}{1-e\sin\varphi}\right)^{e}}\sin\lambda \tag{3-34}$$

$$\tan\lambda_T^t = \frac{2\cot\left(\dfrac{\pi}{4}+\dfrac{\varphi}{2}\right)\left(\dfrac{1+e\sin\varphi}{1-e\sin\varphi}\right)^{e/2}}{1-\cot^2\left(\dfrac{\pi}{4}+\dfrac{\varphi}{2}\right)\left(\dfrac{1+e\sin\varphi}{1-e\sin\varphi}\right)^{e}}\cos\lambda \tag{3-35}$$

根据定义,横向墨卡托海图的横向经纬线在极区横向墨卡托投影导航图上投影为直线,基于椭球的横向墨卡托投影导航图上标注的横向经纬线实际为 φ_T^t 和 λ_T^t。如果根据 φ_T^t 和 λ_T^t 建立坐标系用于惯性导航解算会过于复杂和困难,因此,惯性导航解算仍采用本节建立的椭球横向经纬度 φ^t 和 λ^t。为比较 φ^t、λ^t 和 φ_T^t、λ_T^t 的区别,设置纬度为 87°N～90°N、经度为 −180°W～180°E 的近极点区域,采用 Mathematica 软件计算区域内二者差异,结果如图 3-16 和图 3-17 所示。

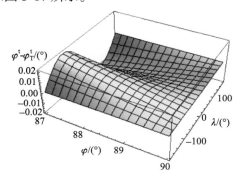 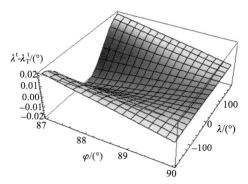

图 3-16　φ_T^t 与 φ^t 的差异　　　　　　图 3-17　λ_T^t 与 λ^t 的差异

由图 3-16 和图 3-17 可见,在设定的近极点区域内,φ_T^t 与 φ^t、λ_T^t 与 λ^t 的差异最大可达 0.02°。因此,根据惯性导航解算的 φ^t 和 λ^t 在椭球横向墨卡托极区导航图上标注必然会引起比较大的误差。但由于各点处的 φ_T^t 与 φ^t、λ_T^t 与 λ^t 的差异可以通过公式计算得出,可以根据二者间的关系对惯性导航解算的 φ^t 和 λ^t 进行修正得到 φ_T^t 和 λ_T^t 后,再在极区导航图上进行标注,采用实时计算进行修正。

从以上航向基准和横向位置的可用性两个方面的讨论可得,本节构建的椭球横向坐标系可以作为导航系统的导航编排采用的坐标系,且解算的横向位置坐标经过修正可以直接在极区椭球横向墨卡托投影导航图上直接应用。

第四节　极区导航坐标系的统一

极区导航坐标系确立了极区导航的时空基准，是极区导航的基础性问题。极区导航问题既涉及惯性导航、天文导航等导航系统的解算编排，也涉及 ECDIS 等航海作业设备的航海应用。根据之前的分析可知，定位测向等运动感知的导航系统所使用的极区坐标系与基于海图的航海作业导航系统所使用的极区坐标系是不同的。前者基于地球三维椭球模型所构建，在本书中，将其称为大地基准类极区坐标系；后者基于特定投影方式(极球面投影、横向墨卡托投影等)的平面格网图所构建，本书将其称为海图标绘类极区坐标系。之所以使用了"类"的提法，是因为每一类坐标系都不是唯一的，而是可以根据需求进行灵活拓展。但是，通过极区导航坐标系的统一性设计研究，可以准确地建立各类极区坐标系的内在联系，得到足够满足应用精度的转换关系。这样运动感知测量的导航系统与航海作业系统的导航信息就可以方便地转换和应用，从而解决了各类导航系统坐标系统一的问题。

从整体导航系统考虑，极区导航坐标系并不是某一个坐标系，而是一组坐标系。这里简要介绍一下本章提出的统一的极区导航坐标系组。

一、大地基准类极区坐标系

大地基准类极区坐标系主要定义极区位置和极区航向。极区位置是重新定义极区经、纬度；极区航向是重新定义极区的航向、方位，同时影响所有与航向、方位相关的导航参数，如载体速度与航向、风速风向、流速流向等。导航类极区坐标系是基于地球三维椭球模型构建的，应用系统包括惯性导航系统、天文导航系统、光学航姿系统等。

导航类极区坐标系主要有横向坐标系和格网坐标系。其中横向坐标系包括横向地球坐标系和横向地理坐标系。

(一) 横向地球坐标系

参见图 3-13 及其相应的公式，横向地球坐标系定义了极区横向经、纬度，解决了传统经度极点失效和纬度三角函数计算溢出问题。这一坐标系是极区定位类导航系统位置信息表达的基础。

(二) 横向地理坐标系

参见图 3-15 及其相应的公式，横向地理坐标系是在横向地球坐标系的基础上，进一步定义横向东北天坐标系，从而定义了极区横向航向。这一坐标系是极区指向类导航系统采用横向航向表达的根据。

(三) 基于地球椭球模型的格网坐标系

参见图 3-10 及其相应的公式。不同于海图类格网坐标系是二维坐标系，基于地球椭球模型的格网坐标系是三维坐标系。它采用平行于格林尼治子午圈的平面切割地球椭球体所形成的椭球面轮廓线构成航向基准。这一坐标系是极区指向类导航系统采用格网航向表达的根据。

需要特别指出的是，本章已经证明，基于地球椭球模型的格网坐标系与横向地理坐标系均为当地水平坐标系,二者仅存在一个围绕本地水平面法线旋转90°的关系,本质上是统一的,这是横向导航参数与格网导航参数转换的基础。

二、海图标绘类极区坐标系

大地基准类极区坐标系均是基于几何方法构建的,所构建的经纬网在海图投影面中不是直线,且互相不垂直,不能为航海作业所用。航海作业需要根据特定投影方式的极区海图来构建海图标绘类极区坐标系。到目前为止,极区航行主要采取两种导航方式,即格网导航方式和横向导航方式。根据不同投影方式绘制的海图均可适用两种不同的导航方式,但采取的导航方式不同,相应的航海作业使用的极区坐标系也不同。因此,海图标绘类极区坐标系一方面与极区海图投影方式有关,另一方面与所采取的导航方式有关。同时,一旦增加新的投影方式海图,相应地也将增加新的航海作业用海图标绘类格网坐标系和横向坐标系。

第二章和第三章分别分析了将地球表面视为球面和椭球面的海图投影。在此只列出基于椭球面的两类极区海图,它们分别为基于椭球面的极球面投影海图和椭球面横向墨卡托投影海图。由此,可以分别得到以下海图标绘类极区坐标系。

(1) 极球面投影格网坐标系。参见图 3-7 相关描述及定义,在极球面投影海图上定义了格网航向,实际上定义了格网北和格网东的基准。

(2) 极球面投影横向坐标系。在极球面投影海图上定义极区横向经纬度和横向航向。

(3) 横向墨卡托投影格网坐标系。在横向墨卡托投影海图上定义了格网航向。相关转换公式参见公式(3-5)。

(4) 横向墨卡托投影横向坐标系。在横向墨卡托投影海图上定义极区横向经纬度和横向航向。相关转换公式参见式(3-34)和式(3-35)。

需要特别指出的是,本章已经证明基于地球椭球模型的格网坐标系与基于横向墨卡托海图投影的格网坐标系反演至地球椭球体的三维坐标系近似,满足高精度航海使用精度。这是大地基准类极区坐标系与海图标绘类极区坐标系转换关系的桥梁。

至此,构建了一组极区坐标系可满足导航系统的导航参数定义、解算和海图显示、绘算和作业的不同需求。

为便于后续章节叙述,下面简要地将本书后续将使用到的其他常用坐标系也在此列出,以此构成极区将要使用到的其他不同坐标系。

三、其他常用坐标系

(一) 地心惯性坐标系

地心惯性坐标系(earth center inertial coordinate system, ECI/i 系)的坐标原点取在地球质心,Z_i 轴沿地球自转轴,而 X_i 轴和 Y_i 轴在地球赤道平面内,X_i 轴、Y_i 轴和 Z_i 轴组成右手坐标系。X_i 轴通常指向地球赤道面与太阳黄道面的交线,不随地球旋转变化(图 3-18)。

(二) 地球坐标系

地心地固坐标系(earth centered earth fixed, ECEF/e 系)也称为地球坐标系,该坐标系原点在地心。由于地球始终在旋转,地球坐标系与地球固联,随地球一起转动。Z_e 轴沿极轴方向;

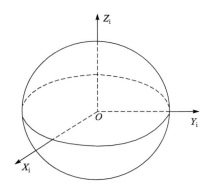

图 3-18　地心惯性坐标系

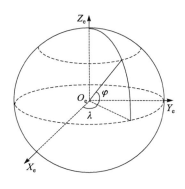

图 3-19　地球坐标系

X_e 轴在赤道平面与本初子午面的交线上，Y_e 轴也在赤道平面内并与 X_e 轴和 Z_e 轴构成右手直角坐标(图 3-19)。

(三) 地理坐标系

地理坐标系(geographic coordinate system, 简称 g 系)的原点就是载体质心，X_g 轴在当地水平面内沿当地纬线指向正东，Y_g 轴沿当地子午线指向正北，Z_g 轴沿当地参考椭球的法线指向天顶，X_g 轴、Y_g 轴和 Z_g 轴构成右手直角坐标系(图 3-20)。图中地理坐标系按东、北、天顺序构成右手直角坐标系，三个轴也可有不同的选取方法，如按北、西、天或东、北、地顺序构成右手直角坐标系。

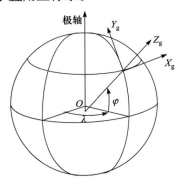

图 3-20　地理坐标系

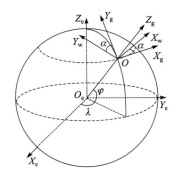

图 3-21　游移方位坐标系

(四) 导航坐标系

导航坐标系(navigation coordinate system, n 系)是在求解导航参数时根据工作需要而选取的坐标系。

(五) 平台坐标系

对于平台式惯性导航系统，平台坐标系(platform coordinate system, p 系)是与平台台体固联，描述平台指向的坐标系，其坐标原点位于平台的质心处；对于捷联式惯性导航系统，平台坐标系则是通过存储在计算机中的方向余弦矩阵实现的，因此也称为"数学平台"。

(六) 游移方位坐标系

游移方位坐标系(wander azimuth coordinate system, w 系)是在地理坐标系的基础上定义的。如图 3-21 所示，游移方位坐标系原点在载体中心(质心)；X_w 轴垂直于 Y_w 轴和 Z_w 轴，并构成右手笛卡儿坐标系。Y_w 轴在当地水平面内与子午圈北构成 α 角(称为游移方位角，逆时针为正)，Z_w 轴沿椭球面外法线方向指向天顶。α 满足

$$\dot{\alpha} = -\dot{\lambda}\sin\varphi \tag{3-36}$$

其中 λ 和 φ 分别为载体中心的经度和纬度。

游移方位坐标系的使用避免了在极区对指北惯导方位陀螺施矩的困难，它普遍用于惯性导航算法的机械编排。

(七) 计算坐标系

计算坐标系(computed coordinate system, c 系)是由计算机输出结果确定的导航坐标系。理想的导航坐标系是由所在位置的真实导航参数确定的，而由计算机解算得到的惯性导航参数确定的导航坐标系称为计算坐标系。在分析惯性导航误差时要用到这种坐标系。

(八) 载体坐标系

载体坐标系(body coordinate system, 简称 b 系)是机体坐标系(飞机)、船体坐标系(船舶)、弹体坐标系(导弹)和星体坐标系(卫星)等的统称(图 3-22)。以船舶载体坐标系为例，船体坐标系是固联在船舶本体上的坐标系，其坐标系原点为船舶质心，X_b 轴沿载体横轴指向右舷，Y_b 轴沿载体纵轴指向船艏，Z_b 轴垂直于甲板平面指向载体上方。

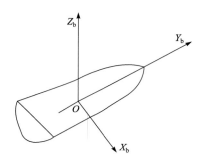

图 3-22　载体坐标系

第四章

极区格网导航方法

格网导航是最早也是最常见的极区导航方法。其特点是采取格网航向来处理传统真航向的极区失效问题，位置信息仍沿用传统经、纬度定义。但是，由于航向定义改变会进一步影响与航向相关的速度东北向分量等参数的定义，在进行与上述参数相关的计算时，如推算定位等，均需进行航向的相关转换。

第三章围绕不同的格网定义问题已经进行了比较详细的说明，本章采用本初子午线格网航向定义。根据之前分析的结论，格网导航应当包括导航系统极区格网导航参数的获取、极区航海图格网信息表达与格网航行导航方法等主要内容。本章重点关注极区格网航向信息获取问题，其他问题将在第六章进行专题分析。

如前分析，不同的航向测量设备极区工作性能存在差异。天文导航系统仅在近极点附近失效，在大部分范围，天气状况较好的条件下仍具备较高的航向测量精度。GNSS 卫星导航罗经的指向设备，由于基于多天线的航姿测量原理，在绝大部分极区范围内仍能提供性能不下降的真航向测量精度，国际海事组织规定所有极区船舶必须安装 GNSS 罗经。传统航向测量装置，如磁罗经、陀螺罗经、航姿测量设备和惯性导航系统，在极区的航向测量表现总体不佳。磁罗经主要受到近磁极带来的磁偏角较大、指北力显著下降及极区磁暴的随机影响，指向能力较差。长期以来，作为船舶核心航向测量设备的惯性测量设备始终是格网导航关注的焦点，但陀螺罗经、陀螺航姿测量设备和惯性导航系统在航向测量或初始对准等方面均面临罗经效应下降的问题。惯性导航传统导航编排方案用于极区(除近极点区域)主要存在两个问题：一是惯性导航地理航向和速度精度下降；二是载体沿大圆航线航行时航向角快速改变，使得惯性导航解算的地理航向不再满足极区航行需求。格网导航方法的提出可有效解决第二个问题，同时还可以改善部分导航设备地理航向速度精度性能下降的问题。

本章选择惯性导航系统作为主要研究对象。由于格网导航仅改变极区航向基准，不改变位置定义，可以直接在传统惯性导航参数的输出端进行格网导航参数的解算转换，以简化惯性导航系统的算法设计，同时还可以避免极区导航编排方案的切换，即通过简单的改进，就使现有惯性导航具备除极点附近外较好的极区导航能力。第三章提出了三种格网坐标系，其中基于地球椭球模型的格网坐标系的惯性导航编排已经相对成熟。本章参考早期极区格网导航方法的思想，针对第三章提出的两种基于投影图的格网坐标系，对基于惯性导航传统导航编排的极区格网导航方法进行具体研究和分析。

该方法在惯性导航传统导航编排方案的基础上，研究游移方位捷联惯性导航极区导航参数解算方法，建立基于极区投影图的格网航向和速度解算方程，直接完成惯性导航系统与航海图的统一，惯性导航系统输出的导航信息可直接在航海图上进行标注使用，并根据惯性导航内部固有的极区误差抑制机理评估极区导航参数的性能。值得说明的是，这些方法也完全可以应用于其他类型惯性导航系统中。

第一节　极区惯性导航编排方案问题分析

惯性导航系统是以加速度计和陀螺仪作为测量惯性器件的自主性导航参数解算系统，该系统根据陀螺的输出建立导航坐标系，根据加速度计的输出计算载体的速度和位置参数。惯性导航系统根据建立导航坐标系方式的不同可以分为两种类型：采用物理平台跟踪导航坐标系的系统称为平台式惯性导航系统；采用数学计算的方法确定导航坐标系的系统称为捷联式惯性导航系统。在航空和航海领域中，惯性导航系统的设计通常选择指北惯性导航系统、游移方位惯性导航系统等平台式惯性导航系统和捷联式惯性导航系统。

极区的导航环境非常恶劣，惯性导航系统作为一种自主性导航系统不会受到极区地磁场不稳定、地磁风暴、宇宙射线、极光等复杂外界导航环境的影响，是极区导航的较好选择，甚至成为极区导航尤其是水下极区导航的首选导航手段。但是，极区纬度高、经线收敛非常迅速、存在地理极点，这些人为定义形成的特征会对惯性导航系统的导航计算和导航性能产生较大影响。文献(陈永冰，2007)表明，通常认为指北惯性导航系统的应用范围为70°S(N)以内，当纬度高于70°时，为解决方位指令角速度过大的问题通常采用游移方位惯性导航系统或自由方位惯性导航系统；当采用捷联式惯性导航系统时，中低纬度通常采用地理坐标系为导航坐标系，而在极区，为提高导航能力通常采用游移方位坐标系为导航坐标系(邓正隆，1994)。然而这些文献中提供的上述极区导航解决方案的极区导航性能到底如何？同样的导航方案，对于航海型惯性导航系统和航空型惯性导航系统(低速载体惯性导航系统和高速载体惯性导航系统)，其极区导航性能是否存在差别？传统惯性导航系统的导航方案是否能够从根本上解决极区导航问题呢？

为了对这些问题进行解答，探讨传统惯性导航系统用于极区导航存在问题的深层原因，本章首先对平台式惯性导航系统和捷联式惯性导航系统编排方案本身存在的问题进行详细分析，然后通过静基座下导航参数误差理论分析和动基座下数字仿真验证的方法，以游移方位捷联式惯性导航系统为例，对传统惯性导航系统的极区导航性能进行详细剖析，以找出传统惯性导航系统编排方案用于极区存在问题的根本原因。

一、极区指北平台式惯性导航问题分析

在航空和航海领域，平台式惯性导航通常分为指北惯性导航、游移方位惯性导航、自由方位惯性导航等类型。其相同点是惯性平台都位于当地水平面内，不同之处在于惯性导航平台跟踪的导航坐标系不同(黄勇　等，2009)。下面将根据平台跟踪的导航坐标系是否为地理坐标系分两种情况对平台式惯性导航编排方案算法本身在极区应用存在的问题进行详细的分析。

指北惯性导航选择地理坐标系为导航坐标系，平台坐标系始终跟踪地理坐标系。本节通过简单介绍指北惯性导航的力学编排方案，从算法本身的角度对指北惯性导航在极区应用存在的问题进行研究。

(一) 指北惯性导航力学编排

指北惯性导航的力学编排主要包括平台指令角速度计算、速度计算、经度和纬度位置计

算，以及姿态角获取，具体过程如下。

1. 平台指令角速度 $\boldsymbol{\omega}_{\mathrm{ip}}^{\mathrm{p}}$ 的计算

平台坐标系(p 系)必须实时跟踪地理坐标系(g 系)，因此

$$\boldsymbol{\omega}_{\mathrm{ip}}^{\mathrm{p}} = \boldsymbol{\omega}_{\mathrm{ig}}^{\mathrm{g}} \tag{4-1}$$

其中 $\boldsymbol{\omega}_{\mathrm{ip}}^{\mathrm{p}}$ 为平台指令角速度；$\boldsymbol{\omega}_{\mathrm{ig}}^{\mathrm{g}}$ 为 g 系相对惯性坐标系(i 系)的转动角速度。

考虑到 g 系时刻受到地球本身自转和载体运动的影响，为保证 p 系能够跟踪 g 系，需要给陀螺施加力矩指令速度信号控制陀螺做出跟踪 g 系的相应变化。已知 g 系相对 i 系的转动角速度在 g 系中的表达式为

$$\boldsymbol{\omega}_{\mathrm{ig}}^{\mathrm{g}} = \boldsymbol{\omega}_{\mathrm{ie}}^{\mathrm{g}} + \boldsymbol{\omega}_{\mathrm{eg}}^{\mathrm{g}} \tag{4-2}$$

其中 $\boldsymbol{\omega}_{\mathrm{ie}}^{\mathrm{g}} = \left[0, \omega_{\mathrm{ie}}\cos\varphi, \omega_{\mathrm{ie}}\sin\varphi\right]^{\mathrm{T}}$ 为地球自转速度 ω_{ie} 在 g 系上的投影；φ 为地理纬度；$\boldsymbol{\omega}_{\mathrm{eg}}^{\mathrm{g}} = \left[\dfrac{-V_{\mathrm{N}}^{\mathrm{g}}}{R_M}, \dfrac{V_{\mathrm{E}}^{\mathrm{g}}}{R_N}, \dfrac{V_{\mathrm{E}}^{\mathrm{g}}\tan\varphi}{R_N}\right]^{\mathrm{T}}$ 为 g 系相对地球坐标系(e 系)的角速率在 g 系中的表达(R_N 为卯酉圈曲率半径，R_M 为子午线曲率半径，$V_{\mathrm{E}}^{\mathrm{g}}$ 和 $V_{\mathrm{N}}^{\mathrm{g}}$ 分别为地理东向速度和北向速度)。

因此，平台的指令角速度 $\boldsymbol{\omega}_{\mathrm{ip}}^{\mathrm{p}}$ 为

$$\boldsymbol{\omega}_{\mathrm{ip}}^{\mathrm{p}} = \left[\frac{-V_{\mathrm{N}}^{\mathrm{g}}}{R_M}, \omega_{\mathrm{ie}}\cos\varphi + \frac{V_{\mathrm{E}}^{\mathrm{g}}}{R_N}, \omega_{\mathrm{ie}}\sin\varphi + \frac{V_{\mathrm{E}}^{\mathrm{g}}\tan\varphi}{R_N}\right]^{\mathrm{T}} \tag{4-3}$$

将导航参数计算得到的 $\boldsymbol{\omega}_{\mathrm{ip}}^{\mathrm{p}}$ 转化为相应的控制量，分别施加给三个陀螺仪，即可达到 p 系跟踪 g 系的目的。

2. 速度 $\boldsymbol{V}_{\mathrm{eg}}^{\mathrm{g}}$ 的计算

加速度计的输出信号满足如下比力基本方程：

$$\dot{\boldsymbol{V}}_{\mathrm{eg}}^{\mathrm{g}} = \boldsymbol{f}^{\mathrm{g}} - (2\boldsymbol{\omega}_{\mathrm{ie}}^{\mathrm{g}} + \boldsymbol{\omega}_{\mathrm{eg}}^{\mathrm{g}}) \times \boldsymbol{V}_{\mathrm{eg}}^{\mathrm{g}} - \boldsymbol{g}^{\mathrm{g}} \tag{4-4}$$

其中 $\boldsymbol{V}_{\mathrm{eg}}^{\mathrm{g}} = \left[V_{\mathrm{E}}^{\mathrm{g}}, V_{\mathrm{N}}^{\mathrm{g}}, V_{\mathrm{U}}^{\mathrm{g}}\right]^{\mathrm{T}}$ 为地理速度；$\boldsymbol{f}^{\mathrm{g}} = \left[f_{\mathrm{E}}, f_{\mathrm{N}}, f_{\mathrm{U}}\right]^{\mathrm{T}}$ 为加速度计输出；$\boldsymbol{g}^{\mathrm{g}} = \left[0, 0, -g\right]$ 为地球重力加速度在 g 系中的投影。

将各变量代入式(4-4)，忽略垂直速度和加速度，可得

$$\begin{cases} \dot{V}_{\mathrm{E}}^{\mathrm{g}} = f_{\mathrm{E}} + \left(2\omega_{\mathrm{ie}}\sin\varphi + \dfrac{V_{\mathrm{E}}^{\mathrm{g}}\tan\varphi}{R_N}\right)V_{\mathrm{N}}^{\mathrm{g}} \\[3mm] \dot{V}_{\mathrm{N}}^{\mathrm{g}} = f_{\mathrm{N}} - \left(2\omega_{\mathrm{ie}}\sin\varphi + \dfrac{V_{\mathrm{E}}^{\mathrm{g}}\tan\varphi}{R_N}\right)V_{\mathrm{E}}^{\mathrm{g}} \end{cases} \tag{4-5}$$

3. 纬度 φ 和经度 λ 的计算

载体相对地球表面的运动会引起载体位置的变化，经度变化由载体的 $V_{\mathrm{E}}^{\mathrm{g}}$ 引起，纬度变化

由载体的 V_N^g 引起，即

$$
\begin{cases}
\dot{\varphi} = \dfrac{V_N^g}{R_M} \\[3mm]
\dot{\lambda} = \dfrac{V_E^g \sec\varphi}{R_N}
\end{cases}
\tag{4-6}
$$

4. 姿态角 ψ、θ 和 γ 的获取

由于 p 系直接跟踪了 g 系，可以直接从角度传感器中测量出载体的横摇角 γ、纵摇角 θ 和航向角 ψ。

(二) 极区应用问题分析

由式(4-3)可得，方位陀螺的指令角速度 ω_{ipZ}^p 为

$$
\omega_{ipZ}^p = \omega_{ie}\sin\varphi + \frac{V_E^g}{R_N}\tan\varphi
\tag{4-7}
$$

由式(4-2)和式(4-7)可知，随着纬度升高，载体的东向速度会导致 ω_{eg}^g 的垂直分量增大，使得平台指北所需的 ω_{ipZ}^p 也随之增大，施加给陀螺仪的控制量也必然随之增加。当纬度升高至极点，方位指令角速度 ω_{ipZ}^p 趋于无穷大，同样需要无穷大的施加控制量，现实情况下这是不可能做到的。

同时，对式(4-7)求全微分可得 ω_{ipZ}^p 的计算误差为

$$
\delta\omega_{ipZ}^p = \omega_{ie}\cos\varphi\,\delta\varphi + \frac{V_E^g}{R_N}\sec^2\varphi\,\delta\varphi + \frac{\delta V_E^g}{R_N}\tan\varphi
\tag{4-8}
$$

由式(4-8)可见，由于式中包含 $\tan\varphi$ 和 $\sec^2\varphi$ 项，惯性导航位置和速度的解算误差都会引起较大的方位陀螺指令角速度误差，从而引起控制量的误差较大，进而使得平台跟踪精度降低甚至使系统丧失正常工作能力，同时对设计稳定平台控制回路提出了更高要求。从此角度来讲，一般认为指北惯性导航的工作范围在纬度 $70°$ 以内。但是，由于该式中存在 $V_E^g \dfrac{\sec^2\varphi\,\delta\varphi}{R_N}$ 项，而飞机的速度大于舰船，航海惯性导航应用的工作范围要大于航空惯性导航。

此外，由式(4-6)可知，在经度解算方程中含有 $\sec\varphi$ 的相关项，当纬度趋于极点时，会引起导航计算机的计算溢出。

二、极区非指北平台式惯性导航问题分析

非指北平台式惯性导航主要有游移方位惯性导航、自由方位惯性导航等，该类惯性导航的导航坐标系不再采用地理坐标系，在解算位置时导航编排方案一般采用方向余弦矩阵法。有关问题在多部专业文献(陈永冰 等，2007)中均有详细推导，这里以游移方位惯性导航为例作简单归纳介绍，并在此基础上对方向余弦矩阵法在极区应用存在的问题进行研究。

(一) 游移方位惯性导航力学编排

1. 方向余弦矩阵法求解位置(φ,λ)与游移方位角α

如图 4-1 所示，游移方位坐标系(w 系)可经过三次基本旋转确定：e 系先绕$O_e Z_e$轴旋转$\lambda+90°$角确定出坐标系$O_1 X_1 Y_1 Z_1$，再绕$O_1 X_1$轴旋转$90°-\varphi$角确定出 g 系，最后再绕OZ_g轴旋转α角即可确定出 w 系。根据三次旋转关系可得 e 系相对 w 系的方向余弦矩阵为

$$C_e^w = \begin{bmatrix} -\cos\alpha\sin\lambda - \sin\alpha\cos\lambda\sin\varphi & \cos\alpha\cos\lambda - \sin\alpha\sin\varphi\sin\lambda & \sin\alpha\cos\varphi \\ -\sin\alpha\sin\lambda - \cos\alpha\sin\varphi\cos\lambda & -\sin\alpha\cos\lambda - \cos\alpha\sin\varphi\sin\lambda & \cos\alpha\cos\varphi \\ \cos\varphi\cos\lambda & \cos\varphi\sin\lambda & \sin\varphi \end{bmatrix} \quad (4\text{-}9)$$

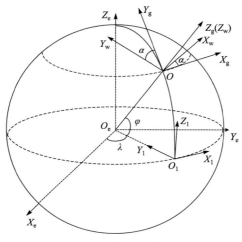

图 4-1　地理坐标系变换到游移方位坐标系

其中α为游移方位角。

令$C_e^w = \begin{bmatrix} C_{11} & C_{12} & C_{13} \\ C_{21} & C_{22} & C_{23} \\ C_{31} & C_{32} & C_{33} \end{bmatrix}$，则游移方位角$\alpha$、经度$\lambda$和纬度$\varphi$的计算方程分别为

$$\varphi = \arcsin C_{33}, \quad \lambda = \arctan\frac{C_{32}}{C_{31}}, \quad \alpha = \arctan\frac{C_{13}}{C_{23}} \quad (4\text{-}10)$$

由式(4-10)可知，已知C_e^w中的各个元素就可以解算出经、纬度和游移方位角；反过来，C_e^w也由位置和游移方位角决定。然而，载体速度会引起φ、λ和α的变化，C_e^w也会随之改变。因此，导航计算机需要不断地对C_e^w进行更新。

2. 方向余弦矩阵微分方程求解

根据科里奥利(Coriolis)定理可推导出C_e^w的微分方程为

$$\dot{C}_e^w = -\omega_{ew}^w \times C_e^w \quad (4\text{-}11)$$

为求解出C_e^w中各元素，需要实时计算 w 系相对 e 系的转动角速度ω_{ew}^w。

3. 角速度ω_{ew}^w的计算

根据 g 系与 w 系的方向余弦矩阵，可推导出

$$\begin{bmatrix} \omega_{ewX}^w \\ \omega_{ewY}^w \end{bmatrix} = \begin{bmatrix} -\dfrac{1}{\tau_a} & -\dfrac{1}{R_Y} \\ \dfrac{1}{R_X} & \dfrac{1}{\tau_a} \end{bmatrix} \begin{bmatrix} V_X^w \\ V_Y^w \end{bmatrix} \quad (4\text{-}12)$$

其中$\dfrac{1}{\tau_a} = \left(\dfrac{1}{R_N} - \dfrac{1}{R_M} \right)\sin\alpha\cos\alpha$,　$\dfrac{1}{R_X} = \dfrac{\sin^2\alpha}{R_N} + \dfrac{\cos^2\alpha}{R_M}$,　$\dfrac{1}{R_Y} = \dfrac{\cos^2\alpha}{R_N} + \dfrac{\sin^2\alpha}{R_M}$

由式(4-12)可知，为解算出 $\boldsymbol{\omega}_{\mathrm{ew}}^{\mathrm{w}}$，需要计算出实时的载体速度 $\boldsymbol{V}_{\mathrm{ew}}^{\mathrm{w}}$。

4. 速度 $\boldsymbol{V}_{\mathrm{ew}}^{\mathrm{w}}$ 的计算

加速度计的输出满足 w 系下的比力方程，即

$$\dot{\boldsymbol{V}}_{\mathrm{ew}}^{\mathrm{w}} = \boldsymbol{f}^{\mathrm{w}} - (2\boldsymbol{\omega}_{\mathrm{ie}}^{\mathrm{w}} + \boldsymbol{\omega}_{\mathrm{ew}}^{\mathrm{w}}) \times \boldsymbol{V}_{\mathrm{ew}}^{\mathrm{w}} - \boldsymbol{g}^{\mathrm{w}} \tag{4-13}$$

而在实际导航应用中，常采用 g 系下的速度参数，具体变化公式为

$$\begin{cases} V_{\mathrm{E}}^{\mathrm{g}} = \cos\alpha V_X^{\mathrm{w}} - \sin\alpha V_Y^{\mathrm{w}} \\ V_{\mathrm{N}}^{\mathrm{g}} = \sin\alpha V_X^{\mathrm{w}} + \cos\alpha V_Y^{\mathrm{w}} \end{cases} \tag{4-14}$$

其中 V_X^{w} 和 V_Y^{w} 分别为载体速度在 w 系中 X 和 Y 方向上的投影。

5. 施加给平台的指令角速度 $\boldsymbol{\omega}_{\mathrm{iw}}^{\mathrm{w}}$ 的计算

平台要想稳定在 w 系，需要对平台上的陀螺施加控制量，使得陀螺进动角速度与指令角速度 $\boldsymbol{\omega}_{\mathrm{iw}}^{\mathrm{w}}$ 相等，$\boldsymbol{\omega}_{\mathrm{iw}}^{\mathrm{w}}$ 具体计算公式为

$$\boldsymbol{\omega}_{\mathrm{iw}}^{\mathrm{w}} = \boldsymbol{\omega}_{\mathrm{ie}}^{\mathrm{w}} + \boldsymbol{\omega}_{\mathrm{ew}}^{\mathrm{w}} \tag{4-15}$$

其中　　　　　$\boldsymbol{\omega}_{\mathrm{ie}}^{\mathrm{w}} = \left[\omega_{\mathrm{ie}}\cos\varphi\sin\alpha, \ \omega_{\mathrm{ie}}\cos\varphi\cos\alpha, \ \omega_{\mathrm{ie}}\sin\varphi \right]^{\mathrm{T}}$

结合式(4-12)，进一步可得平台的指令角速度 $\boldsymbol{\omega}_{\mathrm{iw}}^{\mathrm{w}}$ 的具体表达式为

$$\boldsymbol{\omega}_{\mathrm{iw}}^{\mathrm{w}} = \left[\omega_{\mathrm{ie}}\cos\varphi\sin\alpha - \frac{V_X^{\mathrm{w}}}{\tau_a} - \frac{V_Y^{\mathrm{w}}}{R_Y}, \ \omega_{\mathrm{ie}}\cos\varphi\cos\alpha + \frac{V_X^{\mathrm{w}}}{R_X} + \frac{V_Y^{\mathrm{w}}}{\tau_a}, \ \omega_{\mathrm{ie}}\sin\varphi \right]^{\mathrm{T}} \tag{4-16}$$

以上就是游移方位惯性导航编排方案的具体过程。由于自由方位惯性导航不对方位陀螺施加控制量，与游移方位惯性导航不同点仅在于指令角速度的计算值，其导航编排方案的过程是基本一致的。

(二) 极区应用问题分析

由式(4-16)可知，游移方位惯性导航的方位陀螺指令角速度不再包含与 $\tan\varphi$ 相关的项，可以解决指北惯性导航随纬度升高平台指令角速度过大的问题。

但是，由式(4-10)可知，导航编排方案中计算位置和游移方位角所采用的方向余弦矩阵法中包含反正弦函数和反正切函数，在极区计算经、纬度和游移方位角时会出现三个问题。

(1) 在求解纬度 φ 方程时，需通过反余弦函数的解算，考虑到方向余弦矩阵中各个元素会存在计算误差，当载体位于极点附近时，可能会导致 $C_{33} > 1$，使得自变量不在该函数的取值区间内，从而使系统无法进行导航计算。

(2) 求解经度 λ 和游移方位角 α 方程中，需要进行反正切函数的计算，其自变量是 $\dfrac{C_{32}}{C_{31}}$ 或 $\dfrac{C_{13}}{C_{23}}$，当 C_{31} 或 C_{23} 为零时会使导航计算机出现计算奇异。当分子在零附近时，由于误差的存

在，对计算结果的正负符号判断会产生错误，导致较大的参数误差。

（3）载体位于极点附近，即位于$(-\varepsilon+90°，90°)$或$(-90°，-90°+\varepsilon)$极小的位置区间内时，e系的垂直轴与 w 系的垂直轴趋于一致，同时极点处经线收敛于一点，没有经度的定义。由位置和游移方位角确定的方向余弦矩阵不适用于无经度的情形，如果继续采用该导航编排方案会导致系统完全丧失导航解算功能，不能准确获得所需的经、纬度和游移方位角。

通常情况下，捷联式惯性导航在中低纬度地区采用 g 系为 n 系，而在极区采用 w 系为 n 系。下面分别对这两种类型的导航编排方案本身用于极区存在的问题进行具体研究。

三、极区以 g 系为 n 系的捷联式惯性导航问题分析

捷联式惯性导航的经、纬度解算可以采用分别对东向速度和北向速度求积分的解算方法，也可以使用方向余弦矩阵法，解算过程可参照游移方位惯性导航位置解算(朱家海，2008)。除了对经、纬度和地理速度进行计算外，还需要实时求出载体的姿态和航向。姿态和航向导航参数是通过实时更新姿态矩阵的方法来求取的。本节主要介绍捷联式惯性导航的姿态算法，

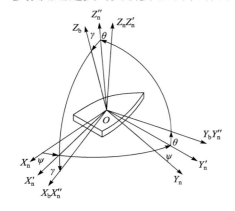

图 4-2   g 系与 b 系的旋转关系

并在此基础上研究以 g 系为 n 系的捷联式惯性导航编排方案本身的极区应用问题。

（一）以 g 系为 n 系的捷联惯性导航编排方案

1. 姿态更新计算

根据图 4-2 中表示的几何关系，g 系通过连续旋转航向角 ψ、纵摇角 θ 和横摇角 γ，便可得到载体坐标系（b 系）。

根据两个坐标系的旋转关系，确定出 b 系相对 g 系的方向余弦矩阵为

$$\boldsymbol{C}_{b}^{g} = \begin{bmatrix} \cos\gamma\cos\psi + \sin\gamma\sin\psi\sin\theta & \sin\psi\cos\theta & \sin\gamma\cos\psi - \cos\gamma\sin\psi\sin\theta \\ -\cos\gamma\sin\psi + \sin\gamma\cos\psi\sin\theta & \cos\psi\cos\theta & \sin\gamma\sin\psi - \cos\gamma\cos\psi\sin\theta \\ -\sin\gamma\cos\theta & \sin\theta & \cos\gamma\cos\theta \end{bmatrix} \tag{4-17}$$

令 $\boldsymbol{C}_{b}^{g} = \begin{bmatrix} T_{11} & T_{12} & T_{13} \\ T_{21} & T_{22} & T_{23} \\ T_{31} & T_{32} & T_{33} \end{bmatrix}$，当载体运动中获得了 $\boldsymbol{C}_{b}^{g}$ 的元素，就可以根据 $\boldsymbol{C}_{b}^{g}$ 的部分元素求出三个姿态角，计算公式为

$$\psi = \arctan\frac{T_{12}}{T_{22}}, \quad \theta = \arcsin T_{32}, \quad \gamma = \arctan\left(-\frac{T_{31}}{T_{33}}\right) \tag{4-18}$$

由于姿态矩阵 $\boldsymbol{C}_{b}^{g}$ 为姿态角和航向角的函数，载体的角运动都会引起 $\boldsymbol{C}_{b}^{g}$ 的变化，这就需要实时计算 $\boldsymbol{C}_{b}^{g}$。$\boldsymbol{C}_{b}^{g}$ 可由姿态矩阵微分方程求得，求解的方法有四元数法、旋转矢量法、方向余弦矩阵法、欧拉角法等。

此外，还需要已知实时的姿态角速率 $\boldsymbol{\omega}_{gb}^{b}$。姿态角速率 $\boldsymbol{\omega}_{gb}^{b}$ 是由角速率陀螺的测量值经过

处理得到的。捷联式惯性导航中，陀螺与载体固联，因此陀螺的输出信号为载体相对 i 系的转动角速度，表示为 ω_{ib}^{b}。ω_{ib}^{b} 可以由如下运动合成：b 系相对 g 系的运动角速率 ω_{gb}^{b}、g 系相对 e 系的运动角速率 ω_{eg}^{b}，以及 e 系相对 i 系的运动角速率 ω_{ie}^{b}。这样，陀螺的输出应为

$$\omega_{ib}^{b} = \omega_{ie}^{b} + \omega_{eg}^{b} + \omega_{gb}^{b} \tag{4-19}$$

考虑到 ω_{ie}^{b} 和 ω_{ie}^{e}、ω_{en}^{b} 和 ω_{en}^{n} 满足如下关系式：

$$\begin{cases} \omega_{ie}^{b} = C_{g}^{b}\omega_{ie}^{g} = C_{g}^{b}C_{e}^{g}\omega_{ie}^{e} \\ \omega_{eg}^{b} = C_{g}^{b}\omega_{eg}^{g} \end{cases} \tag{4-20}$$

可得姿态速率计算方程为

$$\omega_{gb}^{b} = \omega_{ib}^{b} - C_{g}^{b}(C_{e}^{g}\omega_{ie}^{e} + \omega_{eg}^{g}) \tag{4-21}$$

2. 位置和速度计算

速度微分方程满足比力方程，具体如下：

$$\dot{V}_{eg}^{g} = C_{b}^{g}f^{b} - (2\omega_{ie}^{g} + \omega_{eg}^{g}) \times V_{eg}^{g} - g^{g} \tag{4-22}$$

其中 $f^{b} = [f_{X}, f_{Y}, f_{Z}]^{T}$ 为 b 系下的加速度计输出，其余变量定义与式(4-4)相同。

位置的计算可以采用类似于指北惯性导航的位置计算方法，计算公式与式(4-6)完全相同；也可以采用方向余弦矩阵法，通过解算方向余弦矩阵 C_{e}^{g} 的各个元素获得位置参数，计算公式为

$$\begin{cases} \varphi = \arcsin P_{33} \\ \lambda = \arctan \dfrac{P_{32}}{P_{31}} \end{cases} \tag{4-23}$$

其中　$C_{e}^{g} = \begin{bmatrix} P_{11} & P_{12} & P_{13} \\ P_{21} & P_{22} & P_{23} \\ P_{31} & P_{32} & P_{33} \end{bmatrix} = \begin{bmatrix} -\sin\lambda & \cos\lambda & 0 \\ -\sin\varphi\cos\lambda & -\sin\varphi\sin\lambda & \cos\varphi \\ \cos\varphi\cos\lambda & \cos\varphi\sin\lambda & \sin\varphi \end{bmatrix}$

(二) 极区应用问题分析

如图 4-3 所示，如果捷联式惯性导航选取 g 系为 n 系，受载体速度的影响 n 系也需要实时地转动以使其坐标轴与 g 系重合。为了达到上述目的，在地球极点附近，n 系的旋转角速率非常大，且当穿越极点时，坐标轴必须立刻旋转 $180°$。因此，穿越地球极点时旋转角速率为无穷大，这种问题从数学的角度是无法做到的。

由式(4-21)知，$\omega_{eg}^{g} = \left[\dfrac{-V_{N}^{g}}{R_{M}}, \dfrac{V_{E}^{g}}{R_{N}}, \dfrac{V_{E}^{g}\tan\varphi}{R_{N}} \right]^{T}$，

当载体穿越极点计算 ω_{gb}^{b} 时，会导致 ω_{gb}^{b} 的垂直

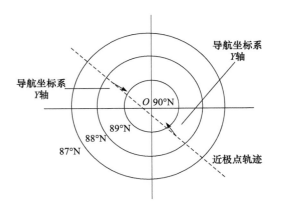

图 4-3　极点附近的计算溢出

分量存在计算溢出问题。因此，靠近极点范围内捷联式惯性导航一般不选取 g 系为 n 系。

此外，应用速度积分的方法解算经度时，会出现类似指北惯性导航解算经度时出现的计算溢出问题；而应用方向余弦矩阵法解算经、纬度时，类比于游移方位惯性导航解算经、纬度存在的问题，以 g 系为 n 系的捷联式惯性导航用于极区在极点处同样会存在计算奇异、计算溢出和极点处经度退化的问题。

四、极区以非 g 系为 n 系的捷联式惯性导航编排方案问题分析

本节以游移方位捷联式惯性导航为例，简要介绍该类惯性导航的导航编排方案，研究导航编排方案本身用于极区存在的主要问题。

（一）以 w 系为 n 系的捷联式惯性导航编排方案

1. 姿态角更新计算

根据坐标系旋转关系，确定出 b 系相对 w 系的方向余弦矩阵为

$$C_b^w = \begin{bmatrix} \cos\gamma\cos\overline{\psi} - \sin\gamma\sin\overline{\psi}\sin\theta & -\sin\overline{\psi}\cos\theta & \sin\gamma\cos\overline{\psi} + \cos\gamma\sin\overline{\psi}\sin\theta \\ \cos\gamma\sin\overline{\psi} + \sin\gamma\cos\overline{\psi}\sin\theta & \cos\overline{\psi}\cos\theta & \sin\gamma\sin\overline{\psi} - \cos\gamma\cos\overline{\psi}\sin\theta \\ -\sin\gamma\cos\theta & \sin\theta & \cos\gamma\cos\theta \end{bmatrix} \tag{4-24}$$

其中 $\overline{\psi}$ 为载体相对 n 系的方位角。

令 $C_b^w = \begin{bmatrix} \overline{T_{11}} & \overline{T_{12}} & \overline{T_{13}} \\ \overline{T_{21}} & \overline{T_{22}} & \overline{T_{23}} \\ \overline{T_{31}} & \overline{T_{32}} & \overline{T_{33}} \end{bmatrix}$，则载体的姿态角可由如下公式得到：

$$\overline{\psi} = \arctan\frac{\overline{T_{12}}}{\overline{T_{23}}}, \quad \theta = \arcsin\overline{T_{32}}, \quad \gamma = \arctan\frac{\overline{T_{31}}}{\overline{T_{33}}} \tag{4-25}$$

因此，载体的真航向角应为

$$\psi = \overline{\psi} - \alpha \tag{4-26}$$

由于姿态矩阵 C_b^w 为姿态角和方位角的函数，载体的角运动都会引起 C_b^w 的变化，这就需要实时计算 C_b^g。

游移方位捷联式惯性导航的姿态角速率 ω_{wb}^b 可根据陀螺实际测量的角速率 ω_{ib}^b、w 系相对 e 系的运动角速率 ω_{ew}^w，以及 e 系相对 i 系的运动角速率 ω_{ie}^e 计算得到，即

$$\omega_{wb}^b = \omega_{ib}^b - C_w^b(C_e^w\omega_{ie}^e + \omega_{ew}^w) \tag{4-27}$$

根据以上分析，就可以求解出姿态参数 ψ、θ 和 γ。

2. 速度的计算

速度微分方程同样满足比力方程：

$$\dot{V}_{ew}^w = C_b^w f^b - (2\omega_{ie}^w + \omega_{ew}^w) \times V_{ew}^w - g^w \tag{4-28}$$

3. 位置和游移方位角的计算

位置和游移方位角的计算方法参照游移方位惯性导航相关参数的计算方法。

(二) 极区应用问题分析

由式(4-15)和式(4-27)可见，与以 g 系为 n 系的捷联式惯性导航相比，游移方位捷联式惯性导航计算在穿越极点时不会出现计算溢出。

但是，由于游移方位捷联式惯性导航与游移方位惯性导航的位置、游移方位角参数计算方法完全相同，该方案同样会出现游移方位惯性导航采用方向余弦矩阵法存在的计算奇异、计算溢出和极点处经度退化问题(俞济祥，1989)。

第二节　惯性导航极区导航性能分析与导航参数误差抑制机理

第一节分析了几类惯性导航编排方案本身计算用于极区存在的问题。综合考虑这些问题，加上现今捷联式惯性导航在航空、航海领域逐渐取代平台式惯性导航，本节以游移方位捷联式惯性导航为例，通过静基座下理论分析和动基座下仿真验证的方法分析该类捷联式惯性导航在极区输出导航参数的误差特性和导航性能，以探讨惯性导航传统导航编排方案在极区应用出现问题的根本原因。

一、游移方位捷联式惯性导航误差方程推导

为了对捷联式惯性导航参数进行导航性能分析，需要给出捷联式惯性导航在某个坐标系内的导航参数误差方程，这个坐标系通常被称为误差方程坐标系(记为 a 系)(俞济祥，1989)。对于本小节的游移方位捷联式惯性导航，a 系可以采用 w 系，也可以采用 g 系，通常文献中游移方位捷联式惯性导航误差方程坐标系采用 w 系，但是考虑到实际应用中载体的速度、经度和纬度等导航参数通常以 g 系中参数的形式表示，误差方程应采用 g 系中的形式表示，以反映实际使用导航参数的导航性能。因此，在此推导游移方位捷联式惯性导航在 g 系中的误差方程。

(一) 速度误差方程

理想情况下，w 系下速度的理想值满足式(4-28)，而系统实际工作中，始终存在各种各样的误差，导航计算机中计算使用的基本方程应为

$$\dot{V}_{ec}^{c} = C_b^c f^b - (2\omega_{ie}^c + \omega_{ec}^c) \times V_{ec}^c + g^c \tag{4-29}$$

其中 c 系为计算坐标系。

定义游移方位捷联式惯性导航 w 系下的速度误差为

$$\delta V_{ew}^{w} = V_{ec}^{c} - V_{ew}^{w} \tag{4-30}$$

则速度误差微分方程为

$$\delta\dot{V}_{\mathrm{ew}}^{\mathrm{w}} = \dot{V}_{\mathrm{ec}}^{\mathrm{c}} - \dot{V}_{\mathrm{ew}}^{\mathrm{w}} \tag{4-31}$$

将式(4-28)和式(4-29)代入式(4-31)，并舍去重力加速度误差和高阶小量，可推导出 w 系下速度误差微分方程为

$$\delta\dot{V}_{\mathrm{ew}}^{\mathrm{w}} = (C_{\mathrm{b}}^{\mathrm{w}}f^{\mathrm{b}} - \boldsymbol{\Phi}^{\mathrm{w}} \times C_{\mathrm{b}}^{\mathrm{w}}f^{\mathrm{b}}) - (2\delta\boldsymbol{\omega}_{\mathrm{ie}}^{\mathrm{w}} + \delta\boldsymbol{\omega}_{\mathrm{ew}}^{\mathrm{w}}) \times V_{\mathrm{ew}}^{\mathrm{w}} - (2\boldsymbol{\omega}_{\mathrm{ie}}^{\mathrm{w}} + \boldsymbol{\omega}_{\mathrm{ew}}^{\mathrm{w}}) \times \delta V_{\mathrm{ew}}^{\mathrm{w}} + C_{\mathrm{b}}^{\mathrm{w}}\nabla^{\mathrm{b}} \tag{4-32}$$

其中 $\nabla^b = [\nabla_X, \nabla_Y, \nabla_Z]^{\mathrm{T}}$ 为三个加速度计误差；$\boldsymbol{\Phi}^{\mathrm{w}} \times = \begin{bmatrix} 0 & -\Phi_Z^{\mathrm{w}} & \Phi_Y^{\mathrm{w}} \\ \Phi_Z^{\mathrm{w}} & 0 & -\Phi_X^{\mathrm{w}} \\ -\Phi_Y^{\mathrm{w}} & \Phi_X^{\mathrm{w}} & 0 \end{bmatrix}$（$\Phi_X^{\mathrm{w}}$、$\Phi_Y^{\mathrm{w}}$ 和 Φ_Z^{w} 为

三个姿态误差角）；$\delta\boldsymbol{\omega}_{\mathrm{ie}}^{\mathrm{w}} = \begin{bmatrix} -\omega_{\mathrm{ie}}\sin\varphi\sin\alpha\delta\varphi + \omega_{\mathrm{ie}}\cos\varphi\cos\alpha\delta\alpha \\ -\omega_{\mathrm{ie}}\sin\varphi\cos\alpha\delta\varphi - \omega_{\mathrm{ie}}\cos\varphi\sin\alpha\delta\alpha \\ w_{\mathrm{ie}}\cos\varphi\delta\varphi \end{bmatrix}$ 为 w 系下地球自转角速度误差；

$\delta\boldsymbol{\omega}_{\mathrm{ew}}^{\mathrm{w}} = \left[\dfrac{-\delta V_Y^{\mathrm{w}}}{R}, \dfrac{\delta V_X^{\mathrm{w}}}{R}, 0\right]^{\mathrm{T}}$。

利用科里奥利定理，可得 g 系下的速度误差微分方程满足：

$$\delta\dot{V}_{\mathrm{eg}}^{\mathrm{g}} = C_{\mathrm{w}}^{\mathrm{g}}\delta\dot{V}_{\mathrm{ew}}^{\mathrm{w}} + \boldsymbol{\omega}_{\mathrm{gw}}^{\mathrm{g}} \times \delta V_{\mathrm{eg}}^{\mathrm{g}} \tag{4-33}$$

将各个变量代入式(4-32)，不考虑垂直通道并舍去高阶小量可得

$$\begin{cases} \delta\dot{V}_{\mathrm{E}}^{\mathrm{g}} = f_{\mathrm{N}}^{\mathrm{g}}(\Phi_{\mathrm{U}}^{\mathrm{g}} - \delta\alpha) - f_{\mathrm{U}}^{\mathrm{g}}\Phi_{\mathrm{N}}^{\mathrm{g}} + \dfrac{V_{\mathrm{N}}^{\mathrm{g}}\tan\varphi}{R}\delta V_{\mathrm{E}}^{\mathrm{g}} + \left(2\omega_{\mathrm{ie}}\sin\varphi + \dfrac{V_{\mathrm{E}}^{\mathrm{g}}\tan\varphi}{R}\right)\delta V_{\mathrm{N}}^{\mathrm{g}} \\ \qquad + \left(2\omega_{\mathrm{ie}}\cos\varphi V_{\mathrm{N}}^{\mathrm{g}} + \dfrac{V_{\mathrm{E}}^{\mathrm{g}}V_{\mathrm{N}}^{\mathrm{g}}\sec^2\varphi}{R}\right)\delta\varphi + \nabla_{\mathrm{E}} \\ \delta\dot{V}_{\mathrm{N}}^{\mathrm{g}} = -f_{\mathrm{E}}^{\mathrm{g}}(\Phi_{\mathrm{U}}^{\mathrm{g}} - \delta\alpha) + f_{\mathrm{U}}^{\mathrm{g}}\Phi_{\mathrm{E}}^{\mathrm{g}} - \left(2\omega_{\mathrm{ie}}\sin\varphi + \dfrac{V_{\mathrm{E}}^{\mathrm{g}}\tan\varphi}{R}\right)\delta V_{\mathrm{E}}^{\mathrm{g}} \\ \qquad - \left(2\omega_{\mathrm{ie}}\cos\varphi + \dfrac{V_{\mathrm{E}}^{\mathrm{g}}\sec^2\varphi}{R}\right)V_{\mathrm{E}}^{\mathrm{g}}\delta\varphi + \nabla_{\mathrm{N}} \end{cases} \tag{4-34}$$

其中 $f_{\mathrm{E}}^{\mathrm{g}}$、$f_{\mathrm{U}}^{\mathrm{g}}$ 和 $f_{\mathrm{N}}^{\mathrm{g}}$ 分别为三个加速度计输出在 g 系中的投影；$\Phi_{\mathrm{E}}^{\mathrm{g}}$、$\Phi_{\mathrm{N}}^{\mathrm{g}}$ 和 $\Phi_{\mathrm{U}}^{\mathrm{g}}$ 分别为三个姿态误差角在 g 系中的投影；∇_{E} 和 ∇_{N} 分别为等效地理东向和地理北向加速度计误差。

（二）位置和游移方位角误差方程

根据式(4-9)和式(4-10)可以得到位置和游移方位角计算的等价方程为

$$\begin{cases} \dot{\varphi} = \dfrac{V_{\mathrm{N}}^{\mathrm{g}}}{R} \\ \dot{\lambda} = \dfrac{V_{\mathrm{E}}^{\mathrm{g}}}{R\cos\varphi} \\ \dot{\alpha} = -\dfrac{V_{\mathrm{E}}^{\mathrm{g}}}{R}\tan\varphi \end{cases} \tag{4-35}$$

根据式(4-35)，用计算值 $\dot{\varphi}_{\mathrm{c}}$、$\dot{\lambda}_{\mathrm{c}}$ 和 $\dot{\alpha}_{\mathrm{c}}$ 减去真实值 $\dot{\varphi}$、$\dot{\lambda}$ 和 $\dot{\alpha}$，可得三个参数的误差方程为

$$\begin{cases} \delta\dot{\varphi} = \dfrac{1}{R}\delta V_{\mathrm{N}}^{\mathrm{g}} \\[3mm] \delta\dot{\lambda} = \dfrac{1}{R\cos\varphi}\delta V_{\mathrm{E}}^{\mathrm{g}} + \dfrac{V_{\mathrm{E}}^{\mathrm{g}}\sin\varphi}{R\cos^2\varphi}\delta\varphi \\[3mm] \delta\dot{\alpha} = -\dfrac{V_{\mathrm{E}}^{\mathrm{g}}}{R}\sec^2\varphi\delta\varphi - \dfrac{\tan\varphi}{R}\delta V_{\mathrm{E}}^{\mathrm{g}} \end{cases} \tag{4-36}$$

（三）姿态误差角方程

游移方位捷联式惯性导航姿态误差角矢量可定义为计算确定的 c 系相对理想 w 系的偏差角矢量 $\boldsymbol{\Phi}^{\mathrm{w}}$，满足：

$$\dot{\boldsymbol{\Phi}}^{\mathrm{w}} = \delta\boldsymbol{\omega}_{\mathrm{ie}}^{\mathrm{w}} + \delta\boldsymbol{\omega}_{\mathrm{ew}}^{\mathrm{w}} - \boldsymbol{\omega}_{\mathrm{iw}}^{\mathrm{w}}\times\boldsymbol{\Phi}^{\mathrm{w}} - \boldsymbol{C}_{\mathrm{b}}^{\mathrm{w}}\boldsymbol{\varepsilon}^{\mathrm{b}} \tag{4-37}$$

其中 $\boldsymbol{\varepsilon}^{\mathrm{b}} = [\varepsilon_X, \varepsilon_Y, \varepsilon_Z]^{\mathrm{T}}$ 为陀螺漂移。

利用科里奥利定理，可得 g 系下的姿态误差角微分方程为

$$\dot{\boldsymbol{\Phi}}^{\mathrm{g}} = \boldsymbol{C}_{\mathrm{w}}^{\mathrm{g}}\dot{\boldsymbol{\Phi}}^{\mathrm{w}} + \boldsymbol{\omega}_{\mathrm{gw}}^{\mathrm{g}}\times\boldsymbol{\Phi}^{\mathrm{g}} \tag{4-38}$$

将各变量代入可得

$$\begin{cases} \dot{\Phi}_{\mathrm{E}}^{\mathrm{g}} = -\dfrac{\delta V_{\mathrm{N}}^{\mathrm{g}}}{R} + \left(\omega_{\mathrm{ie}}\sin\varphi + \dfrac{V_{\mathrm{E}}^{\mathrm{g}}\tan\varphi}{R}\right)\Phi_{\mathrm{N}}^{\mathrm{g}} - \left(\omega_{\mathrm{ie}}\cos\varphi + \dfrac{V_{\mathrm{E}}^{\mathrm{g}}}{R}\right)(\Phi_{\mathrm{U}}^{\mathrm{g}} - \delta\alpha) - \varepsilon_{\mathrm{E}} \\[3mm] \dot{\Phi}_{\mathrm{N}}^{\mathrm{g}} = \dfrac{1}{R}\delta V_{\mathrm{E}}^{\mathrm{g}} - \left(\omega_{\mathrm{ie}}\sin\varphi + \dfrac{V_{\mathrm{E}}^{\mathrm{g}}\tan\varphi}{R}\right)\Phi_{\mathrm{E}}^{\mathrm{g}} - \dfrac{V_{\mathrm{N}}^{\mathrm{g}}}{R}(\Phi_{\mathrm{U}}^{\mathrm{g}} - \delta\alpha) - \omega_{\mathrm{ie}}\sin\varphi\delta\varphi - \varepsilon_{\mathrm{N}} \\[3mm] \dot{\Phi}_{\mathrm{U}}^{\mathrm{g}} = \omega_{\mathrm{ie}}\cos\varphi\delta\varphi + \left(\omega_{\mathrm{ie}}\cos\varphi + \dfrac{V_{\mathrm{E}}^{\mathrm{g}}}{R}\right)\Phi_{\mathrm{E}}^{\mathrm{g}} + \dfrac{V_{\mathrm{N}}^{\mathrm{g}}}{R}\Phi_{\mathrm{N}}^{\mathrm{g}} - \varepsilon_{\mathrm{U}} \end{cases} \tag{4-39}$$

其中 ε_{E}、ε_{N} 和 ε_{U} 分别为 g 系内的东向、北向和天向等效陀螺漂移。

（四）航向误差方程

式(4-26)给出了航向角的计算方法，而实际航向则是根据导航计算机解算得到的 $\overline{\psi}^{\mathrm{c}}$ 和 α^{c} 确定的，即

$$\psi^{\mathrm{c}} = \overline{\psi}^{\mathrm{c}} - \alpha^{\mathrm{c}} \tag{4-40}$$

其中 $\alpha^{\mathrm{c}} = \alpha + \delta\alpha$。

而 $\overline{\psi}$ 与 $\overline{\psi}^{\mathrm{c}}$ 的对应关系如图 4-4 所示，即

$$\overline{\psi}^{\mathrm{c}} = \overline{\psi} + \Phi_z \tag{4-41}$$

所以　　　　$$\delta\psi = \psi^{\mathrm{c}} - \psi = \overline{\psi} + \Phi_z - (\alpha + \delta\alpha) - (\overline{\psi} - \alpha) = \Phi_z - \delta\alpha \tag{4-42}$$

考虑到游移方位捷联式惯性导航 w 系相对 g 系绕天向轴旋转了游移方位角 α，可得

$$\Phi_{\mathrm{U}}^{\mathrm{g}} = \Phi_Z \tag{4-43}$$

因此航向误差又可表示为

$$\delta\psi = \Phi_{\mathrm{U}}^{\mathrm{g}} - \delta\alpha \tag{4-44}$$

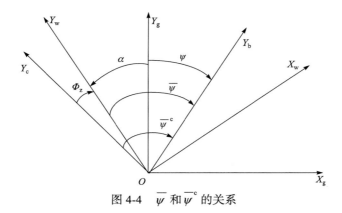

图 4-4 $\overline{\psi}$ 和 $\overline{\psi}^{\,c}$ 的关系

(五) 与以 g 系为 n 系的捷联式惯性导航误差方程的区别

由式(4-35)、式(4-36)、式(4-39)和式(4-44)各导航参数系统误差方程的形式可以看出，与以 g 系为 n 系的捷联式惯性导航误差方程(朱家海，2008)相比，仅在方位姿态误差角方程中有区别：游移方位捷联式惯性导航方位姿态误差角 Φ_U^g 减去游移方位角误差 $\delta\alpha$(即航向误差 $\delta\psi$)与以 g 系为 n 系的捷联式惯性导航方位姿态误差角相同，其他方面均一致。

二、惯导系统极区导航性能静基座下误差分析

在构建了游移方位捷联式惯性导航在 g 系下的误差方程的基础上，为了从理论分析的角度研究其在极区的导航性能，需要对游移方位捷联式惯性导航在极区情形下的误差基本特性进行研究。为方便分析，本小节假设载体处于静基座条件下。

(一) 静基座下的误差方程

在静基座下，设 $\dot{V}_E^g = \dot{V}_N^g = 0$，$V_E^g = V_N^g = 0$，各导航参数系统误差方程简化为

$$
\begin{cases}
\delta\dot{V}_E^g = -g\Phi_N^g + 2\omega_{ie}\sin\varphi\,\delta V_N^g + \nabla_E \\
\delta\dot{V}_N^g = g\Phi_E^g - 2\omega_{ie}\sin\varphi\,\delta V_E^g + \nabla_N \\
\dot{\Phi}_E^g = -\dfrac{\delta V_N}{R} + \omega_{ie}\sin\varphi\,\Phi_N^g - \omega_{ie}\cos\varphi(\Phi_U^g - \delta\alpha) - \varepsilon_E \\
\dot{\Phi}_N^g = \dfrac{\delta V_E^g}{R} - \omega_{ie}\sin\varphi\,\Phi_E^g - \omega_{ie}\sin\varphi\,\delta\varphi - \varepsilon_N \\
\dot{\Phi}_U^g = \omega_{ie}\cos\varphi\,\delta\varphi + \left(\omega_{ie}\cos\varphi + \dfrac{V_E^g}{R}\right)\Phi_E^g + \dfrac{V_N^g}{R}\Phi_N^g - \varepsilon_U \\
\delta\dot{\varphi} = \dfrac{\delta V_N^g}{R} \\
\delta\dot{\alpha} = -\dfrac{\tan\varphi}{R}\delta V_E^g \\
\delta\dot{\lambda} = \dfrac{\delta V_E^g}{R\cos\varphi}
\end{cases}
\tag{4-45}
$$

(二) 误差状态方程的特征根

为了得出各个导航参数系统误差的传播特性以及各个惯性器件误差对游移方位捷联惯性导航的响应，将式(4-45)(经度误差方程除外)变形为状态方程的形式为

$$\dot{\boldsymbol{X}}(t) = \boldsymbol{F}\boldsymbol{X}(t) + \boldsymbol{W}(t) \tag{4-46}$$

经过拉普拉斯(Laplace)变换可得

$$\dot{\boldsymbol{X}}(s) = (s\boldsymbol{I} - \boldsymbol{F})^{-1}[\boldsymbol{X}(0) + \boldsymbol{W}(s)] \tag{4-47}$$

于是整个系统的特征方程为

$$\Delta(s) = |s\boldsymbol{I} - \boldsymbol{F}| = s(s^2 + \omega_{\text{ie}}^2)\left[(s^2 + \omega_{\text{S}}^2)^2 + 4s^2\omega_{\text{ie}}^2\sin^2\varphi\right] = 0 \tag{4-48}$$

其中 $\omega_{\text{S}} = \dfrac{g}{R}$ 为舒勒(Schuler)角速率。

解方程(4-48)，由于 $\omega_{\text{S}}^2 \gg \omega_{\text{ie}}^2$，求得系统特征值为

$$s_1 = 0, \quad s_{2,3} = \pm j\omega_{\text{ie}}, \quad s_{4,5,6,7} = \pm j(\omega_{\text{S}} \pm \omega_{\text{ie}}\sin\varphi) \tag{4-49}$$

由式(4-49)可得，系统特征值包含六个虚数解和一个零解。因此，系统处于临界稳定状态。各导航参数系统误差存在三种频率的振荡，即地球振荡、舒勒振荡和傅科(Foucault)振荡。

(三) 系统误差传播特性分析

通过忽略傅科周期相关项的影响简化分析，令 $\boldsymbol{F}(1,2) = \boldsymbol{F}(2,1) = 0$。将经度误差方程进行拉普拉斯变换可得

$$s\delta\lambda(s) = \frac{\sec\varphi}{R}\delta V_{\text{E}}^{\text{g}}(s) + \delta\lambda_0 \tag{4-50}$$

为简洁地给出各个误差源对系统误差的响应，假设加速度计偏置和陀螺漂移均为常值，可得六个惯性器件误差对各导航参数系统误差影响的解析表达式如下：

$$\begin{aligned}
\delta\lambda &= \frac{\nabla_{\text{E}}}{g}\sec\varphi(1 - \cos\omega_{\text{S}}t) - \frac{\tan\varphi}{\omega_{\text{ie}}}\left[(1 - \cos\omega_{\text{ie}}t) - \frac{\omega_{\text{ie}}^2}{\omega_{\text{S}}^2 - \omega_{\text{ie}}^2}(\cos\omega_{\text{ie}}t - \cos\omega_{\text{S}}t)\right]\varepsilon_{\text{E}} \\
&\quad - \left[\frac{\sec\varphi\omega_{\text{ie}}^2}{\omega_{\text{S}}(\omega_{\text{S}}^2 - \omega_{\text{ie}}^2)}\sin\omega_{\text{S}}t - \frac{\sec\varphi\omega_s^2\tan\varphi\sin\varphi}{\omega_{\text{ie}}(\omega_{\text{S}}^2 - \omega_{\text{ie}}^2)}\sin\omega_{\text{ie}}t - t\cos\varphi\right]\varepsilon_{\text{N}} \\
&\quad - \left[\frac{\sin\varphi\omega_{\text{S}}^2}{\omega_{\text{ie}}(\omega_{\text{S}}^2 - \omega_{\text{ie}}^2)}\sin\omega_{\text{ie}}t - \frac{\omega_{\text{ie}}^2\sin\varphi}{\omega_{\text{S}}(\omega_{\text{S}}^2 - \omega_{\text{ie}}^2)}\sin\omega_{\text{S}}t - t\sin\varphi\right]\varepsilon_{\text{U}}
\end{aligned} \tag{4-51}$$

$$\begin{aligned}
\delta\varphi &= \frac{\nabla_{\text{N}}}{g}(1 - \cos\omega_{\text{S}}t) - \frac{\omega_{\text{S}}^2}{\omega_{\text{S}}^2 - \omega_{\text{ie}}^2}\left(\frac{\sin\omega_{\text{ie}}t}{\omega_{\text{ie}}} - \frac{\sin\omega_{\text{S}}t}{\omega_{\text{S}}}\right)\varepsilon_{\text{E}} \\
&\quad - \frac{\sin\varphi}{\omega_{\text{ie}}}\left[\frac{\omega_{\text{ie}}^2}{\omega_{\text{S}}^2 - \omega_{\text{ie}}^2}\left(\cos\omega_{\text{S}}t - \frac{\omega_{\text{S}}^2}{\omega_{\text{ie}}^2}\cos\omega_{\text{ie}}t\right) + 1\right]\varepsilon_{\text{N}} \\
&\quad - \frac{\cos\varphi}{\omega_{\text{ie}}}\left(\frac{\omega_{\text{S}}^2}{\omega_{\text{S}}^2 - \omega_{\text{ie}}^2}\cos\omega_{\text{ie}}t - \frac{\omega_{\text{ie}}^2}{\omega_{\text{S}}^2 - \omega_{\text{ie}}^2}\cos\omega_{\text{S}}t - 1\right)\varepsilon_{\text{U}}
\end{aligned} \tag{4-52}$$

$$\begin{aligned}
\delta V_{\text{E}}^{\text{g}} &= \frac{\nabla_{\text{E}}}{\omega_{\text{S}}}\sin\omega_{\text{S}}t - \frac{g\sin\varphi}{\omega_{\text{S}}^2 - \omega_{\text{ie}}^2}\left(\sin\omega_{\text{ie}}t - \frac{\omega_{\text{ie}}}{\omega_{\text{S}}}\sin\omega_{\text{S}}t\right)\varepsilon_{\text{E}} \\
&\quad - \left(\frac{\omega_{\text{S}}^2 - \omega_{\text{ie}}^2\cos^2\varphi}{\omega_{\text{S}}^2 - \omega_{\text{ie}}^2}\cos\omega_{\text{S}}t - \frac{\omega_{\text{ie}}^2\sin^2\varphi}{\omega_{\text{S}}^2 - \omega_{\text{ie}}^2}\cos\omega_{\text{ie}}t - \cos^2\varphi\right)\varepsilon_{\text{N}} \\
&\quad - R\sin\varphi\cos\varphi\left(\frac{\omega_{\text{S}}^2}{\omega_{\text{S}}^2 - \omega_{\text{ie}}^2}\cos\omega_{\text{ie}}t - \frac{\omega_{\text{ie}}^2}{\omega_{\text{S}}^2 - \omega_{\text{ie}}^2}\cos\omega_{\text{S}}t - 1\right)\varepsilon_{\text{U}}
\end{aligned} \tag{4-53}$$

$$\delta V_N^g = \frac{\nabla_N}{\omega_S}\sin\omega_S t - \frac{g}{\omega_S^2 - \omega_{ie}^2}(\cos\omega_{ie}t - \cos\omega_S t)\varepsilon_E$$

$$- \frac{g\sin\varphi}{\omega_S^2 - \omega_{ie}^2}\left(\sin\omega_{ie}t - \frac{\omega_{ie}}{\omega_S}\sin\omega_S t\right)\varepsilon_N - \frac{\omega_S^2\cos\varphi}{\omega_S^2 - \omega_{ie}^2}(\omega_{ie}\sin\omega_S t - \omega_S)\varepsilon_U \tag{4-54}$$

$$\Phi_E^g = -\frac{\nabla_N}{g}(1 - \cos\omega_S t) - \frac{1}{\omega_S^2 - \omega_{ie}^2}(\omega_S\sin\omega_S t - \omega_{ie}\sin\omega_{ie}t)\varepsilon_E$$

$$- \frac{\omega_{ie}\sin\varphi}{\omega_S^2 - \omega_{ie}^2}(\cos\omega_{ie}t - \cos\omega_S t)\varepsilon_N - \frac{\omega_{ie}\cos\varphi}{\omega_S^2 - \omega_{ie}^2}(\cos\omega_S t - \cos\omega_{ie}t)\varepsilon_U \tag{4-55}$$

$$\Phi_N^g = \frac{\nabla_E}{g}(1 - \cos\omega_S t) - \frac{\omega_{ie}\sin\varphi}{\omega_S^2 - \omega_{ie}^2}(\cos\omega_S t - \cos\omega_{ie}t)\varepsilon_E$$

$$- \left[\frac{\omega_S^2 - \omega_{ie}^2\cos^2\varphi}{\omega_S(\omega_S^2 - \omega_{ie}^2)}\sin\omega_S t - \frac{\omega_{ie}\sin^2\varphi}{\omega_S^2 - \omega_{ie}^2}\sin\omega_{ie}t\right]\varepsilon_N \tag{4-56}$$

$$- \frac{\omega_{ie}\sin\varphi\cos\varphi}{\omega_S^2 - \omega_{ie}^2}\left(\sin\omega_{ie}t - \frac{\omega_{ie}}{\omega_S}\sin\omega_S t\right)\varepsilon_U$$

$$\Phi_U^g = -t\sin^2\varphi\,\varepsilon_U - \frac{\cos\varphi - \cos\varphi\cos\omega_{ie}t}{\omega_{ie}}\varepsilon_E$$

$$- \frac{\cos\varphi\,\sin\varphi(\,t\omega_{ie} - \sin\omega_{ie}t)}{\omega_{ie}}\varepsilon_N - \frac{\cos^2\varphi}{\omega_{ie}}\sin\omega_{ie}t\varepsilon_U \tag{4-57}$$

$$\delta\alpha = -\frac{\nabla_E}{g}\tan\varphi(1 - \cos\omega_S t) - \left[\frac{\sin\varphi\tan\varphi}{\omega_{ie}(\omega_S^2 - \omega_{ie}^2)}(\omega_{ie}^2 - \omega_S^2 - \omega_{ie}^2\cos\omega_S t + \omega_S^2\cos\omega_{ie}t)\right]\varepsilon_E$$

$$- \left[t\cos\varphi\,\sin\varphi + \frac{\omega_S^2\tan\varphi\,\sin^2\varphi}{\omega_{ie}(\omega_S^2 - \omega_{ie}^2)}\sin\omega_{ie}t + \frac{\omega_{ie}^2\sin\varphi\cos\varphi - \omega_S^2\tan\varphi}{\omega_S(\omega_S^2 - \omega_{ie}^2)}\sin\omega_S t\right]\varepsilon_N \tag{4-58}$$

$$- \left[t\sin^2\varphi - \frac{\omega_S^2\sin^2\varphi}{\omega_{ie}(\omega_S^2 - \omega_{ie}^2)}\sin w_{ie}t + \frac{\omega_{ie}^2\sin^2\varphi}{\omega_S(\omega_S^2 - \omega_{ie}^2)}\sin\omega_S t\right]\varepsilon_U$$

由式(4-57)和式(4-58)可进一步得到航向角误差解析式为

$$\delta\psi = \phi_U^g - \delta\alpha = \frac{\nabla_E}{g}\tan\varphi(1 - \cos\omega_S t) - \left[\frac{\sec\varphi}{\omega_{ie}}(1 - \cos\omega_{ie}t) + \frac{\omega_{ie}\sin\varphi\tan\varphi}{\omega_S^2 - \omega_{ie}^2}(\cos\omega_S t - \cos\omega_{ie}t)\right]\varepsilon_E$$

$$- \frac{\omega_{ie}^2\sin\varphi\cos\varphi - \omega_S^2\tan\varphi}{\omega_S^2 - \omega_{ie}^2}\left(\frac{\sin\omega_{ie}t}{\omega_{ie}} - \frac{\sin\omega_S t}{\omega_S}\right)\varepsilon_N$$

$$- \left[\frac{\omega_S^2 - \omega_{ie}^2\cos^2\varphi}{\omega_{ie}(\omega_S^2 - \omega_{ie}^2)}\sin\omega_{ie}t - \frac{\omega_{ie}^2\sin^2\varphi}{\omega_S(\omega_S^2 - \omega_{ie}^2)}\sin\omega_S t\right]\varepsilon_U$$

$$\tag{4-59}$$

由式(4-51)~(4-59)可见，$\delta\varphi$、δV_E^g、δV_N^g、Φ_E^g 和 Φ_N^g 五个系统误差均为 $\sin\varphi$ 和 $\cos\varphi$ 的函数，因此，随着纬度的升高，这些误差的大小改变不会特别明显。$\delta\lambda$ 是 $\sec\varphi$ 函数，如果把 $\delta\lambda$ 的单位从角度变换成距离，也就是 $\delta\lambda$(距离)$=R_N\cos\varphi\delta\lambda$(角度)，可以不再受 $\sec\varphi$ 的影响。因此，虽然随着纬度升高表示成角度单位的 $\delta\lambda$ 会迅速增大，但实际距离误差变化却不大。而 $\delta\psi$ 是 $\tan\varphi$

和 $\sec\varphi$ 的函数，该误差受纬度升高的影响明显，总体呈快速增大趋势，并且由式(4-58)和式(4-59)可以看出，$\delta\psi$ 在极区增大的原因是 $\delta\alpha$ 在极区受纬度升高的影响而增大。由式(4-36)可知

$$\delta\dot{\alpha} = -\frac{V_E^g}{R\cos^2\varphi}\delta\varphi - \frac{\tan\varphi}{R}\delta V_E^g \tag{4-60}$$

由式(4-36)可知，$\delta\alpha$ 的变化率是 $\tan\varphi$ 和 $\sec\varphi$ 的函数，极区纬度升高以及导航参数误差的存在引起 $\delta\dot{\alpha}$ 增大，必然使得 $\delta\alpha$ 增大，进而对 $\delta\psi$ 产生影响，即 $\delta\psi$ 随着纬度的升高而增大。存在上述问题的深层原因为随着纬度升高，由载体运动引起的地理坐标系相对地球坐标系的旋转角速度误差会迅速增大，将带有较大误差的该计算量代入惯性导航编排解算，会降低游移方位角的计算精度，进而影响到航向的解算精度使得惯性导航定向性能下降。

三、惯性导航极区导航性能动基座下仿真分析

下面通过分析惯性导航参数误差受纬度变化的影响，研究游移方位捷联式惯性导航的极区导航性能。前面通过误差分析的方法对游移方位捷联式惯性导航受纬度变化的影响进行了理论分析，本小节将通过动基座下仿真验证的方法在高速和低速两种情形下对导航参数的误差进行分析。考虑到极点附近存在的问题较为明显，分两个区域范围对捷联式惯性导航的误差进行仿真分析。

(一) 惯性导航高纬度导航性能在动基座下的仿真分析

游移方位捷联式惯性导航运行在动基座下，为了研究各个导航参数误差受纬度变化的影响特性，设置纬度范围为 0°~89.5°N，由低纬度到高纬度进行仿真，步长为 0.5°，每个纬度处仿真 24 h。假设惯性导航已经完成初始对准；三个陀螺的常值漂移均为 0.001°/h，随机漂移的强度均为 0.001°/h；三个加速度计的常值零偏为 10^{-5} g，随机误差的强度均为 10^{-5} g。在两种运动情形下进行仿真：一是高速类载体(如飞机)，此种情形东向速度设置为 300 m/s，北向速度设置为 0；二是低速类载体(如船舶)，此种情形东向速度设置为 15 m/s，北向速度设置为 0。记录每个导航参数系统误差每次仿真的最大值，得出其随纬度的变化曲线，结果如图 4-5 和图 4-6 所示。

根据理论分析的误差传播特性及图 4-5 和图 4-6，导航参数系统误差按照随纬度的变化规律分为以下三种类型。

(1) 游移方位角误差和航向误差。由图 4-5 和图 4-6 可知，$\delta\alpha$ 和 $\delta\psi$ 在极区受纬度升高的影响非常明显，大约从 60°N 开始，$\delta\alpha$ 和 $\delta\psi$ 会呈现缓慢增长的趋势，纬度继续升高，其增长的速度加快，超过 85°N 后，$\delta\alpha$ 和 $\delta\psi$ 会迅速增大。由理论研究可知，这是因为随着纬度的升高，由载体运动引起的地理坐标系相对地球坐标系的旋转角速度误差会迅速增大，将带有较大误差的该计算量代入惯性导航编排解算，会降低游移方位角的计算精度，进而影响到航向的解算精度，使得定向性能下降。

(2) 速度误差。由图 4-5 可知，δV_N^g 在极区受到纬度升高影响也非常明显，大约从 60°N 开始总体呈现缓慢增长的趋势，纬度越高，增长的速度越快，超过 85°N 后，δV_N^g 迅速增大。这是因为地理速度误差和 w 系下的速度误差满足如下关系：

$$\begin{cases} \delta V_E^g = \cos\alpha\,\delta V_X^w - \sin\alpha\,\delta V_Y^w - V_N^g\delta\alpha \\ \delta V_N^g = \sin\alpha\,\delta V_X^w + \cos\alpha\,\delta V_Y^w + V_E^g\delta\alpha \end{cases} \tag{4-61}$$

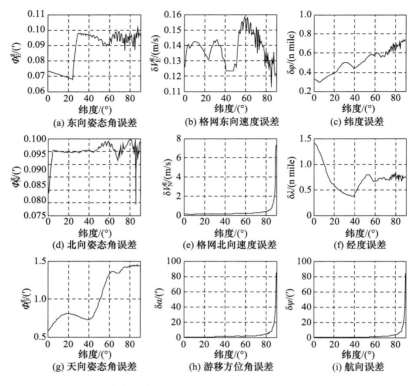

图 4-5   游移方位捷联式惯性导航高纬度导航性能(高速)

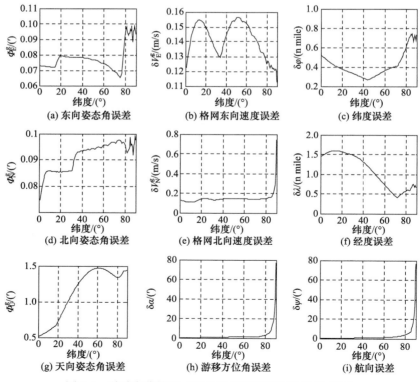

图 4-6   游移方位捷联式惯性导航高纬度导航性能(低速)

根据式(4-53)和式(4-54)分析可知，δV_E^g 和 δV_N^g 在静基座条件下受纬度变化的影响较小，不会出现明显的误差增大趋势。而在运动状态下，由式(4-61)可知，δV_E^g 和 δV_N^g 与 $\delta\alpha$ 相关，$\delta\alpha$ 在极区增大会直接引起 δV_E^g 和 δV_N^g 的增大。由于需要分析系统受纬度的影响规律，仿真中假设载体只有 V_E^g，仅 δV_N^g 会出现增长趋势。当载体同时有 V_E^g 和 V_N^g 时，δV_E^g 也会受 $\delta\alpha$ 的影响而增大。但是，δV_E 和 δV_N 随纬度的变化规律还与载体运动速度的大小有关，由于舰船速度比飞机小得多，速度误差呈现增长趋势的纬度较高，如图 4-6 所示，纬度超过 86°N 后，δV_N^g 会呈现增长趋势。

(3) 姿态误差角与位置误差。由图 4-5 和图 4-6 可知，此类系统误差极区受纬度变化的影响较小，不会出现明显增大趋势。虽然各导航参数间会有必然的耦合，但是上述仿真条件设置的纬度不能够引起足够大的 $\delta\alpha$，也不会对这几类导航参数误差产生明显的影响，如果该计算量的误差足够大，那么有可能会影响所有导航参数的精度。

(二) 惯性导航近极点导航性能在动基座下的仿真分析

当纬度继续升高至极点，会引起足够大的计算误差 $\delta\alpha$，考虑到各导航参数误差有耦合联系，将影响所有导航参数的精度，使系统无法提供可用的导航信息。为说明这一结论，极点附近区域内对游移方位捷联式惯性导航误差受纬度影响的特性进行仿真，设置纬度范围为 89.500°N～89.995°N，由低纬度到高纬度进行仿真，步长为 0.001°，其他仿真条件与高纬度地区仿真条件相同。仿真结果如图 4-7 和图 4-8 所示。

由图 4-7 可见，游移方位捷联式惯性导航高速条件下纬度超过 89.87°N 时，各个导航参数系统误差受纬度升高的影响快速增大，且增长的趋势与 $\delta\alpha$ 的增长趋势相同，惯性导航解算的导航参数不可用，惯性导航无法进行正常导航。此外，惯性导航出现无法正常导航问题的纬度与载体的速度有关，载体速度越大，出现无法正常导航问题的纬度越低。由于舰船速度远小于飞机，出现无法正常导航问题的纬度比飞机要高，如图 4-8 所示，在低速条件下仿真可以得出纬度超过 89.985°N 后各个导航参数系统误差同样出现快速增大的问题。因此验证了结论：

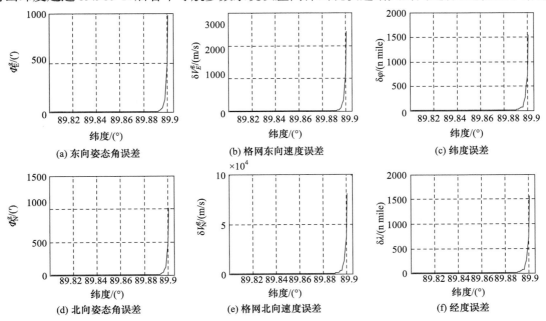

(a) 东向姿态角误差   (b) 格网东向速度误差   (c) 纬度误差

(d) 北向姿态角误差   (e) 格网北向速度误差   (f) 经度误差

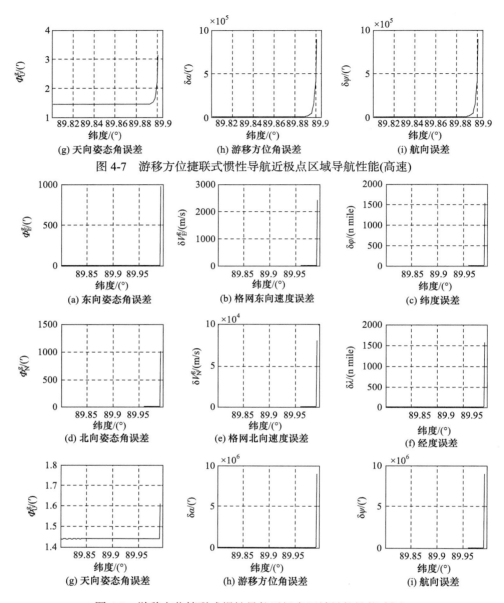

图 4-7　游移方位捷联式惯性导航近极点区域导航性能(高速)

图 4-8　游移方位捷联式惯性导航近极点区域导航性能(低速)

当纬度继续升高至极点，会引起足够大的计算误差 $\delta\alpha$ ，将影响所有导航参数的精度，使系统无法提供可用的导航信息。

四、惯性导航参数误差抑制机理

惯性导航航向误差是四条支路共同作用的结果，分别为方位陀螺漂移、东向姿态误差角、纬度误差和东向速度误差对航向误差的作用支路。但很难确定是由哪条支路引起航向误差随着纬度的升高而增大。采用静基座下游移方位捷联惯性导航误差分析方法，优点在于游移方位惯性导航将东向速度误差对航向误差的作用支路与其他三条支路隔离(图 4-3)，可分析出航向误差增大的原因。对游移方位惯性导航进行静基座误差分析可得

$$\Phi_U^g = -t\sin^2\varphi\varepsilon_U - \frac{\cos\varphi - \cos\varphi\cos\omega_{ie}t}{\omega_{ie}}\varepsilon_E - \frac{\cos\varphi\sin\varphi(t\omega_{ie} - \sin\omega_{ie}t)}{\omega_{ie}}\varepsilon_N - \frac{\cos^2\varphi}{\omega_{ie}}\sin\omega_{ie}t\varepsilon_U \quad (4\text{-}62)$$

$$\delta\alpha = -\frac{\nabla_E}{g}\tan\varphi(1 - \cos\omega_S t) - \left[\frac{\sin\varphi\tan\varphi}{\omega_{ie}(\omega_S^2 - \omega_{ie}^2)}(\omega_{ie}^2 - \omega_S^2 - \omega_{ie}^2\cos\omega_S t + \omega_S^2\cos\omega_{ie}t)\right]\varepsilon_E$$

$$- \left[t\cos\varphi\sin\varphi + \frac{\omega_S^2\tan\varphi\sin^2\varphi}{\omega_{ie}(\omega_S^2 - \omega_{ie}^2)}\sin\omega_{ie}t + \frac{\omega_{ie}^2\sin\varphi\cos\varphi - \omega_S^2\tan\varphi}{\omega_S(\omega_S^2 - \omega_{ie}^2)}\sin\omega_S t\right]\varepsilon_N \quad (4\text{-}63)$$

$$- \left[t\sin^2\varphi - \frac{\omega_S^2\sin^2\varphi}{\omega_{ie}(\omega_S^2 - \omega_{ie}^2)}\sin w_{ie}t + \frac{\omega_{ie}^2\sin^2\varphi}{\omega_S(\omega_S^2 - \omega_{ie}^2)}\sin\omega_S t\right]\varepsilon_U$$

$$\delta V_E^g = \frac{\nabla_E}{\omega_S}\sin\omega_S t - \frac{g\sin\varphi}{\omega_S^2 - \omega_{ie}^2}\left(\sin\omega_{ie}t - \frac{\omega_{ie}}{\omega_S}\sin\omega_S t\right)\varepsilon_E$$

$$- \left(\frac{\omega_S^2 - \omega_{ie}^2\cos^2\varphi}{\omega_S^2 - \omega_{ie}^2}\cos\omega_S t - \frac{\omega_{ie}^2\sin^2\varphi}{\omega_S^2 - \omega_{ie}^2}\cos\omega_{ie}t - \cos^2\varphi\right)\varepsilon_N \quad (4\text{-}64)$$

$$- R\sin\varphi\cos\varphi\left(\frac{\omega_S^2}{\omega_S^2 - \omega_{ie}^2}\cos\omega_{ie}t - \frac{\omega_{ie}^2}{\omega_S^2 - \omega_{ie}^2}\cos\omega_S t - 1\right)\varepsilon_U$$

因为航向误差 $\delta\psi^g$ 由方位姿态误差角和游移方位角误差决定，即 $\delta\psi^g = \Phi_U^g - \delta\alpha$，由式(4-62)和式(4-63)可得，$\delta\alpha$ 含有与 $\tan\varphi$ 有关的项，所以航向误差随纬度升高而增大是由方位角误差随纬度升高而增大引起的。由图 4-9 可见，$\delta\alpha$ 由东向加速度误差 δV_E^g 乘 $\dfrac{\tan\varphi}{R}$ 再积分得到，而由式(4-64)可得 δV_E^g 没有与 $\tan\varphi$ 有关的项，因此结合图 4-9 和式(4-63)可得导致游移方位角误差随纬度升高而增大的根本原因是，东向速度误差对方位角误差的作用支路中存在 $\tan\varphi$ 项(图 4-9 中粗黑框)，放大了东向速度误差对方位角误差的影响，而由游移方位角误差方程和游移

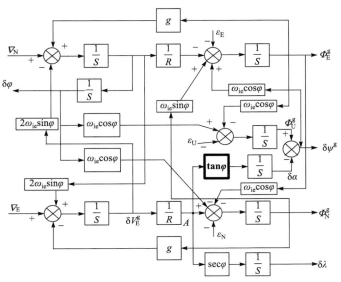

图 4-9 静基座下游移方位捷联惯性导航误差方块图

方位角解算方程可推得 $\tan\varphi$ 项最初来源于地理坐标系相对地球坐标系的转动角速度的垂向分量 $\dfrac{V_E^g \tan\varphi}{R_N}$。

由图 4-9 可见，游移方位角误差和经度误差均来源于北向通道中的点 A，方位角误差为点 A 的输出乘 $\tan\varphi$ 再积分，而经度误差为点 A 的输出乘 $\sec\varphi$ 再积分。因此，经度误差与方位角误差之间存在以下关系：

$$\delta\alpha = -\sin\varphi\,\delta\lambda \tag{4-65}$$

而引起航向误差增大的原因是极区游移方位角计算误差增大。因此，利用上述关系，可以根据惯性导航输出的位置信息抵消 $\tan\varphi$ 项的影响，抑制极区地理航向误差的增大。

式(4-65)即为惯性导航内部固有的误差抑制机理，其他类型的惯性导航也存在相同的误差抑制机理。

第三节　基于极球面投影的惯性导航格网导航方法

根据第三章中构建的基于极球面投影的格网坐标系，本节将结合极区格网导航的思想和极区惯性导航误差抑制机理，研究基于极球面投影的惯性导航极区格网导航方法。

一、基于极球面投影的惯性导航极区导航参数解算方程

以游移方位捷联惯性导航为例，惯性导航的经纬位置、w 系下速度 V_{ew}^w、游移方位角 α、横摇角 γ、纵摇角 θ 和地理航向角 ψ^g 解算方法不发生改变，仅构建新的格网航向 ψ^G 和格网速度 V_{eG}^G 解算方程。

（一）基于极球面投影的惯性导航格网航向解算方程

根据格网航向基准与地理航向基准的旋转关系，利用惯性导航解算的 ψ^g 可得 ψ^G 的解算方程为

$$\psi^G = \psi^g - \lambda\,\mathrm{sign}(\varphi) \tag{4-66}$$

其中格网航向 ψ^G 的定义域为 $[0°, 360°)$。

（二）基于极球面投影的惯性导航格网速度解算方程

由于 w 系相对 G 系绕 U 轴旋转了游移方位角 α，w 系相对 G 系在当地水平面内绕 U 轴逆时针旋转了 $\alpha + \lambda\,\mathrm{sign}(\varphi)$，w 系到 G 系的坐标变换矩阵为

$$C_w^G = \begin{bmatrix} \cos[\alpha + \lambda\,\mathrm{sign}(\varphi)] & -\sin[\alpha + \lambda\,\mathrm{sign}(\varphi)] & 0 \\ \sin[\alpha + \lambda\,\mathrm{sign}(\varphi)] & \cos[\alpha + \lambda\,\mathrm{sign}(\varphi)] & 0 \\ 0 & 0 & 1 \end{bmatrix} \tag{4-67}$$

利用上述坐标变换矩阵，将惯性导航原有解算的 V_{ew}^w 转化为 V_{eG}^G，可得格网速度解算方程为

$$V_{eG}^{G} = C_{w}^{G} V_{ew}^{w} \tag{4-68}$$

将 $V^{G} = [V_{GE}^{G}, V_{GN}^{G}, V_{GU}^{G}]^{T}$，$V^{w} = [V_{X}^{w}, V_{Y}^{w}, V_{Z}^{w}]^{T}$ 代入式(4-68)，不考虑垂直通道，可得

$$\begin{cases} V_{GE}^{G} = \cos[\alpha + \lambda \mathrm{sign}(\varphi)]V_{X}^{w} - \sin[\alpha + \lambda \mathrm{sign}(\varphi)]V_{Y}^{w} \\ V_{GN}^{G} = \sin[\alpha + \lambda \mathrm{sign}(\varphi)]V_{X}^{w} + \cos[\alpha + \lambda \mathrm{sign}(\varphi)]V_{Y}^{w} \end{cases} \tag{4-69}$$

其中 V_{GE}^{G} 和 V_{GN}^{G} 分别为格网东向和北向速度；V_{X}^{w} 和 V_{Y}^{w} 分别为 w 系下的 X 和 Y 向速度。

经上述分析可知，该方法利用导航坐标系下的解算信息，解算格网航向和格网速度，便于直接在现有惯性导航甚至综合导航系统中应用，且既可以输出原本地理导航信息，又可以输出适用于极区的格网导航信息。

二、基于极球面投影的惯性导航格网导航方法性能评估

由式(4-65)可知，因为经度误差 $\delta\lambda$ 与 $\delta\alpha$ 之间存在一定的内在关系，所以

$$\delta\alpha + \delta\lambda \mathrm{sign}(\varphi) = [1 - \csc\varphi \mathrm{sign}(\varphi)]\delta\alpha \tag{4-70}$$

基于极球面投影的惯性导航极区导航方法通过利用上述数学关系，使得 $\delta\alpha$ 对航向误差的影响减少为原来的 $1 - \csc\varphi \mathrm{sign}(\varphi)$ 倍，在极区该值很小，因此能有效抑制游移方位角误差的增大，从而抑制相关的误差。

(一) 基于极球面投影的惯性导航格网航向误差分析

由式(4-21)可得格网航向误差的表达式为

$$\delta\psi^{G} = \delta\psi^{g} - \delta\lambda \mathrm{sign}(\varphi) \tag{4-71}$$

通过对格网航向误差进行分析可得

$$
\begin{aligned}
\delta\psi^{G} = &-\left\{(\cos\omega_{S}t - \cos\omega_{ie}t)\frac{\omega_{ie}[1 - \csc\varphi \mathrm{sign}(\varphi)]\sin\varphi\tan\varphi}{\omega_{S}^{2} - \omega_{ie}^{2}} + (1 - \cos\omega_{ie}t)\frac{\tan\varphi[\csc\varphi sign(\varphi) - 1]}{\omega_{ie}}\right\}\varepsilon_{E} \\
&-\left\{t\cos\varphi + \frac{\omega_{ie}^{2}\cos\varphi\sin\varphi - \omega_{S}^{2}[\csc\varphi \mathrm{sign}(\varphi) - 1]\sin\varphi\tan\varphi}{\omega_{ie}(\omega_{S}^{2} - \omega_{ie}^{2})}\sin\omega_{ie}t\right. \\
&\left. -\frac{[\csc\varphi \mathrm{sign}(\varphi) - 1](\omega_{S}^{2}\tan\varphi - \omega_{ie}^{2}\sin\varphi\cos\varphi)}{\omega_{S}(\omega_{S}^{2} - \omega_{ie}^{2})}\sin\omega_{S}t\right\}\varepsilon_{N} \\
&-\left\{t\sin\varphi + \frac{\omega_{S}^{2}\sin\varphi[\csc\varphi \mathrm{sign}(\varphi) - 1] - \omega_{ie}^{2}\cos^{2}\varphi}{\omega_{ie}(\omega_{S}^{2} - \omega_{ie}^{2})}\sin\omega_{ie}t\right. \\
&\left. -\frac{\omega_{ie}^{2}\sin^{2}\varphi[1 - \csc\varphi \mathrm{sign}(\varphi)]}{\omega_{S}(\omega_{S}^{2} - \omega_{ie}^{2})}\sin\omega_{S}t\right\}\varepsilon_{U} + \frac{\nabla_{E}}{g}\tan\varphi[1 - \csc\varphi \mathrm{sign}(\varphi)](1 - \cos\omega_{S}t)
\end{aligned}
$$
$$\tag{4-72}$$

由式(4-62)、式(4-63)和(4-72)可知，$\delta\psi^{g}$ 幅值与 $\sec\varphi$ 和 $\tan\varphi$ 有关，随着纬度升高航向误差迅速变大；$\delta\psi^{G}$ 虽然也与 $\sec\varphi$ 和 $\tan\varphi$ 有关，但是极区航向基准的改变使得与 $\sec\varphi$ 和 $\tan\varphi$ 有关的项缩小为原来的 $1 - \csc\varphi \mathrm{sign}(\varphi)$ 倍，因此 $\delta\psi^{G}$ 受 $\sec\varphi$ 和 $\tan\varphi$ 影响较小。格网航向误差随时间缓慢增大，式(4-72)去除振荡性误差可得

$$\delta\psi^G = -t\cos\varphi\varepsilon_N - t\sin\varphi\varepsilon_U \tag{4-73}$$

因此，在极区惯性导航初始对准后一定时间内，格网航向精度优于地理航向精度。

(二) 基于极球面投影的惯性导航格网速度误差分析

采用全微分法，由式(4-69)可得格网速度误差方程表达式为

$$\begin{cases} \delta V_{GE}^G = \cos[\alpha + \lambda\,\mathrm{sign}(\varphi)]\delta V_X^n - \sin[\alpha + \lambda\,\mathrm{sign}(\varphi)]\delta V_Y^n - V_{GN}^G[\delta\alpha + \delta\lambda\,\mathrm{sign}(\varphi)] \\ \delta V_{GN}^G = \sin[\alpha + \lambda\,\mathrm{sign}(\varphi)]\delta V_X^n + \cos[\alpha + \lambda\,\mathrm{sign}(\varphi)]\delta V_Y^n + V_{GE}^G[\delta\alpha + \delta\lambda\,\mathrm{sign}(\varphi)] \end{cases} \tag{4-74}$$

其中 δV_{GE}^G 和 δV_{GN}^G 分别为格网东向和北向速度误差；δV_X^w 和 δV_Y^w 分别为 w 系下 X 和 Y 方向的速度误差。

而地理速度误差方程为

$$\begin{cases} \delta V_E^g = \cos\alpha\,\delta V_X^w - \sin\alpha\,\delta V_Y^w - V_N^g\delta\alpha \\ \delta V_N^g = \sin\alpha\,\delta V_X^w + \cos\alpha\,\delta V_Y^w + V_E^g\delta\alpha \end{cases} \tag{4-75}$$

当载体速度不为零时，地理速度误差与 $\delta\alpha$ 有关，格网速度误差与 $\delta\alpha + \delta\lambda\,\mathrm{sign}(\varphi)$ 有关，其相关程度由载体速度决定。对游移方位惯性导航进行误差分析，同理可得，$\delta\alpha$ 与 $\sec\varphi$ 和 $\tan\varphi$ 有关，随着纬度升高航向误差迅速变大，$\delta\alpha + \delta\lambda\,\mathrm{sign}(\varphi)$ 虽然与 $\sec\varphi$ 和 $\tan\varphi$ 有关，但航向基准的改变使得与 $\sec\varphi$ 和 $\tan\varphi$ 有关的项缩小为原来的 $1 - \csc\varphi\,\mathrm{sign}(\varphi)$ 倍，因此误差受 $\sec\varphi$ 和 $\tan\varphi$ 影响较小，但误差随时间缓慢增大，去除振荡性误差可得

$$\delta\alpha + \delta\lambda\,\mathrm{sign}(\varphi) = -\sin\varphi[1 - \csc\varphi\,\mathrm{sign}(\varphi)](\cos\varphi t\varepsilon_N + \sin\varphi t\varepsilon_U) \tag{4-76}$$

但是，由式(4-76)可知，在极区该式的值极小，格网速度误差不呈现随时间增长的趋势。因此，载体在极区运动时，相同初始条件下后格网速度精度优于地理速度精度。

三、仿真实验及其结果分析

(一) 低速条件下格网导航信息与地理导航信息仿真分析

以北半球情形为例，比较基于极球面投影的惯性导航极区导航方法解算信息误差和地理信息误差，设定仿真条件如下：惯性导航已经完成初始对准；三个陀螺常值漂移均为 0.001°/h，随机漂移强度均为 0.001°/h；三个加速度计常值零偏为 10^{-5} g，随机误差强度为 10^{-5} g。初始纬度为 85°N，初始经度为 120°E；舰船等低速载体初始速度为 $10\sqrt{2}$ m/s；初始航向为 45°，当纬度高于 89.8°时航向改为 135°，当纬度低于 85°时航向改为 45°；仿真时间为 24 h，仿真步长为 1 s。仿真结果如图 4-10 所示。

由图 4-10 可见，在仿真时间内格网航向精度优于地理航向精度，且纬度越高，格网航向优势越明显。但格网航向误差随时间缓慢积累，对于航行时间较短的载体，该方法精度较高，而对于航行时间较长的载体，必须借助外部信息对导航参数进行校正。格网速度精度与地理速度精度相当，因为载体速度较低，$\delta\alpha$ 和 $\delta\alpha + \delta\lambda$ 与速度误差相关系数较小，对速度误差影响有限。

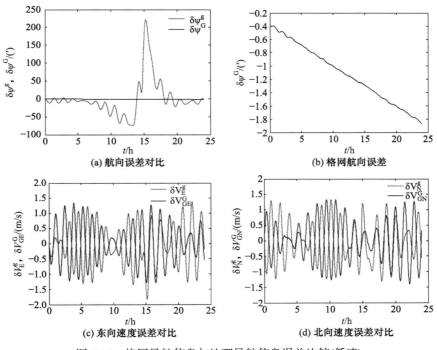

图 4-10　格网导航信息与地理导航信息误差比较(低速)

(二) 高速条件下格网导航信息与地理导航信息仿真分析

改变仿真条件，初始速度(如飞机等高速载体)设置为$150\sqrt{2}$ m/s，仿真时间设置为 6 h，其他条件均不变。仿真结果如图 4-11 所示。

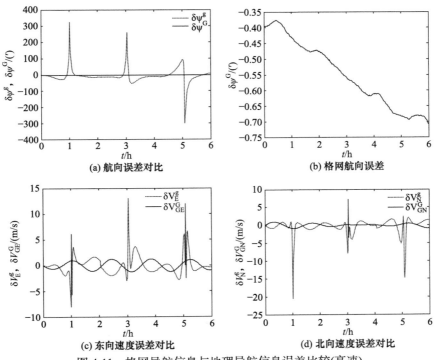

图 4-11　格网导航信息与地理导航信息误差比较(高速)

由图 4-11 可见，相比于低速运动，高速运动的情况下格网航向的优势更加明显，格网速度精度也明显高于地理速度精度。

(三) 纬度适用性仿真分析

为分析基于极球面投影的惯性导航极区导航方法适用极限纬度，设置初始航向为 90°，由 45°N 向北到 89.8°N 每隔 0.1° 仿真一次，由 89.8°N 向北到每隔 0.01° 仿真一次，在低速条件下，每次仿真时间为 24 h，在高速条件下，每次仿真时间为 6 h，其他条件与以上仿真条件相同。仿真结果如图 4-12 和图 4-13 所示。

分析图 4-12 和图 4-13 可得，低速条件下，纬度高于 70° 地理航向误差随着纬度的升高而增大，纬度高于 89.6° 地理速度误差随着纬度的升高而迅速增大。而格网航向误差在纬度高于 89.7° 才出现明显增大，格网速度误差低于纬度 89.97° 时无发散现象；在高速条件下，地理航向误差和速度误差分别在纬度高于 70° 和 85° 时随着纬度的升高而迅速增大，而格网航向误差和速度误差分别在纬度高于 89.4° 和 89.9° 时才出现明显增大。由此可见，格网导航信息在极区具有明显的优势，且速度越低适用纬度越高。

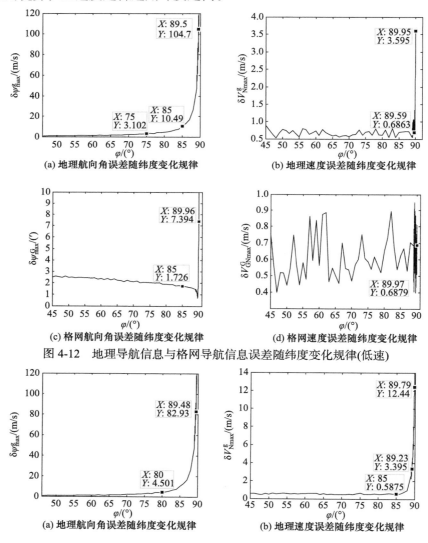

图 4-12　地理导航信息与格网导航信息误差随纬度变化规律(低速)

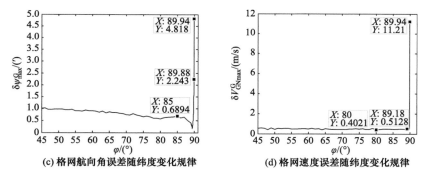

(c) 格网航向角误差随纬度变化规律　　　　(d) 格网速度误差随纬度变化规律

图 4-13　地理导航信息与格网导航信息误差随纬度变化规律(高速)

经仿真验证，在上述条件下，位置误差和水平姿态误差较小，与中低纬度地区相当。同样，在南半球情形下，也做了上述仿真，其导航性能与北半球情形基本一致。因此，本章提出的方法适用于除极点附近区域外的高纬度地区。

第四节　基于横向墨卡托投影的惯性导航格网导航方法

与基于极球面投影的惯性导航格网导航方法类似，本节将研究基于横向墨卡托投影的惯性导航格网导航方法。该方法可依据基于横向墨卡托投影的严格格网坐标系，也可依据基于地球椭球模型的近似格网坐标系。由于两者非常近似，对格网导航参数的性能基本一致。在这里以基于横向墨卡托投影的严格坐标系为例，对格网导航方法进行研究。

一、基于横向墨卡托投影的惯性导航格网导航解算方程

为了与椭球横向墨卡托投影结合应用，需要基于构建的椭球格网坐标系，对惯性导航极区格网导航参数解算方法进行研究。由于格网坐标系也是地平坐标系，原有游移方位捷联惯性导航传统编排方案保持不变，只需在惯性导航解算输出端建立格网航向和格网速度解算方法。惯性导航极区导航参数解算方法设计框图如图 4-14 所示。

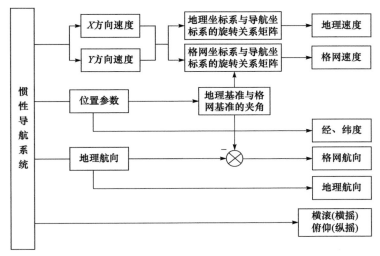

图 4-14　基于横向墨卡托投影的惯性导航极区导航参数解算方法框图

（一）基于横向墨卡托投影的惯性导航格网航向解算方程

由第三章可知，格网导航基准方向与地理正北方向的夹角为 β_2，利用此关系可得载体的格网航向 ψ^{Q} 为

$$\psi^{Q} = \psi^{g} - \beta_2 \tag{4-77}$$

其中格网航向 ψ^{Q} 的定义域为 $[0°, 360°)$。

（二）基于横向墨卡托投影的惯性导航格网速度解算方程

由于 w 系相对于 g 系在当地水平面内旋转了一个游移方位角 α，Q 系相对于 g 系在当地水平面内旋转了角 β_2，w 系相对于 Q 系在当地水平面内旋转了角 $\alpha + \beta_2$，w 系到 Q 系的旋转关系矩阵为

$$\boldsymbol{C}_{w}^{Q} = \begin{bmatrix} \cos(\alpha + \beta_2) & -\sin(\alpha + \beta_2) & 0 \\ \sin(\alpha + \beta_2) & \cos(\alpha + \beta_2) & 0 \\ 0 & 0 & 1 \end{bmatrix} \tag{4-78}$$

利用该旋转关系矩阵，可以把 w 系下的速度 $\left(V_{X}^{w}, V_{Y}^{w}\right)$ 转化为 Q 系下的速度 V_{QE}^{Q} 和 V_{QN}^{Q}，即

$$\begin{cases} V_{QE}^{Q} = \cos(\alpha + \beta_2) V_{X}^{w} - \sin(\alpha + \beta_2) V_{Y}^{w} \\ V_{QN}^{Q} = \sin(\alpha + \beta_2) V_{X}^{w} + \cos(\alpha + \beta_2) V_{Y}^{w} \end{cases} \tag{4-79}$$

经上述分析及式(4-77)和式(4-79)可知，该方法并不改变惯性导航硬件结构，只是在原有导航参数解算模块中，解算格网航向和格网速度，计算简单。因此，它便于在现有惯性导航中直接应用，且算法既可以输出原本的地理航向、速度信息，又可以输出适用于极区航行的格网航向、速度信息。该方法可用于各种在极区能正常工作的惯性导航，也可以用于综合导航系统。

二、基于横向墨卡托投影的惯性导航极区导航方法性能评估

格网导航参数可为极区航行提供可用的导航信息，解决大圆航行中航向变化影响航行的问题。采用惯性导航格网导航方法，必须对格网导航参数的误差特性进行研究。因此，本小节在推导格网导航参数误差方程的基础上，通过误差理论分析研究该方法在提高惯性导航极区导航性能方面的优势。

（一）基于横向墨卡托投影的惯性导航格网航向误差分析

为便于误差分析，假设地球为球体，由式(4-77)可知，格网航向误差为

$$\delta\psi^{Q} = \delta\psi^{g} - \delta\beta_2 \tag{4-80}$$

其中

$$\delta\beta_2 = \frac{\sin\varphi\delta\lambda + \sin\lambda\cos\lambda\cos\varphi\delta\varphi}{\cos^2\lambda + \sin^2\lambda\sin^2\varphi}$$

对该格网导航方法进行静基座下的误差分析可得

$$\delta\psi^{Q} = -\left[\frac{1}{\omega_{ie}}\frac{\cos^2\lambda\cos\varphi}{\cos^2\lambda + \sin^2\varphi\sin^2\lambda}(1 - \cos\omega_{ie}t)\right.$$

$$
\begin{aligned}
&\left.-(\cos\omega_S t-\cos\omega_{ie}t)\frac{\omega_{ie}}{\omega_S^2-\omega_{ie}^2}\frac{\sin^2\lambda\sin^2\varphi\cos\varphi}{\cos^2\lambda+\sin^2\varphi\sin^2\lambda}\right]\varepsilon_E \\
&-\left[\left(\frac{1}{\omega_{ie}}\sin\omega_{ie}t-\frac{1}{\omega_S}\sin\omega_S t\right)\frac{\omega_{ie}^2\sin\varphi\cos\varphi}{\omega_S^2-\omega_{ie}^2}-\frac{\omega_S^2}{\omega_{ie}(\omega_S^2-\omega_{ie}^2)}\frac{\cos^2\lambda\sin\varphi\cos\varphi}{\cos^2\lambda+\sin^2\varphi\sin^2\lambda}\sin\omega_{ie}t\right. \\
&-\frac{\omega_S}{\omega_S^2-\omega_{ie}^2}\frac{\sin^2\lambda\sin\varphi\cos\varphi}{\cos^2\lambda+\sin^2\varphi\sin^2\lambda}\sin\omega_S t+\frac{\omega_{ie}^2\sin^2\varphi}{\omega_S(\omega_S^2-\omega_{ie}^2)}\sin\omega_S t \\
&\left.+\frac{\omega_{ie}^2\cos\varphi}{\omega_S(\omega_S^2-\omega_{ie}^2)}\frac{\sin\varphi}{\cos^2\lambda+\sin^2\varphi\sin^2\lambda}\sin\omega_S t+\frac{\sin\varphi\cos\varphi}{\cos^2\lambda+\sin^2\varphi\sin^2\lambda}t\right]\varepsilon_N \\
&-\left[\left(\frac{\omega_S^2}{\omega_{ie}(\omega_S^2-\omega_{ie}^2)}\frac{\cos^2\lambda\cos^2\varphi}{\cos^2\lambda+\sin^2\varphi\sin^2\lambda}-\frac{\omega_{ie}^2\cos^2\varphi}{\omega_{ie}(\omega_S^2-\omega_{ie}^2)}\right)\sin\omega_{ie}t\right. \\
&\left.-\frac{\omega_{ie}^2}{\omega_S(\omega_S^2-\omega_{ie}^2)}\frac{\sin^2\varphi\sin^2\lambda}{\cos^2\lambda+\sin^2\varphi\sin^2\lambda}\sin\omega_S t+\frac{\sin^2\varphi}{\cos^2\lambda+\sin^2\varphi\sin^2\lambda}t\right]\varepsilon_U \\
&-\frac{\nabla_E}{g}\frac{\sin^2\lambda\sin\varphi\cos\varphi}{\cos^2\lambda+\sin^2\varphi\sin^2\lambda}(1-\cos\omega_S t)-\frac{\sin\lambda\cos\lambda\cos\varphi}{\cos^2\lambda+\sin^2\lambda\sin^2\varphi}\delta\varphi
\end{aligned}
\tag{4-81}
$$

其中
$$
\begin{aligned}
\delta\varphi=&\frac{\nabla_N}{g}(1-\cos\omega_S t)-\frac{\omega_S^2}{\omega_S^2-\omega_{ie}^2}\left(\frac{\sin\omega_{ie}t}{\omega_{ie}}-\frac{\sin\omega_S t}{\omega_S}\right)\varepsilon_E \\
&-\frac{\sin\varphi}{\omega_{ie}}\left[\frac{\omega_{ie}^2}{\omega_S^2-\omega_{ie}^2}\left(\cos\omega_S t-\frac{\omega_S^2}{\omega_{ie}^2}\cos\omega_{ie}t\right)+1\right]\varepsilon_N \\
&-\frac{\cos\varphi}{\omega_{ie}}\left(\frac{\omega_S^2}{\omega_S^2-\omega_{ie}^2}\cos\omega_{ie}t-\frac{\omega_{ie}^2}{\omega_S^2-\omega_{ie}^2}\cos\omega_S t-1\right)\varepsilon_U
\end{aligned}
\tag{4-82}
$$

已知$\delta\psi^g$受$\sec\varphi$和$\tan\varphi$影响，会随着纬度的升高而变大。由式(4-82)可知，格网航向误差与$\sec\varphi$和$\tan\varphi$无关，但误差随着时间的增长而缓慢增大，其随时间发散的项为

$$
\delta\psi^Q=-\frac{\sin\varphi\cos\varphi}{\cos^2\lambda+\sin^2\varphi\sin^2\lambda}t\varepsilon_N-\frac{\sin^2\varphi}{\cos^2\lambda+\sin^2\varphi\sin^2\lambda}t\varepsilon_U
\tag{4-83}
$$

因此，在极区惯导初始对准后，一定时间内格网航向精度优于地理航向精度。

(二) 基于横向墨卡托投影的惯性导航格网速度误差分析

由式(4-79)可推导出格网速度误差方程表达式为

$$
\begin{cases}
\delta V_{QE}^Q=\cos(\alpha+\beta_2)\delta V_X^w-\sin(\alpha+\beta_2)\delta V_Y^w-V_{QN}^Q(\delta\alpha+\delta\beta_2) \\
\delta V_{QN}^Q=\sin(\alpha+\beta_2)\delta V_X^w+\cos(\alpha+\beta_2)\delta V_Y^w+V_{QE}^Q(\delta\alpha+\delta\beta_2)
\end{cases}
\tag{4-84}
$$

当载体在极区存在运动速度时，地理速度误差与$\delta\alpha$有关，格网速度与$\delta\alpha+\delta\beta$有关。对导航参数误差进行理论分析，同样得到如下结论：$\delta\alpha$与$\sec\varphi$和$\tan\varphi$有关，随着纬度的升高航向误差迅速变大，$\delta\alpha+\delta\beta$与$\sec\varphi$和$\tan\varphi$无关，但误差随时间缓慢增大，去除振荡性误差可得

$$\delta\alpha + \delta\beta_2 = -\frac{\sin^2\lambda\sin\varphi\cos^3\varphi}{\cos^2\lambda + \sin^2\varphi\sin^2\lambda}t\varepsilon_N - \frac{\sin^2\lambda\sin^2\varphi\cos^2\varphi}{\cos^2\lambda + \sin^2\varphi\sin^2\lambda}t\varepsilon_U \qquad (4\text{-}85)$$

式(4-85)的值在极区为小量,对格网速度误差造成的影响非常小。因此,载体极区机动时,相同的初始条件下,格网速度精度优于地理速度精度。

三、仿真实验及其结果分析

(一) 格网导航信息与地理导航信息仿真分析

为了分析上述方法的格网航向和格网速度的导航性能,在以下条件下进行仿真分析:假设惯性导航已经完成初始对准;三个陀螺的常值漂移均为 0.001°/h,随机漂移的强度均为 0.001 °/h;三个加速度计的常值零偏为 10^{-5} g,随机误差的强度均为 10^{-5} g。载体初始纬度为 88°N,初始经度为120°,$V_E^g = 300$ m/s,$V_N^g = 0$。仿真时间为 24 h。仿真结果如图 4-15 和图 4-16 所示。

结合图 4-15 和图 4-16 比较航向误差与速度误差可得,惯性导航初始对准后较长时间内,格网导航信息要比地理导航信息的精度高。但由于格网航向误差在抵消掉随纬度增长的误差后同时引入了随时间增长的误差,随时间增长的格网航向误差逐渐积累,对于航行时间较短的载体(如飞机)该方法精度较高,对于航行时间较长的载体(如船舶)需要对格网导航参数尤其是格网航向进行定时校正。

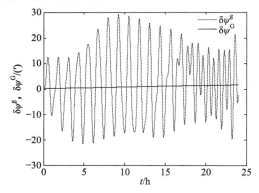

图 4-15 地理航向与格网航向导航性能比较

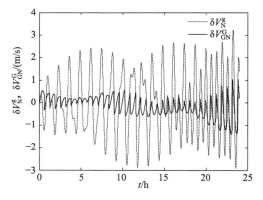

图 4-16 地理北向速度与格网北向速度导航性能比较

(二) 适用纬度仿真分析

为分析惯性导航极区格网导航参数解算方法纬度适用范围,在上节仿真的基础上改变初始纬度如下:设置纬度范围为 40°N~89.5°N,由低纬度到高纬度进行仿真,步长为 0.5°,每个纬度处仿真 24 h,并计算每次仿真的地理航向和格网航向误差最大值,得出其随纬度的变化曲线,结果如图 4-17 所示。

由图 4-17 可知,随着纬度逐渐升高,地理航向绝对误差最大值也逐渐增大,说明在中低纬度地区地理航向的精度较高,而在极区精度下降明显;单次仿真实验,格网航向误差随时间增长,但格网航向误差最大值随纬度变化不明显;在中低纬度地区,地理航向精度较高,不像格网航向误差那样随时间增长,且便于与墨卡托投影图结合使用;而在高纬度地区,尤其是纬度高于 80°的极区,一定时间内,格网航向精度较高,且便于与横向墨卡托投影图结合使用。因此,相比于地理航向,在极区格网航向具有明显优势。

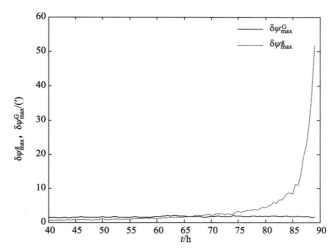

图 4.17 地理航向和格网航向绝对误差最大值随纬度变化曲线图

采用本节的仿真方法进行类似的仿真，同样也可得到基于横向墨卡托投影惯性导航格网导航方法的适用纬度，仿真结果表明：低速条件下，格网航向误差在纬度高于 89.85°时才出现明显增大，格网速度误差在低于纬度 89.98°时无发散现象；高速条件下网格航向误差和速度误差分别在纬度高于 89.5°和 89.92°时才出现明显增大。由此可见，与横向墨卡托投影结合应用的极区格网导航方法适用区域同样不包括极点附近区域。

第五章
极区横向导航方法

　　第四章详细分析了惯性导航的极区格网导航方法。惯性导航传统导航编排方案用于极区会存在计算溢出和计算奇异问题，且经线快速收敛于极点使得经度参数退化，这些问题使得惯性导航传统导航编排方案不能用于近极点区域；此外，近极点区域纬度趋于 90°，计算误差的无限增大会对所有导航参数系统误差产生明显的影响，使得惯性导航失去高精度导航能力。因此，惯性导航传统导航编排方案用于该区域不能正常工作的深层原因是地理经纬度和地理坐标系的传统定义方法无法满足近极点区域导航需求。

　　解决近极点区域导航问题一般采用横向坐标法，该方法将极区的经、纬度重新人为规定(如第三章中提出的极区坐标系定义)，使原坐标系的南、北极移到横向赤道平面上，这样地理坐标系下的极区在横向坐标系下不再是极区，在横向坐标系下解算可以有效解决计算溢出、计算奇异和导航参数系统误差过大的问题。

　　横向导航在美军 1958 年核潜艇横穿北极时就已经采用。它与格网导航有一定联系，也与横向墨卡托图投影相关，但真正引起关注和广泛研究、并成为极区导航的主流导航方式与惯性导航系统的极区研究密切相关。横向导航也采取了类似格网北新定义的横向北来取代传统真北，因此确立了新的极区方向基准，与格网导航不同的是，横向导航还需要解决极区位置的经度失效问题。横向坐标系将重新定位极区地理位置，由此可以彻底解决全部极区导航参数的保精度输出问题。

　　近年来，国内学者围绕惯性导航横向导航方法开展了多项深入的研究工作。总的来说，可以根据所采取的地球近似模型的不同划分为基于球体模型和极区椭球体模型两大类。简单地说，基于球体模型的惯性导航横向导航控制编排比较清晰简捷，与中低纬度惯性导航编排形式相近，这是目前国外文献中主要的编排方式。有文献对极区惯性导航编排中地球近似模型的适用性进行了系统分析，基于球体近似模型的惯性导航极区横向编排适用于短航惯性导航系统，其精度满足适用要求(林秀秀 等，2019)。但对于长航惯性导航系统，误差难以忽略，必须研究基于椭球体模型的惯性导航极区横向编排。

相对于基于球体近似模型的惯性导航极区横向编排，基于椭球体的编排将更加复杂。第三章已对极区横向坐标系的特点进行了细致描述，可以看出，与传统经、纬线始终正交不同，横向经、纬线彼此并不正交；传统坐标系下，载体沿纬度圈移动为东西向运动，沿经度圈运动为南北向运动，这一规则在基于椭球体的横向坐标系中不再成立。速度变化与位置变化之间的关系变得复杂。针对这一问题，国内学者主要采取基于横向地理坐标系和地球坐标系等极区坐标系推导相应的惯性导航控制编排。本章将重点介绍基于横向地理坐标系的一种惯性导航极区编排方案，并对其误差特性进行分析，同时第三节将介绍一种基于地球坐标系惯性导航编排的极区横向导航方案。上述方法可以较好地解决基于椭球体的惯性导航极区横向导航问题。

但仍需指出，在上述横向导航坐标系下，极区惯性导航的阻尼、组合、重调和传递对准等技术的研究均可以采取传统惯性导航系统技术方面的成果在极区进行相应的移植。惯性导航定位精度总体上达到与传统惯性导航相同的精度，但航向误差性能有所差异。另外需要指出的是，极区惯性导航初始对准问题仍旧是一个难题，需要进行多种替代方法予以解决。

目前，国内极区导航的研究重点仍旧是惯性导航系统，对天文导航研究较少。本章将分析天文导航在极区应用存在的问题，并针对这些问题，给出格网导航坐标系下的天文定位方法和横向导航坐标系下的天文定位的计算方法。

第一节　捷联式惯性导航极区横向坐标导航方法

为了研究捷联式惯性导航编排方案，需要有针对性地对与导航位置及导航编排方案相关的坐标系特性进行研究。由于本节采用第三章提出的椭球横向坐标系用于惯性导航极区导航编排，必须研究椭球横向坐标系的特性，具体包括椭球横向坐标系(t系)相对地球坐标系(e系)的方向余弦矩阵、椭球横向坐标系相对惯性坐标系(i系)的旋转角速率，以及椭球横向坐标系相对载体坐标系(b系)的方向余弦矩阵。

本节将在分析椭球横向坐标系的基础上，给出捷联式惯性导航在横向坐标系下的导航编排方案，包括横向速度解算方程、横向位置解算方程和横向姿态解算方程；同时考虑在进出极区时需要进行两种编排方案导航参数之间的转换，给出具体转换方法。

一、与惯性导航解算相关的椭球横向坐标系特性

(一) 椭球横向坐标系相对地球坐标系的方向余弦矩阵 C_e^t

设载体所在点的横向经、纬度分别为 φ^t、λ^t，则该点处的横向坐标系可由地球坐标系经过两次基本旋转后得到，即

$$X - Y - Z \xrightarrow[\text{旋转}\lambda^t]{\text{绕}Y\text{轴}} X_1 - Y_1 - Z_1 \xrightarrow[\text{旋转}\varphi^t]{\text{绕}-X_1\text{轴}} E^t - N^t - U^t \tag{5-1}$$

如图 5-1 所示，绕 Y 轴正轴旋转 λ^t 得到坐标系 $OX_1Y_1Z_1$，旋转关系矩阵为

$$C_e^1 = \begin{bmatrix} \cos\lambda^t & 0 & -\sin\lambda^t \\ 0 & 1 & 0 \\ \sin\lambda^t & 0 & \cos\lambda^t \end{bmatrix} \tag{5-2}$$

然后绕 X_1 轴负轴旋转 φ^t 得到椭球横向坐标系，旋转关系矩阵为

$$C_1^t = \begin{bmatrix} 1 & 0 & 0 \\ 0 & \cos\varphi^t & -\sin\varphi^t \\ 0 & \sin\varphi^t & \cos\varphi^t \end{bmatrix} \tag{5-3}$$

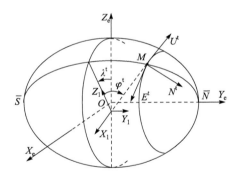

图 5-1　横向坐标系与地球坐标系的旋转关系

故 t 系相对 e 系的方向余弦矩阵 C_e^t 为

$$C_e^t = C_1^t C_e^1 = \begin{bmatrix} \cos\lambda^t & 0 & -\sin\lambda^t \\ -\sin\varphi^t\sin\lambda^t & \cos\varphi^t & -\sin\varphi^t\cos\lambda^t \\ \cos\varphi^t\sin\lambda^t & \sin\varphi^t & \cos\varphi^t\cos\lambda^t \end{bmatrix} \tag{5-4}$$

(二) 椭球横向坐标系相对惯性坐标系的转动角速度

t 系相对 i 系的转动角速度可以分为两部分：一部分是由地球自转引起的 e 系相对 i 系的转动角速度；另一部分是由载体运动引起的 t 系相对 e 系的运动角速度。

由于 e 系相对 i 系在 e 系中的投影为 ω_{ie}，由式(5-4)可知，e 系相对 i 系在 t 系中的投影为

$$\boldsymbol{\omega}_{ie}^{t} = \boldsymbol{C}_{e}^{t}\boldsymbol{\omega}_{ie} = \left[-\sin\lambda^{t}\omega_{ie}, -\sin\varphi^{t}\cos\lambda^{t}\omega_{ie}, \cos\varphi^{t}\cos\lambda^{t}\omega_{ie},\right]^{T} \tag{5-5}$$

下面讨论载体运动引起的 t 系相对 e 系的转动角速度。设载体的横东向速度为 V_{tE}^{t}，横北向速度为 V_{tN}^{t}，地球椭球面上任意一点表示成向量形式为 $\boldsymbol{r} = x\boldsymbol{i} + y\boldsymbol{j} + z\boldsymbol{k}$，因此 V_{tE}^{t} 引起的载体横向经、纬位置变化满足

$$\boldsymbol{C}_{t}^{e}\left[V_{tE}^{t}, 0, 0\right]^{T} = \frac{\mathrm{d}\boldsymbol{r}}{\mathrm{d}\varphi^{t}}\dot{\varphi}^{t} + \frac{\mathrm{d}\boldsymbol{r}}{\mathrm{d}\lambda^{t}}\dot{\lambda}^{t} \tag{5-6}$$

向量 $\boldsymbol{r}$ 中各个分量为 φ^{t} 和 λ^{t} 的函数，将各变量代入，结合式(5-4)，可求得 V_{tE}^{t} 引起的载体横向经、纬位置变化率 $\dot{\varphi}_{1}^{t}$、$\dot{\lambda}_{1}^{t}$ 分别为

$$\begin{cases} \dot{\varphi}_{1}^{t} = \dfrac{e^{2}V_{tE}^{t}\sin\varphi^{t}\sin\lambda^{t}\cos\lambda^{t}}{R_{1}} \\[3mm] \dot{\lambda}_{1}^{t} = \dfrac{V_{tE}^{t}\sec\varphi^{t}}{R_{2}} \end{cases} \tag{5-7}$$

其中　　$R_{1} = \dfrac{a(1-e^{2})}{(1-e^{2}\cos^{2}\varphi^{t}\cos^{2}\lambda^{t})^{1/2}}$，　　$R_{2} = \dfrac{a(1-e^{2})}{(1-e^{2}\cos^{2}\lambda^{t})(1-e^{2}\cos^{2}\varphi^{t}\cos^{2}\lambda^{t})^{1/2}}$

同理可得，V_{tN}^{t} 引起的载体位置变化率 $\dot{\varphi}_{2}^{t}$ 和 $\dot{\lambda}_{2}^{t}$ 满足

$$\boldsymbol{C}_{t}^{e}\left[0, V_{tN}^{t}, 0\right]^{T} = \frac{\mathrm{d}\boldsymbol{r}}{\mathrm{d}\varphi^{t}}\dot{\varphi}_{2}^{t} + \frac{\mathrm{d}\boldsymbol{r}}{\mathrm{d}\lambda^{t}}\dot{\lambda}_{2}^{t} \tag{5-8}$$

解得

$$\begin{cases} \dot{\varphi}_{2}^{t} = \dfrac{V_{tN}^{t}}{R_{3}} \\[3mm] \dot{\lambda}_{2}^{t} = \dfrac{e^{2}V_{tN}^{t}\tan\varphi^{t}\sin\lambda^{t}\cos\lambda^{t}}{R_{1}} \end{cases} \tag{5-9}$$

其中　　$R_{3} = \dfrac{a(1-e^{2})}{(1-e^{2}\cos^{2}\varphi^{t}\cos^{2}\lambda^{t})^{1/2}(1-e^{2}\sin^{2}\lambda^{t}-e^{2}\cos^{2}\varphi^{t}\cos^{2}\lambda^{t})}$

因此，综合式(5-7)和式(5-9)可得载体运动引起的位置变化率，即

$$\begin{cases} \dot{\varphi}^{t} = \dot{\varphi}_{1}^{t} + \dot{\varphi}_{2}^{t} = \dfrac{e^{2}V_{tE}^{t}\sin\varphi^{t}\sin\lambda^{t}\cos\lambda^{t}}{R_{1}} + \dfrac{V_{tN}^{t}}{R_{3}} \\[3mm] \dot{\lambda}^{t} = \dot{\lambda}_{1}^{t} + \dot{\lambda}_{2}^{t} = \dfrac{V_{tE}^{t}\sec\varphi^{t}}{R_{2}} + \dfrac{e^{2}V_{tN}^{t}\tan\varphi^{t}\sin\lambda^{t}\cos\lambda^{t}}{R_{1}} \end{cases} \tag{5-10}$$

由图 5-1 可知，经度变化率 $\dot{\lambda}^{t}$ 的单位矢量在 e 系中的投影为

$$\boldsymbol{p} = [0, 1, 0]^{T} \tag{5-11}$$

纬度变化率 $\dot{\varphi}^{t}$ 的单位矢量在 e 系中的投影为

$$\boldsymbol{q} = \left[\cos\varphi^{t}\sin\lambda^{t}, \sin\varphi^{t}, \cos\varphi^{t}\cos\lambda^{t}\right]^{T} \times \left[0, \ 1, \ 0\right]^{T} = \left[-\cos\lambda^{t}, 0, \sin\lambda^{t}\right]^{T} \tag{5-12}$$

由于 t 系相对 e 系的方向余弦矩阵 $\boldsymbol{C}_e^t$ 是由载体的位置 φ^t 和 λ^t 决定的，载体运动引起的 t 系相对 e 系的转动角速度在 e 系中的投影为

$$\boldsymbol{\omega}_{et}^e = \dot{\lambda}^t \boldsymbol{p} + \dot{\varphi}^t \boldsymbol{q} \tag{5-13}$$

因此，t 系相对 i 系的转动角速度在 t 系中的投影为

$$\boldsymbol{\omega}_{it}^t = \boldsymbol{\omega}_{ie}^t + \boldsymbol{C}_e^t \boldsymbol{\omega}_{et}^e \tag{5-14}$$

综合式(5-10)和式(5-11)~(5-14)可得 $\boldsymbol{\omega}_{it}^t$ 为

$$\boldsymbol{\omega}_{it}^t = \begin{bmatrix} -\sin\lambda^t \omega_{ie} - \dfrac{e^2 V_{tE}^t \sin\varphi^t \sin\lambda^t \cos\lambda^t}{R_1} - \dfrac{V_{tN}^t}{R_3} \\[3mm] -\sin\varphi^t \cos\lambda^t \omega_{ie} + \dfrac{V_{tE}^t}{R_2} + \dfrac{e^2 V_{tN}^t \sin\varphi^t \sin\lambda^t \cos\lambda^t}{R_1} \\[3mm] \cos\varphi^t \cos\lambda^t \omega_{ie} + \dfrac{V_{tE}^t \tan\varphi^t}{R_2} + \dfrac{e^2 V_{tN}^t \tan\varphi^t \sin\varphi^t \sin\lambda^t \cos\lambda^t}{R_1} \end{bmatrix} \tag{5-15}$$

(三) 横向坐标系相对载体坐标系的方向余弦矩阵

设载体的横航向角为 ψ^t，横纵摇角为 θ^t，横横摇角为 γ^t，设 t 系经过如下基本旋转关系可以得到 b 系：

$$tE - tN - tU \xrightarrow[\text{旋转}\,\psi^t]{\text{绕}-tU\text{轴}} X_1 - Y_1 - Z_1 \xrightarrow[\text{旋转}\,\theta^t]{\text{绕}X_1\text{轴}} X_2 - Y_2 - Z_2 \xrightarrow[\text{旋转}\,\gamma^t]{\text{绕}Y_2\text{轴}} X_b - Y_b - Z_b \tag{5-16}$$

如图 5-2 所示，每个旋转对应的变换矩阵为

$$\boldsymbol{C}_t^1 = \begin{bmatrix} \cos\psi^t & -\sin\psi^t & 0 \\ \sin\psi^t & \cos\psi^t & 0 \\ 0 & 0 & 1 \end{bmatrix} \tag{5-17}$$

$$\boldsymbol{C}_1^2 = \begin{bmatrix} 1 & 0 & 0 \\ 0 & \cos\theta^t & \sin\theta^t \\ 0 & -\sin\theta^t & \cos\theta^t \end{bmatrix} \tag{5-18}$$

$$\boldsymbol{C}_2^b = \begin{bmatrix} \cos\gamma^t & 0 & -\sin\gamma^t \\ 0 & 1 & 0 \\ \sin\gamma^t & 0 & \cos\gamma^t \end{bmatrix} \tag{5-19}$$

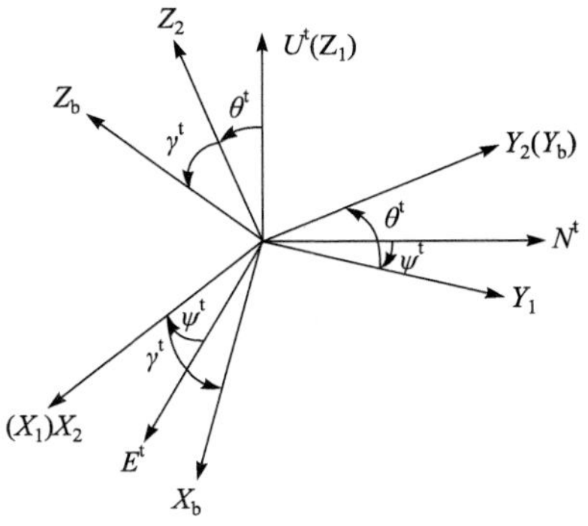

图 5-2　横向坐标系与载体坐标系的旋转关系

因此 t 系到 b 系的方向余弦矩阵为

$$\boldsymbol{C}_t^b = \boldsymbol{C}_2^b \boldsymbol{C}_1^2 \boldsymbol{C}_t^1 \tag{5-20}$$

将各变量代入，可得 b 系到 t 系的方向余弦矩阵为

$$\boldsymbol{C}_b^t = (\boldsymbol{C}_t^b)^T = \begin{bmatrix} M_{11} & M_{12} & M_{13} \\ M_{21} & M_{22} & M_{23} \\ M_{31} & M_{32} & M_{33} \end{bmatrix}$$

$$= \begin{bmatrix} \cos\gamma^t\cos\psi^t + \sin\gamma^t\sin\psi^t\sin\theta^t & \sin\psi^t\cos\theta^t & \sin\gamma^t\cos\psi^t - \cos\gamma^t\sin\psi^t\sin\theta^t \\ -\cos\gamma^t\sin\psi^t + \sin\gamma^t\cos\psi^t\sin\theta^t & \cos\psi^t\cos\theta^t & -\sin\gamma^t\sin\psi^t - \cos\gamma^t\cos\psi^t\sin\theta^t \\ -\sin\gamma^t\cos\theta^t & \sin\theta^t & \cos\gamma^t\cos\theta^t \end{bmatrix} \quad (5\text{-}21)$$

二、椭球横向坐标系下捷联式惯性导航编排方案

下面在研究椭球横向坐标系的基础上，以椭球横向坐标系为导航坐标系，研究基于椭球横向坐标系的惯性导航极区导航编排方案。

（一）横向速度解算方程

在椭球横向坐标系内，根据 b 系下的加速度计输出和比力方程，可得横向速度解算方程为

$$\dot{V}_{et}^t = C_b^t f^b - (2\omega_{ie}^t + \omega_{et}^t) \times V_{et}^t + g^t \quad (5\text{-}22)$$

其中 V_{et}^t 为横向速度；g^t 为重力加速度矢量在 t 系中的投影，由于 t 系也是一个当地水平坐标系，因此 $g^t = g^g$。

将式(5-22)各变量代入，考虑到飞机和舰船垂直速度远小于水平速度，略去横天向速度 V_{tU}^t 的影响，可得

$$\begin{cases} \dot{V}_{tE}^t = \left(2\omega_{ie}\cos\varphi^t\cos\lambda^t + \dfrac{V_{tE}^t\tan\varphi^t}{R_2} + \dfrac{e^2 V_{tN}^t\tan\varphi^t\sin\varphi^t\sin\lambda^t\cos\lambda^t}{R_1}\right)V_{tN}^t \\ \quad + (M_{11}f_X^b + M_{12}f_Y^b + M_{13}f_Z^b) \\ \dot{V}_{tN}^t = -\left(2\omega_{ie}\cos\varphi^t\cos\lambda^t + \dfrac{V_{tE}^t\tan\varphi^t}{R_2} + \dfrac{e^2 V_{tN}^t\tan\varphi^t\sin\varphi^t\sin\lambda^t\cos\lambda^t}{R_1}\right)V_{tE}^t \\ \quad + (M_{21}f_X^b + M_{22}f_Y^b + M_{23}f_Z^b) \end{cases} \quad (5\text{-}23)$$

（二）横向位置解算方程

由式(5-10)可得，V_{tE}^t 和 V_{tN}^t 均引起载体横向经度 λ^t 和横向纬度 φ^t 的变化，可直接写出位置变化的微分方程为

$$\begin{cases} \dot{\varphi}^t = \dfrac{e^2 V_{tE}^t\sin\varphi^t\sin\lambda^t\cos\lambda^t}{R_1} + \dfrac{V_{tN}^t}{R_3} \\ \dot{\lambda}^t = \dfrac{V_{tE}^t\sec\varphi^t}{R_2} + \dfrac{e^2 V_{tN}^t\tan\varphi^t\sin\lambda^t\cos\lambda^t}{R_1} \end{cases} \quad (5\text{-}24)$$

（三）横向姿态解算方程

由式(5-21)，已知姿态矩阵 C_b^t，横航向角为 ψ^t、横纵摇角为 θ^t 和横横摇角为 γ^t 可经过如下公式计算获得：

$$\begin{cases} \psi^t = \arctan \dfrac{M_{12}}{M_{22}} \\[2mm] \theta^t = \arcsin M_{32} \\[2mm] \gamma^t = \arctan\left(-\dfrac{M_{31}}{M_{33}}\right) \end{cases} \tag{5-25}$$

但是，由于载体处于不断运动中，姿态矩阵 $\boldsymbol{C}_b^t$ 也不停地变化，由科里奥利定理可推导出姿态矩阵 $\boldsymbol{C}_b^t$ 对应的微分方程为

$$\dot{\boldsymbol{C}}_b^t = \boldsymbol{C}_b^t(\boldsymbol{\omega}_{tb}^t \times) \tag{5-26}$$

为了求解上述微分方程，必须计算出系统的姿态角旋转速度 $\boldsymbol{\omega}_{tb}^t$，$\boldsymbol{\omega}_{tb}^t$ 可由陀螺实际测量的角速度值 $\boldsymbol{\omega}_{ib}^b$ 和 $\boldsymbol{\omega}_{it}^t$ 来计算，公式如下：

$$\boldsymbol{\omega}_{tb}^b = \boldsymbol{\omega}_{ib}^b - \boldsymbol{C}_t^b \boldsymbol{\omega}_{it}^t \tag{5-27}$$

因此，整个横向姿态更新基本过程由式(5-25)~(5-27)构成。

三、两种导航编排下的导航参数变换

载体在进出极区时，通常需要进行导航参数初始值与输出值之间的转换。进入极区时需要将地理坐标系下的导航参数转化为横向坐标系下的导航参数，出极区时需要将地理坐标系下的导航参数转化到横向坐标系下的导航参数。转换包括两种坐标系下的位置、速度和姿态变换。

(一) 位置参数变换

根据式(3-10)进行两种坐标系下的位置变换。

(二) 速度参数变换

根据不同坐标系下的矢量变换关系，两种速度参数之间的变换公式为

$$\boldsymbol{V}_{eg}^g = \boldsymbol{C}_e^g \boldsymbol{C}_t^e \boldsymbol{V}_{et}^t \tag{5-28}$$

(三) 姿态参数变换

由于载体的姿态与姿态矩阵一一对应，可以根据姿态矩阵进行姿态参数的变换，即

$$\boldsymbol{C}_b^g = \boldsymbol{C}_e^g \boldsymbol{C}_t^e \boldsymbol{C}_b^t \tag{5-29}$$

第二节　捷联式惯性导航极区横向坐标导航误差方程与误差分析

为了分析捷联式惯性导航横向坐标导航方法的极区导航性能，本节首先推导横向坐标系下的导航参数误差方程，然后研究各惯性器件误差对横向导航参数误差的影响，并分析具体的极区导航性能。

一、系统误差方程

为了方便推导系统误差方程及进行后续的静基座下误差分析，在推导误差方程时可以假设地球为球体模型。

(一) 横向速度误差方程

由式(5-22)，用导航计算机中的实际计算值 $\dot{V}_{ec}^c$ 减去真实值 $\dot{V}_{et}^t$，可得横向速度系统误差微分方程为

$$\delta \dot{V}_{et}^t = \dot{V}_{ec}^c - \dot{V}_{et}^t = (-\boldsymbol{\Phi}^t + \boldsymbol{C}_b^t \nabla^b) - (2\delta\omega_{ie}^t + \delta\omega_{et}^t) \times V_{et}^t - (2\omega_{ie}^t + \omega_{et}^t) \times \delta V_{et}^t \tag{5-30}$$

其中 $\boldsymbol{\Phi}^t \times = \begin{bmatrix} 0 & -\boldsymbol{\Phi}_{tU}^t & \boldsymbol{\Phi}_{tN}^t \\ \boldsymbol{\Phi}_{tU}^t & 0 & -\boldsymbol{\Phi}_{tE}^t \\ -\boldsymbol{\Phi}_{tN}^t & \boldsymbol{\Phi}_{tE}^t & 0 \end{bmatrix}$ 为姿态误差角矩阵；$\boldsymbol{\Phi}_{tE}^t$、$\boldsymbol{\Phi}_{tN}^t$ 和 $\boldsymbol{\Phi}_{tU}^t$ 分别为 t 系下的三个姿态误

差角；$\delta\boldsymbol{\omega}_{ie}^t = \begin{bmatrix} -\omega_{ie}\cos\lambda^t\delta\lambda^t \\ \omega_{ie}\sin\varphi^t\sin\lambda^t\delta\lambda^t - \omega_{ie}\cos\varphi^t\cos\lambda^t\delta\varphi^t \\ -\omega_{ie}\cos\varphi^t\sin\lambda^t\delta\lambda^t - \omega_{ie}\sin\varphi^t\cos\lambda^t\delta\varphi^t \end{bmatrix}$ 为 t 系下地球自转角速度误差；$\delta\boldsymbol{\omega}_{et}^t =$

$\left[-\dfrac{\delta V_{tN}^t}{R}, \dfrac{\delta V_{tE}^t}{R}, \dfrac{\delta V_{tE}^t}{R}\tan\varphi^t + \dfrac{V_{tE}^t}{R}\sec^2\varphi^t\delta\varphi^t \right]^T$ 为 t 系相对 e 系的转动角速度误差。

将上述变量代入式(5-30)可得横东向速度误差和横北向速度误差方程分别为

$$\begin{cases} \delta\dot{V}_{tE}^t = \left(2\omega_{ie}\cos\varphi^t\cos\lambda^t + \dfrac{V_{tE}^t}{R}\tan\varphi^t\right)\delta V_{tN}^t + f_{tN}^t\boldsymbol{\Phi}_{tU}^t - f_{tU}^t\boldsymbol{\Phi}_{tN}^t + \nabla_{tE}^t \\ \qquad - \left(2\omega_{ie}\cos\varphi^t\sin\lambda^t\delta\lambda^t + 2\omega_{ie}\sin\varphi^t\cos\lambda^t\delta\varphi^t - \dfrac{\delta V_{tE}^t}{R}\tan\varphi^t - \dfrac{V_{tE}^t}{R}\sec^2\varphi^t\delta\varphi^t\right)V_{tN}^t \\ \delta\dot{V}_{tN}^t = -\left(2\omega_{ie}\cos\varphi^t\cos\lambda^t + \dfrac{V_{tE}^t}{R}\tan\varphi^t\right)\delta V_{tE}^t - f_{tE}^t\boldsymbol{\Phi}_{tU}^t + f_{tU}^t\boldsymbol{\Phi}_{tE}^t + \nabla_{tN}^t \\ \qquad + \left(2\omega_{ie}\cos\varphi^t\sin\lambda^t\delta\lambda^t + 2\omega_{ie}\sin\varphi^t\cos\lambda^t\delta\varphi^t - \dfrac{\delta V_{tE}^t}{R}\tan\varphi^t - \dfrac{V_{tE}^t}{R}\sec^2\varphi^t\delta\varphi^t\right)V_{tE}^t \end{cases} \tag{5-31}$$

其中 f_{tE}^t、f_{tU}^t 和 f_{tN}^t 分别为三个加速度计输出在 t 系中的投影；∇_{tE}^t 和 ∇_{tN}^t 分别为等效横东向和等效横北向加速度计误差。

(二) 横向姿态角误差方程

横向姿态角误差矢量可定义为计算确定的 c 系相对理想 t 系之间的偏差角矢量 $\boldsymbol{\Phi}^t$，且

$$\dot{\boldsymbol{\Phi}}^t = \delta\boldsymbol{\omega}_{ie}^t + \delta\boldsymbol{\omega}_{et}^t - (\boldsymbol{\omega}_{ie}^t + \boldsymbol{\omega}_{et}^t) \times \boldsymbol{\Phi}^t - \boldsymbol{\varepsilon}^t \tag{5-32}$$

其中 $\boldsymbol{\varepsilon}^t = [\varepsilon_{tE}^t, \varepsilon_{tN}^t, \varepsilon_{tU}^t]^T = \boldsymbol{C}_b^t[\varepsilon_X^b, \varepsilon_Y^b, \varepsilon_Z^b]^T$ 为 t 系下的等效陀螺漂移。

将各变量代入式(5-32)可得

$$
\begin{cases}
\dot{\Phi}_{tE}^{t} = -\dfrac{\delta V_{tN}^{t}}{R} - \omega_{ie}\cos\lambda^{t}\delta\lambda^{t} + \left(\omega_{ie}\cos\varphi^{t}\cos\lambda^{t} + \dfrac{V_{tE}^{t}}{R}\tan\varphi^{t}\right)\Phi_{tN}^{t} - \left(-\omega_{ie}\sin\varphi^{t}\cos\lambda^{t} + \dfrac{V_{tE}^{t}}{R}\right)\Phi_{tU}^{t} - \varepsilon_{tE}^{t} \\[2mm]
\dot{\Phi}_{tN}^{t} = \dfrac{\delta V_{tE}^{t}}{R} + \omega_{ie}\sin\varphi^{t}\sin\lambda^{t}\delta\lambda^{t} - \omega_{ie}\cos\varphi^{t}\cos\lambda^{t}\delta\varphi^{t} - \left(\omega_{ie}\cos\varphi^{t}\cos\lambda^{t} + \dfrac{V_{tE}^{t}}{R}\tan\varphi^{t}\right)\Phi_{tE}^{t} \\[2mm]
\qquad - \left(\omega_{ie}\sin\lambda^{t} + \dfrac{V_{tN}^{t}}{R}\right)\Phi_{tU}^{t} - \varepsilon_{tN}^{t} \\[2mm]
\dot{\Phi}_{tU}^{t} = \dfrac{\delta V_{tE}^{t}}{R}\tan\varphi^{t} - \omega_{ie}\cos\varphi^{t}\sin\lambda^{t}\delta\lambda^{t} + \left(\dfrac{V_{tE}^{t}}{R}\sec^{2}\varphi^{t} - \omega_{ie}\sin\varphi^{t}\cos\lambda^{t}\right)\delta\varphi^{t} \\[2mm]
\qquad + \left(-\omega_{ie}\sin\varphi^{t}\cos\lambda^{t} + \dfrac{V_{tE}^{t}}{R}\right)\Phi_{tE}^{t} + \left(\omega_{ie}\sin\lambda^{t} + \dfrac{V_{tN}^{t}}{R}\right)\Phi_{tN}^{t} - \varepsilon_{tU}^{t}
\end{cases}
$$

$$(5\text{-}33)$$

(三) 横向位置误差方程

由式(5-25)，用计算值 $\dot{\varphi}_{c}^{t}$ 和 $\dot{\lambda}_{c}^{t}$ 减去真实值 $\dot{\varphi}^{t}$ 和 $\dot{\lambda}^{t}$，可得横向经度和纬度误差分别为

$$
\begin{cases}
\delta\dot{\varphi}^{t} = \dot{\varphi}_{c}^{t} - \dot{\varphi}^{t} = \dfrac{\delta V_{tN}^{t}}{R} \\[3mm]
\delta\dot{\lambda}^{t} = \dot{\lambda}_{c}^{t} - \dot{\lambda}^{t} = \dfrac{\delta V_{tE}^{t}}{R}\sec\varphi^{t} + \dfrac{V_{tE}^{t}}{R}\sec\varphi^{t}\tan\varphi^{t}\delta\varphi^{t}
\end{cases}
$$

$$(5\text{-}34)$$

二、系统误差分析

在推导出捷联式惯性导航横向坐标导航方法导航参数误差方程的基础上，将静基座下的参数条件 $V_{tE}^{t} = V_{tN}^{t} = 0$，$f_{tE}^{t} = f_{tN}^{t} = 0$，$f_{tU}^{t} = g$ 代入式(5-32)~(5-34)，可得静基座下的系统误差方程为

$$
\begin{cases}
\delta\dot{V}_{tE}^{t} = (2\omega_{ie}\cos\varphi^{t}\cos\lambda^{t})\delta V_{tN}^{t} - g\Phi_{tN}^{t} + \nabla_{tE}^{t} \\[2mm]
\delta\dot{V}_{tN}^{t} = -2\omega_{ie}\cos\varphi^{t}\cos\lambda^{t}\delta V_{tE}^{t} + g\Phi_{tE}^{t} + \nabla_{tN}^{t} \\[2mm]
\dot{\Phi}_{tE}^{t} = -\dfrac{\delta V_{tN}^{t}}{R} - \omega_{ie}\cos\lambda^{t}\delta\lambda^{t} + \omega_{ie}\cos\varphi^{t}\cos\lambda^{t}\Phi_{tN}^{t} + \omega_{ie}\sin\varphi^{t}\cos\lambda^{t}\Phi_{tU}^{t} - \varepsilon_{tE}^{t} \\[2mm]
\dot{\Phi}_{tN}^{t} = \dfrac{\delta V_{tE}^{t}}{R} + \omega_{ie}\sin\varphi^{t}\sin\lambda^{t}\delta\lambda^{t} - \omega_{ie}\cos\varphi^{t}\cos\lambda^{t}\delta\varphi^{t} - \omega_{ie}\cos\varphi^{t}\cos\lambda^{t}\Phi_{tE}^{t} - \omega_{ie}\sin\lambda^{t}\Phi_{tU}^{t} - \varepsilon_{tN}^{t} \\[2mm]
\dot{\Phi}_{tU}^{t} = \dfrac{\delta V_{tE}^{t}}{R}\tan\varphi^{t} - \omega_{ie}\cos\varphi^{t}\sin\lambda^{t}\delta\lambda^{t} - \omega_{ie}\sin\varphi^{t}\cos\lambda^{t}\delta\varphi^{t} - \omega_{ie}\sin\varphi^{t}\cos\lambda^{t}\Phi_{tE}^{t} + \omega_{ie}\sin\lambda^{t}\Phi_{tN}^{t} - \varepsilon_{tU}^{t} \\[2mm]
\delta\dot{\varphi}^{t} = \dfrac{\delta V_{tN}^{t}}{R} \\[3mm]
\delta\dot{\lambda}^{t} = \dfrac{\delta V_{tE}^{t}}{R}\sec\varphi^{t}
\end{cases}
$$

$$(5\text{-}35)$$

下面进一步根据式(5-35)对惯性导航横向坐标导航方法系统误差进行分析。

(一) 误差状态方程特征根

为分析导航参数误差随时间的振荡特性及各惯性元器件误差对横向导航参数的影响，把式(5-35)写成状态方程的形式如下：

$$\dot{\boldsymbol{X}}(t) = \boldsymbol{F}\boldsymbol{X}(t) + \boldsymbol{W}(t) \tag{5-36}$$

应用拉普拉斯变换可得

$$\boldsymbol{X}(s) = (s\boldsymbol{I} - \boldsymbol{F})^{-1}[\boldsymbol{X}(0) + \boldsymbol{W}(s)] \tag{5-37}$$

推导可得系统的特征值由如下方程确定：

$$\Delta(s) = s(s^2 + \omega_{ie}^2)\left[(s^2 + \omega_S^2)^2 + 4s^2\omega_{ie}^2 \cos^2\varphi^t \cos^2\lambda^t\right] = 0 \tag{5-38}$$

其中 $\omega_S = \sqrt{\dfrac{g}{R}}$ 为舒勒角频率。

对式(5-38)求解，同时考虑到 $\omega_S^2 \gg \omega_{ie}^2$，求得系统特征值为

$$s_1 = 0, \quad s_{2,3} = \pm j\omega_{ie}, \quad s_{4,5,6,7} = \pm j(\omega_S \pm \omega_{ie}\cos\varphi^t\cos\lambda^t) \tag{5-39}$$

其中 $\omega_{ie}\cos\varphi^t\cos\lambda^t = \omega_{ie}\sin\varphi$ 为傅科频率。

由式(5-39)可知，系统特征方程包含六个虚数解和一个零解。因此，系统处于临界稳定状态。横向导航参数系统误差存在三种频率的振荡，即地球振荡、舒勒振荡和傅科振荡。

(二) 系统误差传播特性分析

为简化计算，忽略傅科周期振荡成分，即 $\boldsymbol{F}(1,2) = \boldsymbol{F}(2,1) = 0$。分析惯性元件对各导航参数系统误差特性的影响，仅考虑加速度计误差和陀螺的常值误差，可推导出各惯性测量元件误差对横向坐标系下的系统误差影响的完整解析表达式为

$$
\begin{aligned}
\delta V_{tE}^t = {} & \frac{\sin\omega_S t}{\omega_S}V_{tE}^t + \left[R\sin\varphi^t\sin\lambda^t\cos\lambda^t + \frac{R\sin\varphi^t\sin\lambda^t\cos\lambda^t}{\omega_S^2 - \omega_{ie}^2}(\omega_{ie}^2\cos\omega_S t - \omega_S^2\cos\omega_{ie}t) \right. \\
& \left. + \frac{R\cos\varphi^t\cos\lambda^t}{\omega_S^2 - \omega_{ie}^2}(\omega_{ie}\omega_S\sin\omega_S t - \omega_S^2\sin\omega_{ie}t) \right]\varepsilon_{tE}^t \\
& + \left[R\sin^2\varphi^t\cos^2\lambda^t + \frac{R\omega_S^2(1-\sin^2\varphi^t\cos^2\lambda^t)}{\omega_S^2 - \omega_{ie}^2}\cos\omega_{ie}t + \frac{R(\omega_{ie}^2\sin^2\varphi^t\cos^2\lambda^t - \omega_S^2)}{\omega_S^2 - \omega_{ie}^2}\cos\omega_S t \right]\varepsilon_{tN}^t \\
& + \left[-R\sin\varphi^t\cos\varphi^t\cos^2\lambda^t + \frac{R\sin\varphi^t\cos\varphi^t\cos^2\lambda^t}{\omega_S^2 - \omega_{ie}^2}(\omega_S^2\cos\omega_{ie}t - \omega_{ie}^2\cos\omega_S t) \right. \\
& \left. + \frac{R\sin\lambda^t}{\omega_S^2 - \omega_{ie}^2}(\omega_{ie}\omega_S\sin\omega_S t - \omega_S^2\sin\omega_{ie}t) \right]\varepsilon_{tU}^t
\end{aligned}
$$

$$\tag{5-40}$$

$$
\delta V_{tN}^t = \frac{\sin\omega_S t}{\omega_S}V_{tN}^t + \left[-R\sin^2\lambda^t + \frac{R(\omega_S^2 - \omega_{ie}^2\sin^2\lambda^t)}{\omega_S^2 - \omega_{ie}^2}\cos\omega_S t - \frac{R\omega_S^2\cos^2\lambda^t}{\omega_S^2 - \omega_{ie}^2}\cos\omega_{ie}t \right]\varepsilon_{tE}^t
$$

$$+\left[-R\sin\varphi^{t}\sin\lambda^{t}\cos\lambda^{t}+\frac{R\sin\varphi^{t}\sin\lambda^{t}\cos\lambda^{t}}{\omega_{S}^{2}-\omega_{ie}^{2}}(\omega_{S}^{2}\cos\omega_{ie}t-\omega_{ie}^{2}\cos\omega_{S}t)\right.$$

$$\left.+\frac{R\cos\varphi^{t}\cos\lambda^{t}}{\omega_{S}^{2}-\omega_{ie}^{2}}(\omega_{ie}\omega_{S}\sin\omega_{S}t-\omega_{S}^{2}\sin\omega_{ie}t)\right]\varepsilon_{tN}^{t}$$

$$+\left[R\cos\varphi^{t}\sin\lambda^{t}\cos\lambda^{t}+\frac{R\cos\varphi^{t}\sin\lambda^{t}\cos\lambda^{t}}{\omega_{S}^{2}-\omega_{ie}^{2}}(\omega_{S}^{2}\cos\omega_{ie}t-\omega_{ie}^{2}\cos\omega_{S}t)\right.$$

$$\left.+\frac{R\sin\varphi^{t}\cos\lambda^{t}}{\omega_{S}^{2}-\omega_{ie}^{2}}(\omega_{ie}\omega_{S}\sin\omega_{S}t-\omega_{S}^{2}\sin\omega_{ie}t)\right]\varepsilon_{tU}^{t} \tag{5-41}$$

$$\delta\varphi^{t}=(1-\cos\omega_{S}t)\frac{\nabla_{tN}^{t}}{g}+\left[-t\sin^{2}\lambda^{t}+\frac{(\omega_{S}^{2}-\omega_{ie}^{2}\sin^{2}\lambda^{t})}{\omega_{S}(\omega_{S}^{2}-\omega_{ie}^{2})}\sin\omega_{S}t-\frac{\omega_{S}^{2}\cos^{2}\lambda^{t}}{\omega_{S}\omega_{ie}-\omega_{ie}^{2}}\sin\omega_{ie}t\right]\varepsilon_{tE}^{t}$$

$$+\left[-\frac{\cos\varphi^{t}\cos\lambda^{t}}{\omega_{ie}}-t\sin\varphi^{t}\sin\lambda^{t}\cos\lambda^{t}+\frac{\cos\varphi^{t}\cos\lambda^{t}}{\omega_{S}^{2}-\omega_{ie}^{2}}\left(\frac{\omega_{S}^{2}}{\omega_{ie}}\cos\omega_{ie}t-\omega_{ie}\cos\omega_{S}t\right)\right.$$

$$\left.+\frac{\sin\varphi^{t}\sin\lambda^{t}\cos\lambda^{t}}{\omega_{S}^{2}-\omega_{ie}^{2}}\left(\frac{\omega_{S}^{2}}{\omega_{ie}}\sin\omega_{ie}t-\frac{\omega_{ie}^{2}}{\omega_{S}}\sin\omega_{S}t\right)\right]\varepsilon_{tN}^{t} \tag{5-42}$$

$$+\left[-\frac{\sin\varphi^{t}\cos\lambda^{t}}{\omega_{ie}}+t\cos\varphi^{t}\sin\lambda^{t}\cos\lambda^{t}+\frac{\cos\varphi^{t}\sin\lambda^{t}\cos\lambda^{t}}{\omega_{S}^{2}-\omega_{ie}^{2}}\left(\frac{\omega_{ie}^{2}}{\omega_{S}}\sin\omega_{S}t-\frac{\omega_{S}^{2}}{\omega_{ie}}\sin\omega_{ie}t\right)\right.$$

$$\left.+\frac{\sin\varphi^{t}\cos\lambda^{t}}{\omega_{S}^{2}-\omega_{ie}^{2}}\left(\frac{\omega_{S}^{2}}{\omega_{ie}}\cos\omega_{ie}t-\omega_{ie}\cos\omega_{S}t\right)\right]\varepsilon_{tU}^{t}$$

$$\delta\lambda^{t}=(1-\cos\omega_{S}t)\frac{\nabla_{tE}^{t}}{g}\sec\varphi^{t}$$

$$+\left[-\frac{\cos\lambda^{t}}{\omega_{ie}}+t\tan\varphi^{t}\sin\lambda^{t}\cos\lambda^{t}+\frac{\tan\varphi^{t}\sin\lambda^{t}\cos\lambda^{t}}{\omega_{S}^{2}-\omega_{ie}^{2}}\left(\frac{\omega_{ie}^{2}}{\omega_{S}}\sin\omega_{S}t-\frac{\omega_{S}^{2}}{\omega_{ie}}\sin\omega_{ie}t\right)\right]\varepsilon_{tE}^{t}$$

$$+\left[\frac{\sec\varphi^{t}}{\omega_{S}^{2}-\omega_{ie}^{2}}\left(\frac{\omega_{S}^{2}}{\omega_{ie}}\sin\omega_{ie}t-\omega_{S}\sin\omega_{S}t\right)+t\sin\varphi^{t}\tan\varphi^{t}\cos^{2}\lambda^{t}\right.$$

$$\left.+\frac{\sin\varphi^{t}\tan\varphi^{t}\cos^{2}\lambda^{t}}{\omega_{S}^{2}-\omega_{ie}^{2}}\left(\frac{\omega_{ie}^{2}}{\omega_{S}}\sin\omega_{S}t-\frac{\omega_{S}^{2}}{\omega_{ie}}\sin\omega_{ie}t\right)\right]\varepsilon_{tN}^{t} \tag{5-43}$$

$$+\left[-\frac{\sec\varphi^{t}\sin\lambda^{t}}{\omega_{ie}}+\frac{\sec\varphi^{t}\sin\lambda^{t}}{\omega_{S}^{2}-\omega_{ie}^{2}}\left(\frac{\omega_{S}^{2}}{\omega_{ie}}\cos\omega_{ie}t-\omega_{S}\cos\omega_{S}t\right)-t\sin\varphi^{t}\cos^{2}\lambda^{t}\right.$$

$$\left.+\frac{\sin\varphi^{t}\cos^{2}\lambda^{t}}{\omega_{S}^{2}-\omega_{ie}^{2}}\left(\frac{\omega_{S}^{2}}{\omega_{ie}}\sin\omega_{ie}t-\frac{\omega_{ie}^{2}}{\omega_{S}}\sin\omega_{S}t\right)\right]\varepsilon_{tU}^{t}$$

$$\Phi_{tE}^{t}=-(1-\cos\omega_{S}t)\frac{\nabla_{tN}^{t}}{g}+\left[\frac{\omega_{ie}\cos^{2}\lambda^{t}}{\omega_{S}^{2}-\omega_{ie}^{2}}\sin\omega_{ie}t+\frac{\omega_{ie}\sin^{2}\lambda^{t}-\omega_{S}^{2}}{\omega_{S}(\omega_{S}^{2}-\omega_{ie}^{2})}\sin\omega_{S}t\right]\varepsilon_{tE}^{t}$$

$$+\left[\frac{\omega_{ie}\cos\varphi^t\cos\lambda^t}{\omega_S^2-\omega_{ie}^2}(\cos\omega_St-\cos\omega_{ie}t)+\frac{\sin\varphi^t\sin\lambda^t\cos\lambda^t}{\omega_S^2-\omega_{ie}^2}\left(\frac{\omega_{ie}^2}{\omega_S}\sin\omega_St-\omega_{ie}\sin\omega_{ie}t\right)\right]\varepsilon_{tN}^t$$

$$+\left[\frac{\omega_{ie}\sin\varphi^t\cos\lambda^t}{\omega_S^2-\omega_{ie}^2}(\cos\omega_St-\cos\omega_{ie}t)+\frac{\cos\varphi^t\sin\lambda^t}{\omega_S^2-\omega_{ie}^2}\left(\sin\omega_{ie}t-\frac{\omega_{ie}}{\omega_S}\sin\omega_St\right)\right]\varepsilon_{tU}^t$$

(5-44)

$$\Phi_{tN}^t=(1-\cos\omega_St)\frac{\nabla_{tE}^t}{g}$$

$$+\left[\frac{\omega_{ie}\cos\varphi^t\cos\lambda^t}{\omega_S^2-\omega_{ie}^2}(\cos\omega_{ie}t-\cos\omega_St)\right.$$

$$+\frac{\sin\varphi^t\sin\lambda^t\cos\lambda^t}{\omega_S^2-\omega_{ie}^2}\left.\left(\frac{\omega_{ie}^2}{\omega_S}\sin\omega_St-\omega_{ie}\sin\omega_{ie}t\right)\right]\varepsilon_{tE}^t$$

(5-45)

$$+\left[\frac{\omega_{ie}\sin^2\lambda^t}{\omega_S^2-\omega_{ie}^2}\sin\omega_{ie}t+\frac{\omega_{ie}\sin^2\varphi^t-\omega_S^2}{\omega_S(\omega_S^2-\omega_{ie}^2)}\sin\omega_St\right]\varepsilon_{tN}^t$$

$$+\left[\frac{\omega_{ie}\sin\lambda^t}{\omega_S^2-\omega_{ie}^2}(\cos\omega_{ie}t-\cos\omega_St)+\frac{\sin\varphi^t\cos\varphi^t\cos^2\lambda^t}{\omega_S^2-\omega_{ie}^2}\left(\omega_{ie}\sin\omega_{ie}t-\frac{\omega_{ie}^2}{\omega_S}\sin\omega_St\right)\right]\varepsilon_{tU}^t$$

$$\Phi_{tU}^t=(1-\cos\omega_St)\frac{\tan\varphi^t}{g}\nabla_{tE}^t$$

$$+\left[\frac{\omega_{ie}\sin\varphi^t\cos\lambda^t}{\omega_S^2-\omega_{ie}^2}(\cos\omega_{ie}t-\cos\omega_St)-\frac{\cos\varphi^t\sin\lambda^t\cos\lambda^t}{\omega_{ie}}\sin\omega_{ie}t\right.$$

$$\left.+t\sec\varphi^t\sin\lambda^t\cos\lambda^t+\frac{\sin\varphi^t\sin\lambda^t\cos\lambda^t}{\omega_S^2-\omega_{ie}^2}\left(\frac{\omega_{ie}^2}{\omega_S}\sin\omega_St-\frac{\omega_S^2}{\omega_{ie}}\sin\omega_{ie}t\right)\right]\varepsilon_{tE}^t$$

$$+\left[t\tan\varphi^t\cos^2\lambda^t-\frac{\sin\lambda^t(1-\cos\omega_St)}{\omega_{ie}}\sin\omega_{ie}t+\frac{\omega_{ie}\sin\lambda^t\cos\varphi^t\cos^2\lambda^t}{\omega_S^2-\omega_{ie}^2}\sin\omega_{ie}t\right.$$

(5-46)

$$\left.+\frac{\omega_S^2\tan\varphi^t\sin^2\lambda^t}{\omega_{ie}(\omega_S^2-\omega_{ie}^2)}\sin\omega_{ie}t-\frac{\tan\varphi^t(\omega_{ie}\cos^2\lambda^t+\omega_S^2)}{\omega_S(\omega_S^2-\omega_{ie}^2)}\sin\omega_St\right]\varepsilon_{tN}^t$$

$$-\left[\frac{\omega_{ie}^2\sin^2\varphi^t\cos^2\lambda^t}{\omega_S(\omega_S^2-\omega_{ie}^2)}\sin\omega_St+t\cos^2\lambda^t+\frac{\tan\varphi^t\sin\lambda^t}{\omega_{ie}}+\frac{\omega_{ie}\cos^2\varphi^t-\omega_S^2}{\omega_{ie}(\omega_S^2-\omega_{ie}^2)}\sin\omega_{ie}t\right.$$

$$\left.+\frac{\tan\varphi^t\sin\lambda^t}{\omega_S^2-\omega_{ie}^2}\left(\frac{\sin\omega_{ie}t}{\omega_{ie}}\omega_{ie}\cos\omega_St-\frac{\omega_S^2}{\omega_{ie}}\cos\omega_{ie}t\right)\right]\varepsilon_{tU}^t$$

由式(5-40)～(5-46)可见，ε_{tE}^t 会导致 δV_{tE}^t、δV_{tN}^t 和 $\delta\lambda^t$ 的常值误差，导致 $\delta\varphi^t$、$\delta\lambda^t$ 和 Φ_{tU}^t 随时间发散的误差；ε_{tN}^t 会导致 δV_{tE}^t、δV_{tN}^t、$\delta\varphi^t$ 和 Φ_{tU}^t 的常值误差，导致 $\delta\varphi^t$、$\delta\lambda^t$ 和 Φ_{tU}^t 随时间发散的误差；ε_{tU}^t 会导致 δV_{tE}^t、δV_{tN}^t、$\delta\varphi^t$、$\delta\lambda^t$ 和 Φ_{tU}^t 的常值误差，导致 $\delta\varphi^t$、$\delta\lambda^t$ 和 Φ_{tU}^t

随时间发散的误差；∇_{tE}^{t} 会导致 $\delta\lambda^{t}$、Φ_{tN}^{t} 和 Φ_{tU}^{t} 的常值误差；∇_{tN}^{t} 会导致 $\delta\varphi^{t}$ 和 Φ_{tE}^{t} 的常值误差。其余误差均为振荡性误差。

与采用地理经纬坐标解算方法的系统误差分析结果相比，存在两点明显的不同：$\delta\varphi^{t}$ 中包含随时间增长的误差，而地理纬度误差 $\delta\varphi$ 则不包含；地理经纬坐标解算方法的方位误差角 Φ_{U}^{g} (游移方位捷联式惯性导航为 $\delta\psi$)与 $\sec\varphi$ 和 $\tan\varphi$ 相关，在极区该误差会明显增大，而 Φ_{tU}^{t} 与 $\sec\varphi^{t}$ 和 $\tan\varphi^{t}$ 相关，而 $\sec\varphi^{t}$ 和 $\tan\varphi^{t}$ 在极区较小，不会引起 Φ_{tU}^{t} 随着纬度的升高而增大，因此采用横向坐标法可以解决系统误差过大的问题，但 Φ_{tU}^{t} 包含随时间增长的误差，需要定时校正。

下面讨论初始参数误差引起的导航参数系统误差。考虑整个系统的输入输出关系，输入值初始姿态误差 Φ_{tE0}^{t}、Φ_{tN0}^{t} 和 Φ_{tU0}^{t} 与输入值 ε_{tE}、ε_{tN} 和 ε_{tU} 对系统的影响的区别是前者少一个积分器；同理，输入值初始速度误差 δV_{tE0}^{t} 和 δV_{tN0}^{t} 与输入值 ∇_{tE}^{t} 和 ∇_{tN}^{t} 的区别也是前者少一个积分器。由此可以判断，初始参数误差对于系统误差的影响要比惯性器件对系统误差的影响少一个积分器。因此，Φ_{tE0}^{t}、Φ_{tN0}^{t} 和 Φ_{tU0}^{t} 对 $\delta\varphi^{t}$、$\delta\lambda^{t}$ 和 Φ_{tU}^{t} 的影响为常值误差，利用惯性器件对系统误差影响的分析方法可以推导出初始横向位置误差对导航参数系统误差的影响，即 $\delta\varphi_{0}^{t}$ 对 $\delta\varphi^{t}$、$\delta\lambda^{t}$ 和 Φ_{tU}^{t} 的影响为常值误差。其余初始参数误差对系统误差的影响为周期振荡性误差。

三、仿真实验及其结果分析

(一) 捷联式惯性导航横向坐标导航方法正确性验证

为验证基于椭球横向坐标系的捷联式惯性导航编排方案的正确性，根据惯性导航地理坐标导航算法设计轨迹发生器(非过极点情形)。轨迹发生器设置如下：初始地理位置为(80°N,0°)，地理速度为 $10\sqrt{2}$ m/s；地理航向角为 45°，横摇角设置为 $8°\sin\dfrac{\pi t}{4}$ rad，纵摇角设置为 $2°\cos\dfrac{\pi t}{5}$ rad，仿真周期为 24 h。借助理想的位置、速度和姿态数据，生成理想的比力和角速度数据，在不考虑各类误差的条件下直接作为加速度计和陀螺的采样值提供给捷联式惯性导航进行解算。分别采用惯性导航球体横向坐标导航方法和惯性导航椭球体横向坐标导航方法，两种情形下导航参数误差如图 5-3 和图 5-4 所示。

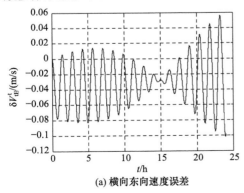

(a) 横向东向速度误差

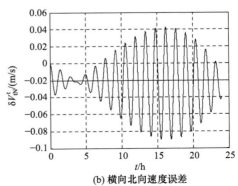

(b) 横向北向速度误差

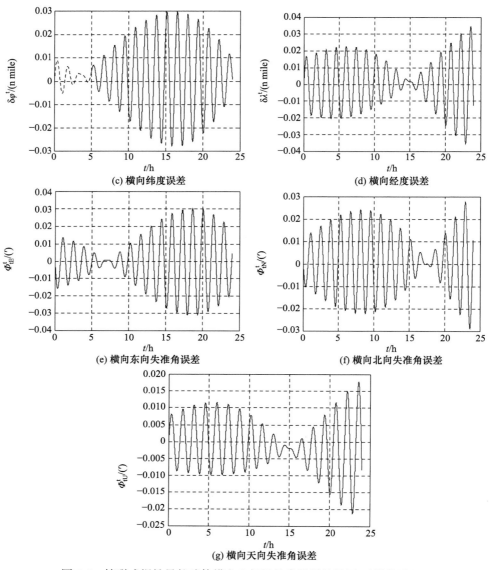

(c) 横向纬度误差　　　　(d) 横向经度误差

(e) 横向东向失准角误差　　　　(f) 横向北向失准角误差

(g) 横向天向失准角误差

图 5-3　捷联式惯性导航球体横向坐标导航参数误差结果(无器件误差)

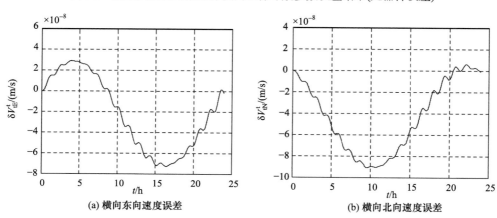

(a) 横向东向速度误差　　　　(b) 横向北向速度误差

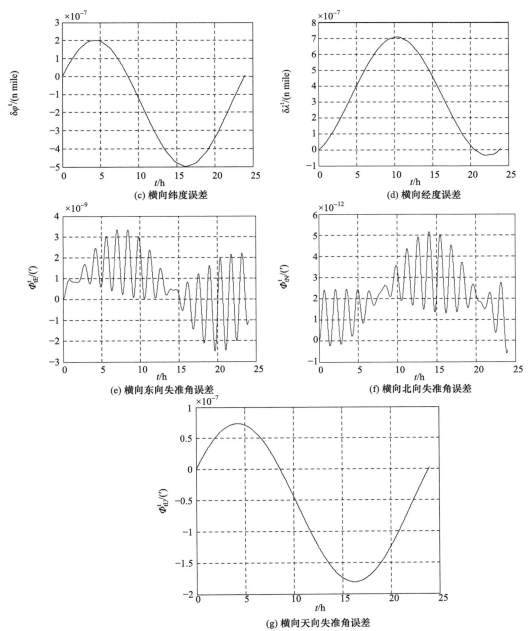

图 5-4 捷联式惯性导航椭球体横向坐标导航参数误差结果(无器件误差)

由图 5-3 和图 5-4 对比可以看出，在无器件误差条件下，基于球体模型的惯性导航横向坐标导航方法导航参数误差较大，而基于椭球模型的惯性导航横向坐标导航方法导航参数误差非常小。这验证了基于椭球模型的惯性导航横向坐标导航方法的正确性，同时也验证了该方法可以有效消除采用球体模型的惯性导航横向坐标导航方法引起的误差，为极区捷联式惯性导航设计提供理论指导作用。

(二) 捷联式惯性导航横向坐标导航方法导航参数误差仿真

为了验证误差分析结果推导的正确性，假设惯性导航工作在静基座条件，以隔离载体运动影响对捷联式惯性导航误差特性的分析。设载体初始位置为(89.9N,45°E);捷联惯性导航已经完成初始对准;三个陀螺常值漂移为 0.01°/h,随机漂移强度为 0.01°/h;三个加速度计零偏为 10^{-5} g,随机误差强度为 10^{-5} g。仿真结果如图 5-5 所示。

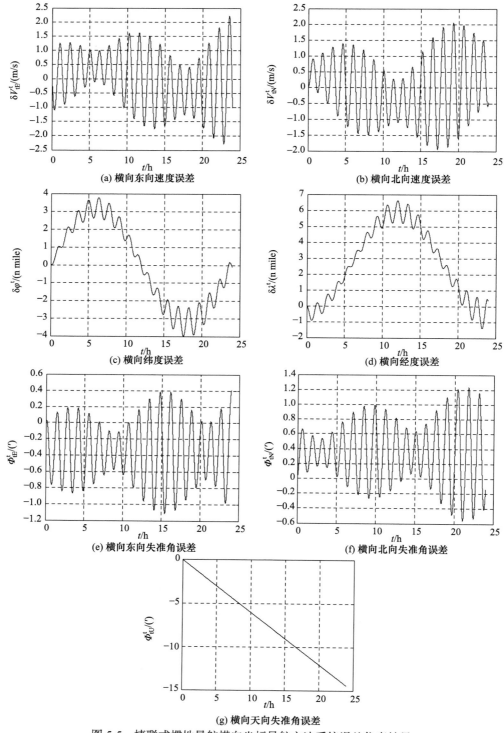

图 5-5　捷联式惯性导航横向坐标导航方法系统误差仿真结果

由图 5-5 可见，各个导航参数误差的特性，即 δV_{tE}^{t} 和 δV_{tN}^{t} 受周期振荡性误差的影响，Φ_{tE}^{t} 和 Φ_{tN}^{t} 受常值误差和周期振荡性误差的影响，Φ_{tN}^{t} 主要受随时间发散误差的影响，但是 δV_{tE}^{t} 和 δV_{tN}^{t} 的常值误差及 $\delta \varphi^{t}$ 和 $\delta \lambda^{t}$ 随时间增长的误差在上述仿真条件下表现不明显，这是因为在极区 φ^{t} 和 λ^{t} 较小。由式(5.40)～(5.46)可知，这些误差也较小，为验证这些误差推导的正确性，改变仿真位置为(30°N,45°E)，其他仿真条件不变，仿真结果如图 5-6 所示。

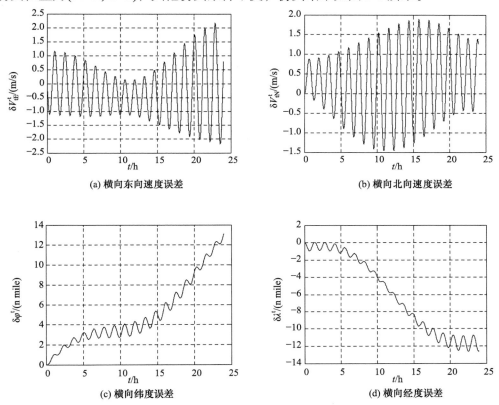

(a) 横向东向速度误差　　　　　　(b) 横向北向速度误差

(c) 横向纬度误差　　　　　　(d) 横向经度误差

图 5-6　捷联式惯性导航横向坐标导航方法速度与位置误差

由图 5-6 可知，δV_{tE}^{t} 和 δV_{tN}^{t} 受常值误差的影响，$\delta \varphi^{t}$ 和 $\delta \lambda^{t}$ 受随时间发散误差的影响。因此，由图 5-5 和图 5-6 共同验证了捷联式惯性导航横向坐标导航方法误差分析结果的正确性。

(三) 捷联式惯性导航横向坐标导航方法过极点性能仿真

比较捷联式惯性导航横向坐标导航方法与采用地理经纬坐标解算方法过极点的导航性能，设置以下仿真条件：载体沿格林尼治子午线由位置(85°N,0°)以 10 m/s 的速度航行穿过北极点，其他条件与捷联式惯性导航横向坐标导航方法导航参数误差仿真条件相同。仿真结果如图 5-7 所示。

由图 5-7 可见，采用地理经纬坐标解算方法系统误差在穿越极点前后会迅速增大，而横向坐标系法的系统误差在穿越极点前后较小。因此，横向坐标系法可以有效解决惯性导航地理经纬坐标解算方法极区导航系统误差过大的问题。

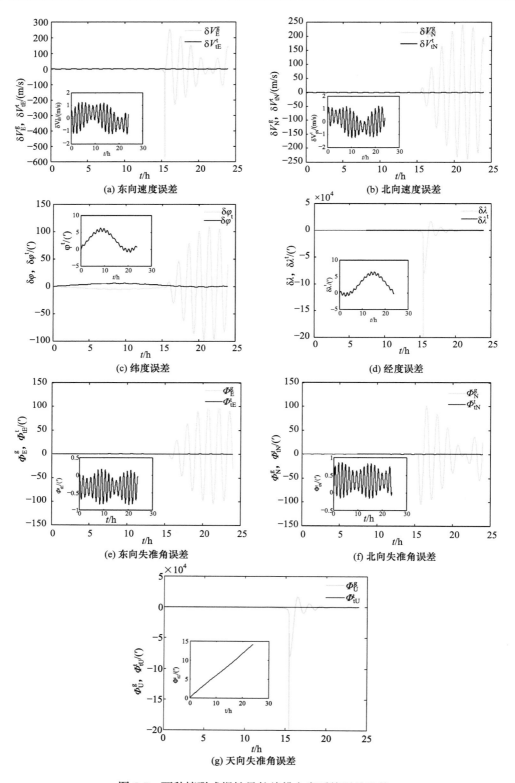

图 5-7　两种捷联式惯性导航编排方案系统误差比较

第三节　基于地球坐标系惯性导航编排的极区横向导航方法

前两节主要介绍和分析了基于横向地理坐标系的惯性导航极区编排方案及其误差特性，文献(Ruonan et al., 2018)也提出了基于地球坐标系惯性导航编排的极区横向导航方法，其机械编排主要分为导航解算和导航输出两个部分。导航解算采用地球坐标系下的惯性导航解算；导航信息输出时，将地球坐标系下的导航信息转换到极区横向坐标系下，输出横向的经纬度和高度以及横向地理坐标系下的地速和姿态角。本节对此进行简要介绍。

一、地球坐标系惯性导航解算

根据第三章地球坐标系的定义，在极区和中低纬度可采用相同的地球坐标系惯性导航解算方程，即

$$\begin{cases} \dot{\boldsymbol{r}}^{\mathrm{e}} = \boldsymbol{v}^{\mathrm{e}} \\ \dot{\boldsymbol{v}}^{\mathrm{e}} = \boldsymbol{f}^{\mathrm{e}} - 2\left[\boldsymbol{\omega}_{\mathrm{ie}}^{\mathrm{e}} \times\right]\boldsymbol{v}^{\mathrm{e}} + \boldsymbol{g}^{\mathrm{e}} \\ \dot{\boldsymbol{C}}_{\mathrm{b}}^{\mathrm{e}} = -\left[\boldsymbol{\omega}_{\mathrm{ie}}^{\mathrm{e}} \times\right]\boldsymbol{C}_{\mathrm{b}}^{\mathrm{e}} + \boldsymbol{C}_{\mathrm{b}}^{\mathrm{e}}\left[\boldsymbol{\omega}_{\mathrm{ib}}^{\mathrm{b}} \times\right] \end{cases} \tag{5-47}$$

其中 $\boldsymbol{r}^{\mathrm{e}}$ 为地球坐标系下的位置矢量；$\boldsymbol{v}^{\mathrm{e}}$ 为地球坐标系下的速度矢量；$\boldsymbol{C}_{\mathrm{b}}^{\mathrm{e}}$ 为 b 系向 e 系进行坐标变换的方向余弦矩阵。

二、横向导航信息输出

极区横向坐标系下的导航信息输出计算方法如下。

(一) 横向经纬度与横向高度

根据图 3-13 中横向经纬度和高度的定义，可得它们与传统地球坐标系中位置矢量的几何关系为

$$\begin{cases} r_X^{\mathrm{e}} = \left(R_N + h^{\mathrm{t}}\right)\cos\varphi^{\mathrm{t}}\sin\lambda^{\mathrm{t}} \\ r_Y^{\mathrm{e}} = \left(R_N + h^{\mathrm{t}}\right)\sin\varphi^{\mathrm{t}} \\ r_Z^{\mathrm{e}} = \left(R_N + h^{\mathrm{t}}\right)\cos\varphi^{\mathrm{t}}\cos\lambda^{\mathrm{t}} - e^2 R_N\sin\varphi \end{cases} \tag{5-48}$$

式(5-48)与传统经纬度和高度以及传统地球坐标系下位置的关系具有相似的形式。由式 (5-48)，横向经纬度和横向高度可通过下式进行迭代计算：

$$
\begin{cases}
\varphi^{t} = \arctan\left[\dfrac{r_Y^{e}}{\sqrt{\left(r_X^{e}\right)^2+\left(r_Z^{e}+e^2 R_N \sin\varphi\right)^2}}\right]=\arcsin\dfrac{r_Y^{e}}{R_N+h} \\[4ex]
\lambda^{t} = \arctan\dfrac{r_X^{e}}{r_Z^{e}+e^2 R_N \sin\varphi} \\[4ex]
h^{t} = \dfrac{\sqrt{\left(r_X^{e}\right)^2+\left(r_Y^{e}\right)^2}}{\cos\varphi}-R_N=\dfrac{r_Y^{e}}{\sin\varphi^{t}}-R_N
\end{cases}
\tag{5-49}
$$

其中根据定义横向高度与传统高度一致；卯酉圈曲率半径 R_N 由式(3-32)给出。横向经纬度与传统纬度之间的关系见式(3-10)。

(二) 传统地球坐标系与横向地理坐标系的坐标变换

根据横向地理坐标系的定义可得 t 系相对 e 系的方向余弦矩阵 $\boldsymbol{C}_e^{t}$ 为

$$
\boldsymbol{C}_e^{t}=\begin{bmatrix}
\cos\lambda^{t} & 0 & -\sin\lambda^{t} \\
-\sin\varphi^{t}\sin\lambda^{t} & \cos\varphi^{t} & -\sin\varphi^{t}\cos\lambda^{t} \\
\cos\varphi^{t}\sin\lambda^{t} & \sin\varphi^{t} & \cos\varphi^{t}\cos\lambda^{t}
\end{bmatrix}
\tag{5-50}
$$

利用该方向余弦矩阵可进行横向速度和横向姿态角的计算。

(三) 横向速度和横向姿态角

根据 $\boldsymbol{v}^{t}=\boldsymbol{C}_e^{t}\boldsymbol{v}^{e}$ 可得到横向坐标系下的地速。根据 $\boldsymbol{C}_b^{t}=\boldsymbol{C}_e^{t}\boldsymbol{C}_b^{e}$ 可得运载体坐标系与横向地理坐标系之间的方向余弦矩阵。横向姿态角为根据 $\boldsymbol{C}_b^{t}$ 计算的一组欧拉(Euler)角，表示为横航向角 ψ^{t}、横纵摇角 θ^{t} 和横横摇角 γ^{t}，其中横航向角就是载体纵轴与横向北向之间的夹角。

三、方案特点分析

(一) 全球适用性

基于地球坐标系惯性导航编排的极区横向导航方法将导航过程分为导航解算和导航输出两个部分。由于地球坐标系下的载体导航信息是在笛卡儿坐标系中相对于地心的，位置误差不会随着纬度的升高而增大，能够在全球范围内保证惯性导航解算过程的连续性和一致性。进一步分析可知，采用横向坐标系进行导航信息输出时，导航信息计算方法和误差模型与中低纬度传统导航解算形式几乎相同。传统惯性导航解算方法中的阻尼等相关技术通过简单坐标变换即可移植到横向惯性导航系统中。

(二) 可输出多种坐标系下的导航信息

该方案的导航输出部分可根据运载体所处位置选择适当的导航信息输出坐标系，当载体处于中低纬度时，输出传统地理坐标系下的导航信息；当载体处于极区范围时，可根据需要在横向坐标系、格网坐标系或其他合适的坐标系下输出导航信息。

(三) 误差特性一致

由于该方案的惯性导航解算部分是在地球坐标系下完成的，可以脱离地球模型的球体或椭球体假设，它不仅可以满足车辆、船舶等导航要求，还适用于飞机、水下航行器等导航任务需求。

尽管解算编排不同，但基于地球坐标系惯性导航编排的极区横向导航方法的误差传播规律与前两节给出的基于横向地理坐标系的极区横向导航方法一致(图 5-5)。其航向误差呈振荡性发散趋势。

第四节　极区天文导航方案

天文导航系统是极区常用的导航系统，可广泛应用于航空、航天和航海领域。美军潜艇早期穿越北极时，经常采用天文导航手段修正潜艇舰位。天文导航系统由于基于对自然星体的被动式观测，无须设立外部台站，无须对外发射信号，可以提供载体位置和高精度的航向信息。天文导航不会受到人为干扰影响，具有较好的抗干扰性能和较高的可靠性能(周琪 等，2013)。在极区，由于受到气象影响较小，天文导航系统在航空航天领域应用较广；在航海领域，传统的天文导航由于受极区特殊地理环境及气象因素的影响较大，其应用受到一定限制。目前，对极区天文导航研究的相关文献不多，本节将在对天文导航原理及误差分析的基础上，提出基于格网导航坐标系和横向坐标系的两种极区天文导航定位计算方法。通过分析比较可以认为，在极区，天文导航宜采用横向坐标系下的算法编排。

一、天文导航在极区的应用分析

(一) 传统天文导航的基本原理

高度差法是通过高度差和天体方位线确定位置圆的切线作为位置线，精度较高，是目前天文航海中常用的方法。传统的天文航海中根据高度差法画出天文舰位线来确定舰位，但手工绘算费时费力，且容易出错，随着计算机技术的发展，现采用解析高度差法来求解舰位。

如图 5-8 所示，以测者天顶 Z、天北极 P_N 和天体 B 为顶点，在天球面上构成的球面三角形 ZBP_N 为天文三角形或天文导航三角形(赵仁余，2009)。由球面三角形相关公式可得地球表面天文舰位圆方程为

$$\begin{cases} \sin h = \sin \delta \sin \varphi + \cos \delta \cos \varphi \cos t_L \\ \tan A = \dfrac{-\sin t_L \cos \delta}{\sin \delta \cos \varphi - \cos \delta \sin \varphi \cos t_L} \end{cases} \tag{5-51}$$

其中 h 为天体的计算高度角；A 为天体的计算方位角；天体地方时角 t_L 为天体格林时角 t_G 与船舶经度 λ 之和。

设观测两个天体，其计算方位和高度差分别为 A_{c1}、Δh_1 和 A_{c2}、Δh_2。由高度差法原理可得位置的修正量为

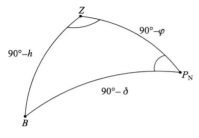

图 5-8　传统天文三角形

$$\begin{cases} \Delta\varphi = \dfrac{\Delta h_1 \sin A_{c2} - \Delta h_2 \sin A_{c1}}{\sin(A_{c2} - A_{c1})} \\[3mm] \mathrm{Dep} = \dfrac{\Delta h_2 \cos A_{c1} - \Delta h_1 \cos A_{c2}}{\sin(A_{c2} - A_{c1})} \end{cases} \tag{5-52}$$

其中 $\Delta\varphi$ 为北向位置的修正量；Dep 为东向位置的修正量。位置估计值为

$$\begin{cases} \varphi = \varphi_c + \Delta\varphi \\ \lambda = \lambda_c + \mathrm{Dep} \cdot \sec\varphi \end{cases} \tag{5-53}$$

(二) 极区环境对天文导航的影响

航海天文导航是通过获取天体高度进行船舶定位的，传统方法利用航海六分仪等观测仪器测量天体高度，即确定天体观测瞄准线与当地水平基准之间的夹角。在天体高度角观测过程中，会受到观测设备器件误差、水平基准角误差、大气折射误差等因素的影响。在极区，特殊的气象、天象、光照及航行环境等条件都会对天体高度角观测形成干扰；同时，经典的高度差绘算解算模型也将导致天文导航解算出现问题。下面对天文导航极区问题进行分析。

1. 极区观测条件影响

天文观测与气象、天象等条件密切相关。极区低温、暖流等因素常引发雾、低云、冻烟、雪等现象，导致能见度受限，在冰区边缘和季节交替时更为严重。极区天象环境与中低纬度不同。由于天体环绕天北极作近似水平的周日视运动，可供观测的恒星高度相对固定。天文定位常用的北极星位于天顶点附近，基本失去定位导航价值。极区海域的太阳出没大体以 1 年为周期，导致光照环境也以 1 年为周期变化。极夜期间，传统基于可见光和红外观测的天文导航系统的使用将受到限制。因此，极区天文观测需要选取新的导航星，并采取射频天文观测等新的观测手段。

2. 水平基准

在极区，由于日光在冰雪表面和云幕间多次反射扩散导致海天对比度消失，人工观测水天线困难，传统观测手段难以获得准确的当地水平基准，不易获取高精度的天体高度测量值，影响船舶的定位精度。传统的天文导航系统采取惯性稳定平台建立当地水平基准，在极区通过控制编排调整，即可确保惯性稳定平台维持水平，从而可基本保证天体高度角观测不受水平基准误差的影响。

3. 绘算解算

高度差法作图过程中天体方位线必须绘成大圆弧线，但传统航海图在极区范围内变形较大；采用其他非墨卡托投影海图将影响常规作图方法的有效性。由于极区海冰等特殊海洋环境的影响，传统移线定位法缺乏精度。

为避免作图法带来的影响，可采用解析法进行天文定位。在传统天文解算模型中，当测者处于极区时，测者天顶向天北极靠近，这导致天文三角形的两个端点靠近并在测者位于极点时重合，球面三角形解算出现奇异；并且，经典高度差解算模型中存在$\sec\varphi$项，天文定位原理误差增大。随着载体所在纬度继续升高，经线逐渐收敛于极点，使得建立相对于经线的航向越来越困难。在极点附近，相对地理经线的定位定向计算误差将被无限放大。

针对天文导航极区应用的问题，目前文献中的解决方案多为天文观测高度角修正、高度差法作图修正等，天文导航解算模型中在高纬度地区失效的问题尚未得到很好的解决。本节将针对这一问题，给出格网导航坐标系和横向导航坐标系下的两种不同的天文定位解算方法。

二、格网导航坐标系下的天文定位方法

针对天文三角形计算奇异的问题，在此在格网坐标系下构建新的天文三角形、重建天球坐标系，如图 5-9 所示，重推天文导航公式，以此建立基于高度差法的极区天文导航新算法(芮震峰 等，2014)。

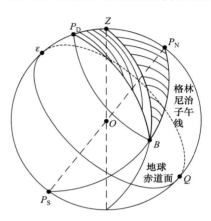

图 5-9　天球坐标系

(一) 极区天文导航模型

如图 5-10 所示，将 $P_N Z$ 沿经线延长至 P_D ，使 $P_D Z = \varphi - \delta$ ，其中 φ 为载体纬度，δ 为天体赤纬，则由测者天顶 Z 、P_D 和天体 B 为顶点，在天球面上构成的球面三角形 ZBP_D 为新天文三角形。

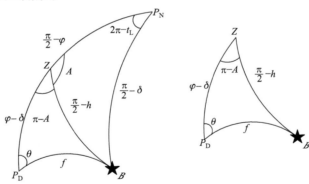

图 5-10　新天文三角形

在球面三角形 $P_D P_N B$ 中，利用球面三角形公式可得

$$\begin{cases} \cos f = \sin^2 \delta + \cos^2 \delta \cos t_L \\ \tan\theta = \dfrac{-\sin t_L}{\sin\delta - \cos t_L \sin\delta} \end{cases} \tag{5-54}$$

在新天文三角形 $P_D ZB$ 中，已知两边 $P_D Z$ 、$P_D B$ 和 $\angle ZP_D B$ ，则其余各要素皆可应用球面三角形有关公式进行求解。

舰船预测位置为(φ_c, λ_c)，天体的格林时角 t_G 和赤纬 δ 可通过航海天文历获得。球面三角形公式为

$$\begin{cases} \sin h_c = \cos(\varphi - \delta)\cos f + \sin(\varphi - \delta)\cos\theta \\ \tan(\pi - A_c) = \dfrac{\sin\theta\sin f}{\cos f\sin(\varphi - \delta) - \cos\theta\cos(\varphi - \delta)\sin f} \end{cases} \quad (5\text{-}55)$$

其中 h_c 为天体的计算高度角；A_c 为天体的计算方位角；天体地方时角 t_L 为格林时角 t_G 与船舶横向经度 λ 之和。

载体上通过天体测量设备可得测量高度角 h_m，则高度差为 $\Delta h = h_m - h_c$。设观测两个天体，其计算方位和高度差分别为 A_{c1}、Δh_1 和 A_{c2}、Δh_2。由高度差法原理可得位置的修正量为

$$\begin{cases} \Delta\varphi' = \dfrac{\Delta h_1 \sin A_{c2} - \Delta h_2 \sin A_{c1}}{\sin(A_{c2} - A_{c1})} \\ \mathrm{Dep} = \dfrac{\Delta h_2 \cos A_{c1} - \Delta h_1 \cos A_{c2}}{\sin(A_{c2} - A_{c1})} \end{cases} \quad (5\text{-}56)$$

位置估计值为

$$\begin{cases} \varphi = \varphi_c + \Delta\varphi \\ \lambda = \lambda_c + \mathrm{Dep}\cdot\sec\varphi \end{cases} \quad (5\text{-}57)$$

将位置估计值 (φ,λ) 替代预测值 (φ_c,λ_c)，重复前面的过程，可获得更高精度的定位解。如果连续两次迭代的定位解之差满足精度要求，那么迭代结束。图 5-11 给出了定位解迭代的求解过程。

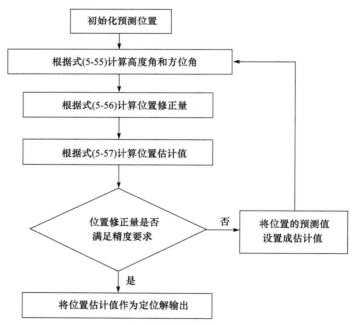

图 5-11　基于迭代高度差法的定位解算流程

(二) 算例分析

为了验证提出的极区天文导航算法，设置载体真实位置为(86ºN,90ºE)，推算位置为(85.9ºN,90.2ºE)，推算位置误差远大于惯性导航定位误差。设置观测到两颗导航星，高度角观

测误差为 10″，包括传感器和大气折射等误差。用给出的迭代高度差法进行天文定位，结果如下。

（1）经过 2 次迭代，连续两次推算位置之差达到 102.03 m，迭代停止，此时计算舰位为 (86.00ºN,90.02ºE)；

（2）最终定位误差为 423.47 m。

由仿真算例可知，该方法在高纬度地区依然能保持很高的定位精度，能够满足极区天文导航的应用要求。

三、横向导航坐标系下的天文定位方法

结合第三章给出的横向坐标系，在此提出一种极区横向天文导航方法。首先建立横向天球坐标系，给出天体信息在横向天球坐标系下的转换关系；然后在横向天球坐标系上构建横向天文三角形，推导横向天文导航的解算模型；最终给出基于高度差的天文导航定位解算方法。

（一）横向天球坐标系定义

天文定位所需的准确天体位置用天球坐标来表示。在天球球面上，可以选择不同的坐标轴和坐标原点得到不同的天球坐标系。横向天球上的基准点、线、圆根据横向地球坐标系上的基准点、线、圆建立。

根据横向地球坐标系定义横向天球坐标系。如图 5-12 所示，将横向地球坐标系的 Z^t 轴向两端无限延长，与天球球面相交所得的天球直径称为横向天轴。横向天轴的两端点称横向天极。将横向地球赤道平面无限向四周扩展与天球面相截所得的大圆，称为横向天赤道。横向天赤道与横向天轴互相垂直。将地球上的测者铅垂线向两端无限延长，与天球球面相交于两点，其中在测者头顶方向上的一点 Z 称为天顶点，在测者正下方的一点 n 称为天底点。将地球上的测者横向子午圈无限扩展，与天球球面相交得到一个通过横向天北极、横向天南极、天顶和天底的大圆（$P_{N'}ZP_{S'}n$），称之为测者横向天子午圈。0°横向经线在天球上的投影称为横向格林子午圈。通过天体和横向天北极、横向天南极的半个大圆（$P_{N'}BP_{S'}$）称为天体横向时圈。

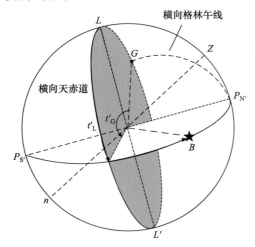

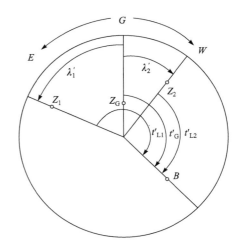

图 5-12　横向天球基准点、线、圆　　　　图 5-13　横向天赤道面投影图

横向天赤道与天体在天体横向时圈上所夹的弧长称为天体的横向赤纬 δ'。测者横向午圈(或横向格林午圈)与横向天体时圈在天赤道上所夹的弧长称为天体横向时角。其中从横向测者午圈($P_{N'}L$)起算，沿横向天赤道度量到横向天体时圈为横向地方时角 t'_L；从横向格林午圈($P_{N'}G$)起算，沿横向天赤道度量到横向天体时圈为横向格林时角 t'_G。

图 5-13 为横向天北极往横向天赤道面的投影图，图中心为横向天北极，圆周为横向天赤道，$P_{N'}Z_G G$ 为格林午圈，$P_{N'}B$ 为天体 B 的时圈。Z_1 为横向东经某测者的天顶，$P_{N'}Z_1$ 为其横向午圈，其横向经度为 λ_1；Z_2 为横向西经某测者的天顶，$P'_N Z_2$ 为其横向午圈，其经度为 λ_2。天体的地方时角与天体的格林时角的关系可表示为 $t_L = t_G + \lambda$。计算时规定横向东经为正，横向西经为负。

传统天体赤纬 δ 格林时角 t_G 可根据观测时间从航海天文历(自动星历表)中得到，天体横向赤纬 δ' 横向格林时角 t'_G 则可通过如下转化关系得到：

$$\begin{cases} \sin\delta' = \cos\delta \sin t_G \\ \tan t'_G = \cot\delta \cos t_G \\ \sin\delta = \cos\delta' \cos t'_G \\ \tan t_G = \tan\delta' \csc t'_G \end{cases} \tag{5-58}$$

(二) 横向天文三角形

在横向天球坐标系中，以天北极 $P_{N'}$、测者天顶 Z 和天体 B 为顶点，以通过这些点的大圆弧为边构成的球面三角形，称为横向天文三角形，如图 5-14 所示。横向天文三角形 $P'_N ZB$ 的各个边和角的物理意义分别如下。

(1) 横向余纬为 $P_{N'}Z = 90° - \varphi'$（φ' 为载体横向纬度）；

(2) 横向极距为 $P_{N'}B = 90° - \delta' = p'$（$\delta'$ 为天体横向赤纬）；

(3) 顶距为 $ZB = 90° - h = z$（h 为天体高度角）；

(4) 横向时角为 $\angle BP_{N'}Z = t'$；

(5) 天体横向方位角为 $\angle P_{N'}ZB = A$；

(6) 横向视差角为 $\angle P_{N'}BZ = q'$。

(三) 横向天文导航解算方法

参照经典高度差法(房建成，2006)的导航原理，结合构建的横向天球坐标系，在此提出适用于极区的高度差定位解算方法。

船舶预测位置为(φ_c, λ_c)，天体的格林时角 t_G 和赤纬 δ 可通过航海天文历获得。由式(5-58)可得船舶横向预测位置(φ'_c, λ'_c)和天体横向位置(δ', t'_G)。球面三角形公式为

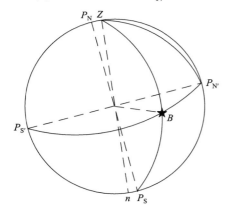

图 5-14　横向天文三角形

$$\begin{cases} \sin h_c = \sin\delta' \sin\varphi'_c + \cos\delta' \cos\varphi'_c \cos t'_L \\ \tan A_c = \dfrac{-\sin t' \cos\delta'}{\sin\delta' \cos\varphi' - \cos\delta' \sin\varphi' \cos t'_L} \end{cases} \tag{5-59}$$

其中 h_c 为天体的计算高度角；A_c 为天体的计算方位角；天体地方时角 t_L' 为格林时角 t_G' 与船舶横向经度 λ' 之和。

船舶上通过天体测量设备可得测量高度角 h_m，故高度差为 $\Delta h = h_m - h_c$。设观测两个天体，其计算方位和高度差分别为 A_{c1}、Δh_1 和 A_{c2}、Δh_2。由高度差法原理可得位置的修正量为

$$\begin{cases} \Delta\varphi' = \dfrac{\Delta h_1 \sin A_{c2} - \Delta h_2 \sin A_{c1}}{\sin(A_{c2} - A_{c1})} \\ \mathrm{Dep} = \dfrac{\Delta h_2 \cos A_{c1} - \Delta h_1 \cos A_{c2}}{\sin(A_{c2} - A_{c1})} \end{cases} \tag{5-60}$$

位置估计值为

$$\begin{cases} \varphi' = \varphi_c' + \Delta\varphi' \\ \lambda' = \lambda_c' + \mathrm{Dep} \cdot \sec\varphi' \end{cases} \tag{5-61}$$

根据图 5-11 给出的方法进行迭代运算，可进一步提高定位精度。

(四) 算例分析

为了验证本节提出的极区天文导航算法，设置船舶真实舰位为(89.95°N,90°E)，推算舰位为(89.9°N,90.2°E)，推算船位误差远大于惯性导航定位误差。设置观测到两颗导航星，高度角观测误差为 $10''$，包括传感器和大气折射等误差。用改进的迭代高度差法进行天文定位，结果如下。

(1) 经过 2 次迭代，连续 2 次推算位置之差达到 3.88 m，迭代停止，此时计算舰位为(89.95°N,90.00°E)；

(2) 最终定位误差为 341.29 m。

由仿真算例可知，该方法在极点区域仍能保持很高的定位精度，可为舰船极区航行提供校正、组合、重调的基准，满足极区天文导航的应用要求。大多数天文导航方法均可移植到基于横向天球坐标系的极区天文导航框架下，可进一步丰富极区天文导航方法。

综合以上分析，格网导航坐标系下的天文定位方法，解决了极区范围内天文三角形解算存在奇异的问题，扩大了天文导航的应用范围，由于其解算模型中仍存在 $\sec\varphi$ 项，适用于除极点附近外的高纬度区域。横向导航坐标系下的天文定位方法，既解决了极区范围内天文三角形解算存在奇异的问题，又解决了天文定位模型中 $\sec\varphi$ 项的影响，该方法直接可输出横向导航信息。极区范围内天文导航应当首选横向导航方案，在解决天文导航在极区应用问题的同时，也可实现天文导航系统与惯性导航系统导航信息在极区横向坐标系下的统一，便于极区惯性导航系统利用天文导航信息基准完成的组合、重调与校正。

第六章
极区航行方法研究

之前章节重点集中在解决主要导航系统极区工作及极区航海图编制问题，在此基础上，极区导航必须关注实际的规划航线和航行引导问题。目前，极区商业航行主要集中在夏季无冰的水面近岸航道，这些航道大都在82°N 以下(这也是东北航道最北端北地群岛的位置)。如第二章所述，在这一区域内航行可以继续使用墨卡托海图，因此可以完全沿用中低纬度区域的传统航行规划方法和习惯。在有冰区域航行时，除船舶自身应当具备一定的冰区航行能力外，通常还需要破冰船引航协助。在这种复杂的冰区航行，水面航行主要是在冰间寻找可以穿行通过的航路，而航行计划仅是参考，更多需要依赖人员对海上情况的实时观察和判断。所以，极区特殊的航路规划问题在上述情况中并不突出。

本章着眼的是未来全域通航情况下的航行规划问题。如前所述，由于气候变暖，北极冰加速融化，21 世纪中叶实现全域通航并非不可能。穿极航行未来也并非仅限于具备破冰能力的科考船只或水下航行的美国、俄罗斯等国潜艇。所以，本章将在极区航海图及导航系统输出的极区参数的基础上，着重讨论极区航行特殊的航线设计等相关导航问题，这些研究实际上也是极区电子海图系统必须关注的重要内容。

传统极区航行和远距离航行通常采用大圆航法。然而大圆航法基于地球球体模型，与现代导航设备采用的地球椭球模型不同，会影响载体的航行精度甚至航行安全。考虑到地球椭球面上两点之间大地线与大椭圆航线相差极小，按大椭圆航行是一种经济的极区航法和远距离航法。并且，大圆航线与大椭圆航线的航程误差较大，在极区的相对误差也比其他地区大，极区和远洋航行中宜采用大椭圆航法，这样可以提高航行精度。类比大圆航法，大椭圆航法也可以分为两种类型：一是严格按照大椭圆航线航行，需要实时计算大椭圆航线的航向角、航偏距和航程；二是采用分段等角航线来逼近大椭圆航线，对大椭圆航线进行分段设计，对每一段航线按照等角航法航行。因此，本章前半部分主要针对这两类大椭圆航法开展研究。首先采用较为简洁的空间矢量代数方法，通过直接求解大椭圆顶点位置坐标，提出根据长轴矢量和短轴矢量的大椭圆描述方法；然后应用两基本矢量推导大椭圆航线航向、航程和航偏距计算公式，进而研究大椭圆航线设计算法，重点研究基于牛顿-拉弗森(Newton-Raphson，N-R)等距离航线设计算法。

此外，在中低纬度地区航行通常采用等角航线，该航线在墨卡托投影图上为直线，因此非常方便航行绘算。然而，大椭圆航线在极区横向墨卡托投影图和极球面投影图上并不完全是直线，这必然会引起航行绘算误差。因此，本章后半部分将基于中低纬度地区等角航线与墨卡托投影密切结合应用的思想，在极区分别基于极球面投影和墨卡托投影，提出等格网航向角航线和等横航向角航线，此类航线的提出目的是使极区航线在极区投影图上表现为直线，极区航线的格网航向角、横航向角分别与惯性导航格网导航、横向坐标导航的输出航向参数保持一致，使得极区航法与极区投影、极区惯性导航方法匹配一致，方便航行人员航行绘算和航行监控。上述方法可以为极区航行规划提供一个完整的解决方案。

第一节　大椭圆导航参数计算方法

为使载体严格按照预定航线由始发地到目的地，在航行过程中导航计算机需要实时计算预定航线的航程、航向角和航偏距等参数，区别于速度、位置、航向和姿态导航参数，这类导航参数也被称为扩展导航参数。与传统大圆航线扩展导航参数不同，本节将研究大椭圆航线扩展导航参数，在研究大椭圆描述方法的基础上，给出大椭圆航线的航程、航向角和航偏距的计算方法。

一、大椭圆描述方法

(一) 位置相关矢量

如图 6-1 所示，地球参考椭球体表面上任一点的位置可以用地理纬度 φ 和地理经度 λ 来确定，设参考椭球体表面上一点 P 的坐标为 (φ, λ)，与之对应的位置矢量 $\boldsymbol{X}$ 可表示为

$$\boldsymbol{X} = R_N \left[\boldsymbol{i} \cos\varphi\cos\lambda + \boldsymbol{j} \cos\varphi\sin\lambda + \boldsymbol{k} \sin\varphi(1-e^2) \right] \tag{6-1}$$

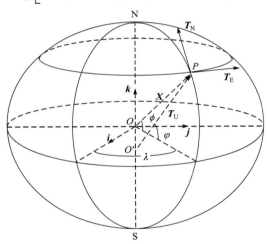

图 6-1　地球椭球体

同样，点 P 的位置也可以用地心纬度 ϕ 和地心经度 λ (与地理经度数值相等)来确定，则点 P 的坐标又可表示为 (ϕ, λ)，位置矢量 $\boldsymbol{X}$ 也可表示为

$$\boldsymbol{X} = r \left[\boldsymbol{i} \cos\phi\cos\lambda + \boldsymbol{j} \cos\phi\sin\lambda + \boldsymbol{k} \sin\phi \right] \tag{6-2}$$

其中 r 为点 P 到参考椭球中心 O 的距离，即

$$r = a\sqrt{\frac{1-e^2}{1-e^2\cos^2\phi}} \tag{6-3}$$

由式(6-1)和式(6-2)相等可得地理纬度和地心纬度的转换关系为

$$\tan\phi = (1-e^2)\tan\varphi \tag{6-4}$$

根据地理经纬度与地球坐标系的关系，可得点 P 处的单位法线矢量 $\boldsymbol{T}_U$、等纬度圈单位切

线矢量 T_E 和子午线单位切线矢量 T_N 分别为

$$T_U = i\cos\varphi\cos\lambda + j\cos\varphi\sin\lambda + k\sin\varphi \tag{6-5}$$

$$T_E = \frac{k \times T_U}{|k \times T_U|} = -i\sin\lambda + j\cos\lambda \tag{6-6}$$

$$T_N = \frac{T_U \times T_E}{|T_U \times T_E|} = -i\sin\varphi\cos\lambda - j\sin\varphi\sin\lambda + k\cos\varphi \tag{6-7}$$

(二) 顶点、长轴矢量和短轴矢量

如图 6-2 所示，弧为 AB 赤道半圆，参考椭球体上任意两个点决定大椭圆，大椭圆的圆心在参考椭球体的中心，长轴在大椭圆平面与赤道平面的交线上，长度为 $2a$，短轴过椭圆圆心与长轴垂直。设 $P(\varphi_P, \lambda_P)$ 和 $Q(\varphi_Q, \lambda_Q)$ 为一个大椭圆上的两个点，满足 φ_P 和 φ_Q 不同时为零且 $\lambda_P \neq \lambda_Q$，对应的位置矢量分别为 X_P 和 X_Q，则大椭圆平面的单位法线矢量为

$$X_{PQ} = \frac{X_P \times X_Q}{X_P \times X_Q} \tag{6-8}$$

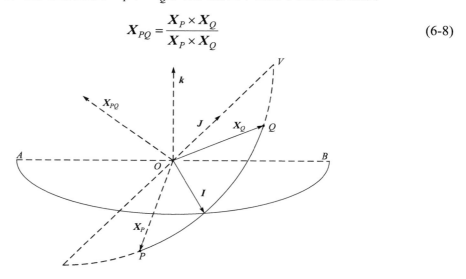

图 6-2　大椭圆顶点、长轴矢量和短轴矢量

大椭圆长轴既在大椭圆平面内又在赤道平面内，因此沿大椭圆长轴的一个单位矢量 I_0 为

$$I_0 = \frac{k \times X_{PQ}}{|k \times X_{PQ}|} \tag{6-9}$$

大椭圆短轴既与长轴垂直又与大椭圆的法线垂直，因此沿大椭圆短轴的一个单位矢量 J_0 为

$$J_0 = \frac{X_{PQ} \times I_0}{|X_{PQ} \times I_0|} \tag{6-10}$$

于是大椭圆短轴与参考椭球体在北半球的交点 V 的地心纬度满足

$$\phi_V = |\arcsin(J_0 \cdot k)| \tag{6-11}$$

考虑到短轴与参考椭球体有两个交点，为了得到北半球的交点，对反正弦函数取绝对值。点 V 相应的经度为

$$\lambda_V = \begin{cases} \arctan \dfrac{\boldsymbol{J}_0 \cdot \boldsymbol{j}}{\boldsymbol{J}_0 \cdot \boldsymbol{i}}, & \boldsymbol{J}_0 \cdot \boldsymbol{i} \geqslant 0 \\[2mm] \arctan \dfrac{\boldsymbol{J}_0 \cdot \boldsymbol{j}}{\boldsymbol{J}_0 \cdot \boldsymbol{i}} - \pi, & \boldsymbol{J}_0 \cdot \boldsymbol{i} < 0 且 (\boldsymbol{J}_0 \cdot \boldsymbol{j}) \leqslant 0 \\[2mm] \arctan \dfrac{\boldsymbol{J}_0 \cdot \boldsymbol{j}}{\boldsymbol{J}_0 \cdot \boldsymbol{i}} + \pi, & \boldsymbol{J}_0 \cdot \boldsymbol{i} < 0 且 (\boldsymbol{J}_0 \cdot \boldsymbol{j}) > 0 \end{cases} \tag{6-12}$$

将 ϕ_V 代式(6-3)，易知大椭圆短半径 $\bar{b}$ 为

$$\bar{b} = a \sqrt{\frac{1 - e^2}{1 - e^2 \cos^2 \phi_V}} \tag{6-13}$$

由式(6-3)可知，北半球范围内大椭圆上的点与参考椭球体球心的距离是关于纬度的减函数，短半径为该函数的最短距离，因此点 V 为大椭圆上纬度最高的点，即大椭圆的顶点。

定义大椭圆的长轴单位矢量 $\boldsymbol{I}$ 和短轴单位矢量 $\boldsymbol{J}$ 分别为

$$\begin{cases} \boldsymbol{J} = \boldsymbol{i} \cos \phi_V \cos \lambda_V + \boldsymbol{j} \cos \phi_V \sin \lambda_V + \boldsymbol{k} \sin \phi_V \\ \boldsymbol{I} = (\boldsymbol{J} \times \boldsymbol{k}) / \cos \phi_V = \sin \lambda_V \boldsymbol{i} - \cos \lambda_V \boldsymbol{j} \end{cases} \tag{6-14}$$

$\boldsymbol{I}$ 与 $\boldsymbol{I}_0$ 相等或相反，$\boldsymbol{J}$ 与 $\boldsymbol{J}_0$ 相等或相反。但上述定义没有考虑两种特殊情况：一是当 φ_P 和 φ_Q 同时为零，此时大椭圆与赤道重合，可定义

$$\begin{cases} \boldsymbol{I} = \boldsymbol{i} \\ \boldsymbol{J} = \boldsymbol{j} \end{cases} \tag{6-15}$$

二是当 $\lambda_P = \lambda_Q$，此时大椭圆与子午圈重合，可定义

$$\begin{cases} \boldsymbol{I} = \cos \lambda_P \boldsymbol{i} + \sin \lambda_P \boldsymbol{j} \\ \boldsymbol{J} = \boldsymbol{k} \end{cases} \tag{6-16}$$

采用长轴单位矢量 $\boldsymbol{I}$ 和短轴单位矢量 $\boldsymbol{J}$ 描述大椭圆，方便以下公式推导和计算。

二、大椭圆航线航程计算

如图 6-3 所示，大椭圆方程可以用以下参数方程表示：

$$\begin{cases} m = \rho \cos \theta \\ n = \rho \sin \theta \end{cases} \tag{6-17}$$

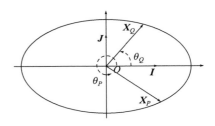

图 6-3　大椭圆剖面图

其中 $\rho = \dfrac{\bar{b}}{\sqrt{1 - \bar{e}^2 \cos^2 \theta}}$ 为大椭圆上一点到中心 O 的距离；

θ 为矢量 $\boldsymbol{I}$ 绕中心 O 逆时针旋转到大椭圆上任意矢量 $\dfrac{\boldsymbol{X}}{|\boldsymbol{X}|}$ 所需的角度 θ，且 $\theta \in [0, 2\pi)$，即

$$\theta = \begin{cases} \arccos \left(\dfrac{\boldsymbol{I} \cdot \boldsymbol{X}}{|\boldsymbol{X}|} \right), & \dfrac{\boldsymbol{J} \cdot \boldsymbol{X}}{|\boldsymbol{X}|} \geqslant 0 \\[3mm] 2\pi - \arccos \left(\dfrac{\boldsymbol{I} \cdot \boldsymbol{X}}{|\boldsymbol{X}|} \right), & \dfrac{\boldsymbol{J} \cdot \boldsymbol{X}}{|\boldsymbol{X}|} < 0 \end{cases} \tag{6-18}$$

矢量 $a\boldsymbol{I}$ 对应的位置点沿大椭圆逆时针方向到矢量 $\boldsymbol{X}$ 对应的位置点的弧长 $S(\theta)$ 为

$$S(\theta) = \int_0^\theta \sqrt{\rho^2 + \rho'^2}\,\mathrm{d}\theta \tag{6-19}$$

式(6-19)为椭圆积分，没有解析解。将被积分函数用二项式定理展开，可得如下近似表达式：

$$S(\theta) = \bar{b}(\alpha_0\theta + \alpha_1\sin 2\theta + \alpha_2\sin 4\theta + \alpha_3\sin 6\theta) \tag{6-20}$$

其中

$$\begin{cases} \alpha_0 = 1 + 1/4\bar{e}^2 + 13/64\bar{e}^4 + 45/256\bar{e}^6, \\ \alpha_1 = 1/8\bar{e}^2 + 3/32\bar{e}^4 + 95/1024\bar{e}^6, \\ \alpha_2 = -1/256\bar{e}^4 - 5/1024\bar{e}^6, \\ \alpha_3 = -5/1024\bar{e}^6, \end{cases} \qquad \bar{e} = \sqrt{\frac{a^2 - \bar{b}^2}{a^2}}$$

P 和 Q 分别为大椭圆航线的始点和终点，应用式(6-20)求出相应的 θ ，分别为 θ_P 和 θ_Q，考虑到参考椭球体上两点之间的大椭圆航线为劣弧，P 和 Q 两点之间的航程为

$$S = \begin{cases} \left| S(\theta_P) - S(\theta_Q) \right|, & \left| \theta_P - \theta_Q \right| \leqslant \pi \\ 2S(\pi) - \left| S(\theta_P) - S(\theta_Q) \right|, & \left| \theta_P - \theta_Q \right| > \pi \end{cases} \tag{6-21}$$

三、大椭圆航线航向角计算

如图 6-4 所示，大椭圆航线航向角通过计算大椭圆航线的单位切线矢量与子午线单位切线矢量的夹角进行求解。而大椭圆航线上任一点 M 的单位切线矢量既垂直于大椭圆平面的法线，又垂直于该点参考椭球切平面的法线，因此，点 M 处的单位切线矢量与子午线单位切线矢量的夹角满足

$$\cos\psi_1^g = \frac{\boldsymbol{I} \times \boldsymbol{J} \times \boldsymbol{T}_U}{\left| \boldsymbol{I} \times \boldsymbol{J} \times \boldsymbol{T}_U \right|} \cdot \boldsymbol{T}_N \tag{6-22}$$

将式(6-5)、式(6-7)和式(6-14)代入式(6-21)，可进一步化简为

$$\cos\psi_1^g = \frac{\sin\phi_V \sin(\lambda_V - \lambda)}{\sqrt{1 - e^4\sin^2\varphi\cos^2\phi_V}} \tag{6-23}$$

则

$$\psi_1^g = \arccos\frac{\sin\phi_V \sin(\lambda_V - \lambda)}{\sqrt{1 - e^4\sin^2\varphi\cos^2\phi_V}}$$

而航向角 ψ^g 的定义域为 $[0, 360°)$ ，可根据以下关系确定航向角：当 $(\boldsymbol{I} \times \boldsymbol{J}) \cdot (\boldsymbol{X}_P \times \boldsymbol{X}_Q) > 0$ ，即 $n\sin l_V - m\cos l_V < \cot\phi_V$ 时，$\psi^g = \psi_1^g$ ；否则，$\psi^g = \psi_1^g + \pi$ 。

此外，如果该方法用于极区航行，可以根据导航系统输出格网航向的种类，由式(4-66)或式(4-77)计算出大椭圆航线的相应格网航向角。

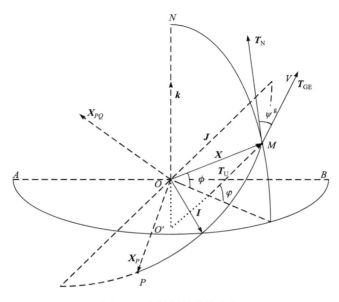

图 6-4　大椭圆航线航向角

四、大椭圆偏航距计算

实际航线执行中，由于在不断地进行航迹控制，合理情况下偏航距不大(数值范围一般在 10 km 范围内)，可把地球模型看成球体，在计算偏航距时可用大圆航线代替大椭圆航线(陈金平 等，2001)。为保证大椭圆弧和大圆弧在同一个平面内，设椭球面上地心纬度 ϕ 为球面纬度 $\overline{\phi}$，地心经度 l 为球面经度 $\overline{l}$。如图 6-5 所示，椭球面上点 P 和点 Q 分别对应于球面上点 $\overline{P}$ 和点 $\overline{Q}$，点 H 为某时刻载体所在的位置，其地心经纬坐标为 (ϕ_H, l_H)，点 K 为垂直于大圆平面的单位位置矢量对应的位置点(北半球)，点 P_0 为点 H 和点 K 确定的大圆与点 $\overline{P}$ 和点 $\overline{Q}$ 确定的大圆的交点，则点 H 和点 P_0 所确定的劣弧为偏航距。

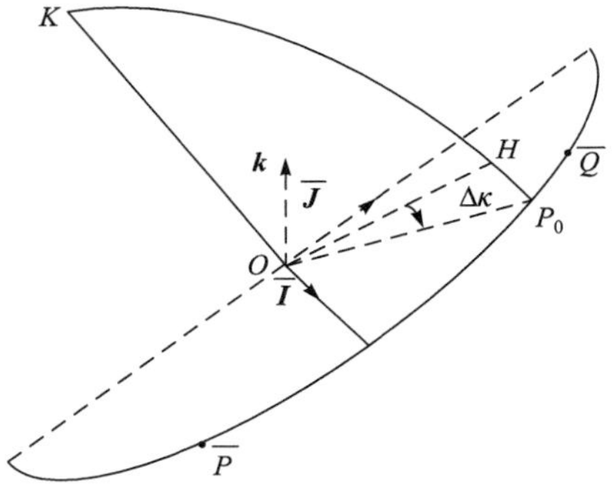

采用求解大椭圆顶点坐标的方法，可得大椭圆航线所对应的大圆航线满足

图 6-5　航偏距示意图

$$\begin{cases} \overline{\phi}_V = \phi_V \\ \overline{l}_V = l_V \\ \overline{I} = I \\ \overline{J} = J \end{cases} \tag{6-24}$$

其中 $\overline{\phi}_V$ 和 $\overline{l}_V$ 分别为大圆航线顶点的纬度和经度；$\overline{J}$ 和 $\overline{I}$ 分别为大圆航线顶点和与赤道的交点对应的位置矢量。

偏航距所对应的圆心角 $\Delta\kappa$ 满足

$$\Delta\kappa = \arcsin[(I \times J) \cdot X_H] \tag{6-25}$$

将各矢量代入可得

$$\Delta\kappa=\arcsin[\cos\phi_V\sin\phi_H-\sin\phi_V\cos\phi_H\cos(l_V-l_H)] \tag{6-26}$$

取球体的半径 R 为点 H 处的平均曲率半径，即

$$R=\sqrt{R_{MH}R_{NH}} \tag{6-27}$$

其中 R_{MH} 和 R_{NH} 分别为点 H 处的子午圈曲率半径和卯酉圈曲率半径。

点 H 处的偏航距为

$$d=R\cdot\Delta\kappa=\sqrt{M_H N_H}\arcsin[\cos\phi_V\sin\phi_H-\sin\phi_V\cos\phi_H\cos(l_V-l_H)] \tag{6-28}$$

当 $(\boldsymbol{I}\times\boldsymbol{J})\cdot(\boldsymbol{X}_P\times\boldsymbol{X}_Q)>0$ 时，$d>0$ 为左偏航，$d<0$ 为右偏航；否则，$d<0$ 为左偏航，$d>0$ 为右偏航。

五、算例分析

(一) 中低纬度理论正确性验证算例

为验证上述计算方法的正确性，在文献(李厚朴 等，2009)中算例的基础上设计如下：已知载体从起始点(40.043°N,115.167°E)出发，按大椭圆航线航行至目标点(23.028°N,122.212°E)，并且假设某时刻导航设备输出的地理经纬度坐标为(33.950°N,118.000°E)。取地球模型为克拉索夫斯基(Krasovsky)椭球，长半径为 $a=6\,378\,245$ m，椭球第一偏心率 $e=0.081\,813\,34$。用本书方法推导的公式分别计算出初始航向角、航程和航偏距，结果如下。

(1) 已知起始点和目标点坐标，利用式(6-8)~(6-12)计算可得大椭圆顶点地心经纬坐标为(73.682°N,39.312°E)；

(2) 利用式(6-23)计算可得大椭圆航线的初始航向角为158.531°；

(3) 利用式(6-18)计算可得起始点和目标点的极距角分别为 0.731 rad 和 0.4173 rad，利用式(6-21)计算可得航程为 2 000 000.007 m；

(4) 已知某时刻载体所在的位置坐标，利用式(6-28)计算可得此时的航偏距为 1 910.854 m。

以上结果与文献(李厚朴 等，2009)中计算结果一致，表明该方法可直接用于大椭圆航法导航参数计算中，且从推导公式的形式上来看，文中推导的计算公式结构更为紧凑，计算过程中也不需要将地理坐标转换为空间直角坐标，一定程度上简化了计算。

(二) 极区航行应用算例

在中低纬度地区对大椭圆导航参数计算方法验证后，结合极区格网导航方法，将该方法用于极区航行导航，以(70°N,20°E)到(88°N,50°E)之间的航线为例进行分析，并且假设某时刻导航系统输出的载体地理经纬坐标为(80°N,23.2°E)。用本书方法推导的公式分别计算出初始格网航向角、航程和航偏距，结果如下。

(1) 大椭圆航线的初始航向角为3.189°，根据式(4-66)计算出基于极球面投影的格网航向角为343.189°，根据式(4-77)计算出基于横向墨卡托投影的格网航向角为344.322°；

(2) 该段大椭圆航线的航程为 2 042 456.784 m；

(3) 根据某时刻导航系统的输出位置可计算该时刻载体的大椭圆航线航偏距为–70.324 m。

以上为大椭圆扩展导航参数计算方法在极区的应用算例，算例表明该方法可与极区惯性

导航格网导航方法结合应用，为极区严格执行大椭圆航线提供理论支撑。

第二节　大椭圆航线设计算法

大圆航行有时并不是严格按照大圆航线来执行的，而是通过分段等角航线来逼近大圆航线的，因此需要对大椭圆航线进行分段设计，每一段按照等角航线来执行。大圆航线设计方法通常分为等经差航线设计和等距离航线设计，本节将分段大圆航线设计的思想应用于大椭圆航线设计，给出等经差大椭圆航线设计和基于 N-R 的等距离大椭圆航线设计算法。

一、等经差大椭圆航线设计算法

如图 6-2 所示，大椭圆航线上任一点的位置矢量 X、长轴单位矢量 I 和短轴单位矢量 J 共面，因此满足

$$X \cdot (I \times J) = 0 \tag{6-29}$$

将式(6-2)和式(6-14)代入，解得

$$\tan\phi = \tan\phi_V \cos(\lambda_V - \lambda) \tag{6-30}$$

将地心经纬坐标转换为地理经纬坐标可得

$$\tan\varphi = \tan\varphi_V \cos(\lambda_V - \lambda) \tag{6-31}$$

根据等经差的分点原则确定分点经度后，利用式(6-31)确定分点纬度，可计算出各分点间的等角航线航程和航向。

当大椭圆航线在赤道上或子午圈上时，按大椭圆航线航行即按等角航线航行，无须进行大椭圆航线设计。

二、等距离大椭圆航线设计算法

根据式(6-21)求出总航程 S，确定分点数量 n，每段航程 $\overline{S}$ 为

$$\overline{S} = \frac{S}{n+1} \tag{6-32}$$

则第 i 个分点与始点 P 的距离为

$$S_i = i\overline{S} \tag{6-33}$$

设第 i 个分点对应的位置向量为 X_i，θ 角为 θ_i，点 P 对应的角 θ 为 θ_P，则 θ_i 满足 $f(\theta_i) = 0$，考虑多种情形有

$$\begin{cases} S(\theta_i) - S(\theta_P) - S_i, & 0 < \theta_Q - \theta_P \leqslant \pi \text{或} \theta_P - \theta_Q \geqslant \pi \text{且} \theta_P \leqslant \theta_i < 2\pi \\ S(\theta_P) - S(\theta_i) - S_i, & 0 < \theta_P - \theta_Q \leqslant \pi \text{或} \theta_Q - \theta_P \geqslant \pi \text{且} 0 \leqslant \theta_i < \theta_P \\ 2S(\pi) + S(\theta_P) - S(\theta_i) - S_i, & \theta_Q - \theta_P > \pi \text{且} \theta_Q < \theta_i < 2\pi \\ 2S(\pi) + S(\theta_i) - S(\theta_P) - S_i, & \theta_P - \theta_Q > \pi \text{且} 0 \leqslant \theta_i < \theta_Q \end{cases} \tag{6-34}$$

式(6-34)的解析解可通过复杂的推导得到，也可以采用简洁的 N-R 方法近似获得，即

$$\theta_{i,k+1} = \theta_{i,k} - \frac{f(\theta_{i,k})}{f'(\theta_{i,k})} \quad (k=1,2,\cdots) \tag{6-35}$$

如果在递推过程中出现 $\theta_{i,k} \notin [0,2\pi]$，可通过判断 $\theta_{i,k}$ 所处的象限确定在定义域内对应的角度。很明显，$f'(\theta_i)$ 在根 θ_i 附近不为零，$f''(\theta_i)$ 存在，并满足

$$\left| \frac{f(\theta_i)f''(\theta_i)}{[f(\theta_i)]^2} \right| < \frac{2\pi \bar{b}^2 (4\alpha_1 - 16\alpha_2 - 36\alpha_3)}{[\bar{b}(\alpha_0 - 2\alpha_1 + 4\alpha_2 + 6\alpha_3)]^2} < 1 \tag{6-36}$$

因此，N-R 方法在 $\theta_i \in [0,2\pi]$ 上收敛，$\theta_{i,0}$ 在区间上任意取。

注意到椭圆的长、短半轴近似相等，很自然地把如下公式当成初始值：

$$\theta_{i,0} = \begin{cases} \theta_0 + \dfrac{S_i}{a}, & 0 < \theta_Q - \theta_P \leqslant \pi \text{或} \theta_P - \theta_Q \geqslant \pi \\[3mm] \theta_0 - \dfrac{S_i}{a}, & 0 < \theta_P - \theta_Q \leqslant \pi \text{或} \theta_Q - \theta_P \geqslant \pi \end{cases} \tag{6-37}$$

设置初始值同样会出现 $\theta_{i,0} \notin [0,2\pi]$，可通过判断 $\theta_{i,0}$ 所处的象限确定在定义域内对应的角度。

将式(6-18)和式(6-30)联立，可得

$$\sin\phi_i = \sin\theta_i \sin\phi_v \tag{6-38}$$

求出 θ_i 后，利用式(6-38)可求解分点地心纬度和地理纬度；利用式(6-30)可求分点经度，即

$$\lambda_i = \begin{cases} \lambda_V - \arccos\left(\dfrac{\tan\varphi_i}{\tan\varphi_V}\right), & \cos\theta_i \geqslant 0 \\[3mm] \arccos\left(\dfrac{\tan\varphi_i}{\tan\varphi_V}\right) + \lambda_V, & \cos\theta_i < 0 \end{cases} \tag{6-39}$$

式(6-39)会出现 $\lambda_i \notin [-\pi,\pi]$，也需要进行象限判断和确定。确定好各个分点处的纬度和经度，可计算出各分点间的等角航线航程和航向。

三、算例分析

(一) 中纬度理论优越性验证算例

为验证本书提出的大椭圆航线设计方法并比较大椭圆航线与大圆航线设计差别，以非洲好望角(35°S,20°E)到澳大利亚墨尔本(38°S,145°E)之间的航线为例进行分析，大圆航线设计采用航海学半径为 6366707 m 的球体模型，大椭圆航线设计采用 WGS-84 参考椭球体模型中分段恒向线航程和方位计算方法(王瑞 等，2010；郭禹，2005)，结果如表 6-1～6-3 所示。

表 6-1　航程与初始方位角结果比较

航线	大椭圆航线	大圆航线
总航程/(n mile)	5474.484	5458.840
初始方位角	139°39′44″	139°47′23″

表 6-2　等经差航线设计算法结果比较

分点经度/(°)	分点纬度/(°)	大椭圆航线			分点经度/(°)	分点纬度/(°)	大圆航线		
		分段大椭圆航程/(n mile)	分段恒向线航程/(n mile)	分段恒向线方位/(°)			分段大圆航程/(n mile)	分段恒向线航程/(n mile)	分段恒向线方位/(°)
20.000	−35.000	825.335	826.015	135.875	20.000	−35.000	824.402	826.654	135.875
32.500	−44.890	629.327	630.021	127.141	32.500	−44.890	627.727	629.616	127.141
45.000	−51.226	507.419	508.066	117.436	45.000	−51.226	505.684	507.292	117.436
57.500	−55.121	437.811	438.412	107.197	57.500	−55.121	436.096	437.525	107.197
70.000	−57.277	404.946	405.521	96.686	70.000	−57.277	403.263	404.604	96.686
82.500	−58.062	401.322	401.894	86.080	82.500	−58.062	399.645	400.975	86.080
95.000	−57.606	426.120	426.712	75.529	95.000	−57.606	424.413	425.812	75.529
107.500	−55.832	484.985	485.618	65.199	107.500	−55.832	483.248	484.801	65.199
120.000	−52.443	591.257	591.941	55.321	120.000	−52.443	589.592	591.398	55.321
132.500	−46.835	765.961	766.656	46.277	132.500	−46.835	764.768	766.921	46.277
145.000	−38.000	—	—	—	145.000	−38.000	—	—	—
总计		5474.484	5480.856				5458.840	5475.599	—

表 6-3　等距离航线设计结果比较

分点经度/(°)	分点纬度/(°)	大椭圆航线			分点经度/(°)	分点纬度/(°)	大圆航线		
		分段大椭圆航程/(n mile)	分段恒向线航程/(n mile)	分段恒向线方位/(°)			分段大圆航程/(n mile)	分段恒向线航程/(n mile)	分段恒向线方位/(°)
20.000	−35.000	547.448	547.615	137.320	20.000	−35.000	545.884	547.084	137.325
27.876	−41.717	547.448	547.767	131.523	27.858	−41.704	545.884	547.237	131.540
37.480	−47.768	547.448	548.031	123.595	37.448	−47.752	545.884	547.504	123.621
49.359	−52.817	547.448	548.418	113.123	49.321	−52.805	545.884	547.896	113.152
63.826	−56.400	547.448	548.800	100.208	63.794	−56.395	545.884	548.282	100.227
80.382	−58.018	547.448	548.890	85.958	80.368	−58.017	545.884	548.374	85.960
97.387	−57.374	547.448	548.602	72.258	97.395	−57.373	545.884	548.081	72.245
112.898	−54.594	547.448	548.188	60.655	112.921	−54.588	545.884	547.663	60.637
125.903	−50.122	547.448	547.866	51.650	125.926	−50.112	545.884	547.338	51.636
136.437	−44.460	547.448	547.670	44.984	136.451	−44.450	545.884	547.140	44.979
145.000	−38.000	—	—	—	145.000	−38.000	—	—	—
总计		5474.484	5481.847	—		—	5458.840	5476.598	—

　　表 6-1 为大椭圆航线与大圆航线航程和初始方位角结果比较。可以看出，大椭圆航线航程比大圆航线航程长 15.644n mile，初始方位角小 7′39″。

　　表 6-2 为大椭圆航线与大圆航线等经差设计算法结果比较。可以看出，分点经度与分点纬度完全一样，分段恒向线方位几乎一样(误差量级为 $10°\sim12°$)，但仅仅是数值上相等，由于采用地球模型不一致，其几何意义完全不同。除此之外，分段恒向线航程误差最大可达 0.919 n mile，总航程误差达 5.257 n mile。

　　表 6-3 为大椭圆航线与大圆航线等距离设计算法结果比较。可以看出，大椭圆航线与大圆航线设计各参数均不相同，分点经度最大误差可达 2′15″，分点纬度最大误差可达 59″；分段恒向线方位最大误差可达 1′42″，分段航程最大误差可达 0.531n mile，总航程误差达 5.249 n mile。

大椭圆航线设计与航行阶段现代导航设备采用的椭球模型保持一致，航线设计解算的参数与导航设备输出参数基准坐标系相同，除受风、流影响外，能够较好地执行航行计划；而大圆航线设计阶段与航行阶段采用地球模型不一致，受此影响航行的执行会存在较大误差。通过以上结果分析可知，大圆航线设计采用球体模型会存在误差主要体现在：航程和初始方位角参数存在误差；等经差航线设计算法对于两种航线的分点坐标和分段恒向线航向影响不大，而分段恒向线航程和总航程有较明显误差；等距离航线设计得到的各段参数均存在明显误差。因此，采用大椭圆航线设计算法代替传统的大圆航线设计算法，使得航线设计和航行阶段采用的地球模型一致，可以消除大圆航线计划阶段与航行阶段由于地球模型不同引起的误差，提高航海计算精度。

（二）极区航线设计应用算例

在中纬度地区验证了两种大椭圆航线设计算法的优越性后，将该算法用于极区大椭圆航线设计，以(70°N,160°E)到(88°N,20°E)之间的大椭圆航线为例，分别对该航线进行等经差大椭圆航线设计和等距离大椭圆航线设计，设计结果如表 6-4 和表 6-5 所示。

表 6-4   极区等经差大椭圆航线设计结果

分点经度/(°)	分点纬度/(°)	分段大椭圆航程/(n mile)	分段恒向线航程/(n mile)	分段恒向线方位/(°)
160.000	70.000	1036.222	104.057	349.585
140.000	86.977	90.872	91.327	327.604
120.000	88.256	40.260	40.465	307.143
100.000	88.661	27.802	27.943	286.885
80.000	88.795	25.519	25.649	266.678
60.000	88.771	30.316	30.470	246.463
40.000	88.569	49.338	49.588	226.165
20.000	88.000	—	—	—
总计		1300.333	1306.07	—

表 6-5   极区等距离大椭圆航线设计结果

分点经度/(°)	分点纬度/(°)	分段大椭圆航程/(n mile)	分段恒向线航程/(n mile)	分段恒向线方位/(°)
160.000	70.000	185.762	185.762	356.201
159.353	73.076	185.762	185.764	355.456
158.431	76.149	185.762	185.766	354.325
156.995	79.215	185.762	185.777	352.404
154.441	82.269	185.762	185.840	348.415
148.614	85.288	185.762	187.103	334.957
124.298	88.099	185.762	214.096	268.405
20.000	88.000	—	—	—
总计		1300.333	1330.109	—

由表 6-4 和表 6-5 可以看出，极区等经差大椭圆航线设计总航程与大椭圆航线航程相差

6 nmile 左右，极区等距离大椭圆航线设计总航程与大椭圆航线航程相差 30 n mile 左右。从总航程上来看相差不大，基本上能够满足极区大椭圆航行需求。在载体只有航向舵的条件下，可以采用该方法以实现极区航行，如果载体装备航迹舵，建议采用严格大椭圆航线航行方法，以减少航行距离。

第三节　极区"等角航线"思想的提出

无论是大圆航行还是大椭圆航线，在极区极球面投影图和极区横向墨卡托投影图上均为曲线或者近似为直线，把它们等同于直线绘算必然会引起误差。中低纬度地区一般采用等角航线航行，是因为等角航线在墨卡托投影图上为直线，便于绘算。极区采用格网航向和横航向，格网航向基准线和横航向基准线在投影图上为直线，因此极区投影图上也必然存在等格网航向角航线和等横航向角航线。本节基于中低纬度墨卡托投影图上等角航线为直线的性质，提出两种在极区投影图表现为直线的"等角航线"——等格网航向角航线和等横航向角航线。下面简要给出这两种"等角航线"的思想。

一、等格网航向角航线

类比中低纬度地区等角航线的定义方法，结合基于极区投影图的椭球格网航向基准的设计方法，定义等格网航向角航线为地球椭球面上一条与所有格网基准线相交成固定夹角的曲线。本小节以与极球面投影一致的等格网角航线为例对等格网航向角航线进行初步探索。

（一）与极球面投影图一致的等格网航向角航线方程

如图 6-6 所示，设 AB 为等格网航向角航线上的微分弧段，AB 与经线 BC、纬线 AC 构成微分直角三角形 ABC。设等格网航向角航线与格网基准线的夹角即格网航向角为 ψ^{G}，则利用格网航向角与地理航向角的关系，可得地理航向角为 $\psi^{G}+\lambda$，故 $\angle BAC = \dfrac{\pi}{2}-(\psi^{G}+\lambda)$，经线的微分弧长为 $R_M \mathrm{d}\varphi$，纬线的微分弧长为 $R_N \cos\varphi \mathrm{d}\lambda$，因此满足

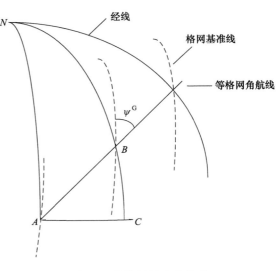

图 6-6　等格网航向角航线

$$\tan\left(\frac{\pi}{2}-\psi^{G}-\lambda\right)=\frac{R_M \mathrm{d}\varphi}{R_N \cos\varphi \mathrm{d}\lambda} \quad (6\text{-}40)$$

将式(6-40)写成积分形式可得

$$\int_{\lambda_1}^{\lambda}\cot(\psi^{G}+\lambda)\mathrm{d}\lambda = \int_{\varphi_1}^{\varphi}\frac{1-e^2}{1-e^2\sin^2\varphi}\frac{\mathrm{d}\varphi}{\cos\varphi} \quad (6\text{-}41)$$

对式(6-41)两边同时求定积分可得

$$\left|\frac{\sin(\psi^{G}+\lambda)}{\sin(\psi^{G}+\lambda_1)}\right|=\frac{\tan\left(\dfrac{\pi}{4}+\dfrac{\varphi}{2}\right)\left(\dfrac{1-e\sin\varphi}{1+e\sin\varphi}\right)^{e/2}}{\tan\left(\dfrac{\pi}{4}+\dfrac{\varphi_1}{2}\right)\left(\dfrac{1-e\sin\varphi_1}{1+e\sin\varphi_1}\right)^{e/2}} \tag{6-42}$$

以上就是通过(φ_1,λ_1)、其格网航向角为ψ^{G}的等格网航向角航线方程，(φ,λ)为航线上的移动点。

(二) 与极球面投影图一致的等格网航向角航线中航向角的计算

若已知等格网航向角航线两端点的坐标为(φ_1,λ_1)和(φ_2,λ_2)，可根据式(6-42)求解格网航向角，具体如下。

将两个坐标点分别代入式(6-42)，并进行化简可得

$$\tan\psi^{G}=\frac{K\sin\lambda_1-\sin\lambda_2}{\cos\lambda_2-K\cos\lambda_1} \tag{6-43}$$

其中

$$K=\pm\frac{\tan\left(\dfrac{\pi}{4}+\dfrac{\varphi_2}{2}\right)\left(\dfrac{1-e\sin\varphi_2}{1+e\sin\varphi_2}\right)^{e/2}}{\tan\left(\dfrac{\pi}{4}+\dfrac{\varphi_1}{2}\right)\left(\dfrac{1-e\sin\varphi_1}{1+e\sin\varphi_1}\right)^{e/2}}$$

特殊情况下，当$\lambda_1=\lambda_2=\dfrac{\pi}{2}$时，$\psi^{G}=\dfrac{\pi}{2}$。此外，由式(6-43)可知，满足此式的格网航向角有四个，因此需要根据两点位置坐标的关系进行格网航向角的象限判断。

(三) 与极球面投影图一致的等格网航向角航线中弧长的计算

等格网航向角航线的弧长可以通过计算求得。如图 6-6 所示，以dS_l表示等格网航向角航线的微分弧长，则

$$dS_l=\frac{R_M d\varphi}{\left|\cos(\psi^{G}+\lambda)\right|} \tag{6-44}$$

由式(6-42)可知，等格网航向角航线方程中λ可以表示成φ的函数，即

$$\lambda=g(\varphi) \tag{6-45}$$

因此航线的弧长为

$$S_l=\int_{\varphi_1}^{\varphi}\frac{R_M}{\left|\cos[\psi^{G}+g(\varphi)]\right|}d\varphi \tag{6-46}$$

由于式(6-45)无法给出具体的解析表达式，需要采用数值积分的方法进行求解。

(四) 算例分析

为了验证本书提出的等格网角航线，以(70°N,20°E)到(88°N,50°E)之间的等格网角航线为例进行分析，用书中推导的公式分别确定该航线的格网航向角和航程，结果如下。

(1) 根据式(6-43)可计算出该等格网角航线的格网航向角为 343.100°；

(2) 根据格网航向角和式(6-46)可计算出该等格网航向角航线的航程为 2 042 458.436 m。

算例计算结果与第一节极区航行应用算例结果相比，格网航向角与大椭圆航线下基于极球面投影的格网航向角相差 0.189°，航程相差 1.652 m，因此等格网航向角航线与大椭圆航线非常相近，航程较短，且等格网航向角航线在极球面投影图上表现为直线，便于航行绘算，能够与极区惯性导航格网导航方法结合应用。因此，与大椭圆航线相比，等格网航向角航线更适合于极区航行。

二、等横航向角航线

采用与等格网航向角航线同样的方法，也可以给出基于横向墨卡托投影的等格网航向角航线，但是由第三章可知，椭球横向坐标系与基于横向墨卡托投影的近似格网坐标系二者夹角为 90°，并且惯性导航横向坐标导航方法可以与横向墨卡托投影结合应用，因此对于航线研究方面，二者可以归为一类航线，暂且称为等横航向角航线。由于直接基于横向经纬坐标求解等横航向角航线比较复杂，且航线设计并不会出现如惯性导航解算一般的复杂问题，本小节采用等格网航向角航线的设计方法、地理坐标与横向坐标之间的关系，借助数值计算的方法间接给出等横航向角航线的思想，可以与极区横向墨卡托投影和极区惯性导航横向坐标导航方法结合应用。

(一) 与横向墨卡托投影图一致的等横航向角航线微分方程

如图 6-7 所示，设 AB 为等横航向角航线上的微分弧段，AB 与经线 BC、纬线 AC 共同组成了椭球面微分直角三角形 ABC。设等横航向角航线与横北向的夹角即横航向角为 ψ^t，则利用椭球体横向坐标与近似格网坐标系之间的旋转关系以及近似格网坐标系与地理坐标系之间的旋转关系可知，$\angle BAC = \psi^t + a\tan(\tan\lambda\sin\varphi)$。又已知经线的微分弧长为 $R_M\mathrm{d}\varphi$，纬线的微分弧长为 $R_N\cos\varphi\mathrm{d}\lambda$，因此该航线的微分方程满足

$$\tan[\psi^t + a\tan(\tan\lambda\sin\varphi)] = \frac{R_M\mathrm{d}\varphi}{R_N\cos\varphi\mathrm{d}\lambda} \quad (6\text{-}47)$$

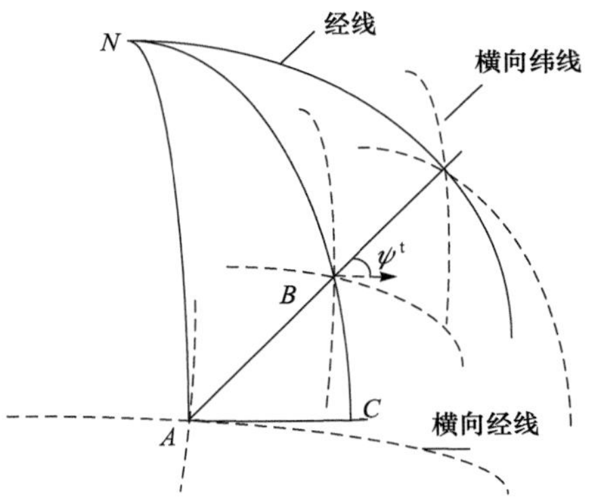

图 6-7　等横航向角航线

为解决计算奇异问题，将式(6-47)进一步改写为

$$\frac{\tan\psi^t\cos\lambda + \sin\lambda\sin\varphi}{\cos\lambda - \tan\psi^t\sin\lambda\sin\varphi} = \frac{1-e^2}{(1-e^2\sin^2\varphi)\cos\varphi}\frac{\mathrm{d}\varphi}{\mathrm{d}\lambda} \quad (6\text{-}48)$$

式(6-48)即为等横航向角航线的微分方程，该微分方程比较复杂，没有解析解，需通过数值计算的方法进行求解。

利用数值计算的方法可以求解在横航向一定的条件下航线上的位置值，先求解地理位置坐标，然后根据式(3-10)可以转换为横向经纬坐标，因此这里间接给出了等横航向角航线的横向位置坐标计算方法。

(二) 与横向墨卡托投影图一致的等横航向角航线中横航向角的计算

若已知等横航向角航线两端点的坐标为 (φ_1,λ_1) 和 (φ_2,λ_2)，将式(6-48)变为具有两个边界条件的微分方程，可以先假定 ψ^{t} 为一特定值，然后解如下一阶微分方程：

$$\begin{cases} \dfrac{\tan\psi^{\mathrm{t}}\cos\lambda + \sin\lambda\sin\varphi}{\cos\lambda - \tan\psi^{\mathrm{t}}\sin\lambda\sin\varphi} = \dfrac{1-e^2}{(1-e^2\sin^2\varphi)\cos\varphi}\dfrac{\mathrm{d}\varphi}{\mathrm{d}\lambda} \\ \lambda(\varphi_1)=\lambda_1 \end{cases} \tag{6-49}$$

式(6-49)可以采用四阶龙格–库塔(Runge-Kutta)方法求解微分方程，通过按照一定规律对 ψ^{t} 进行搜索，直到满足 $\lambda(\varphi_2)=\lambda_2$ 时停止搜索，此时的 ψ^{t} 即为要求解的横航向角。

(三) 与横向墨卡托投影图一致的等横航向角航线中弧长的计算

等横航向角航线的弧长可以通过计算求出，如图 6-7 所示，以 $\mathrm{d}S_P$ 表示等横航向角航线的微分弧长，则

$$\mathrm{d}S_P = \dfrac{R_M\mathrm{d}\varphi}{\left|\sin[\psi^{\mathrm{t}} + \arctan(\tan\lambda\sin\varphi)]\right|} \tag{6-50}$$

由式(6-48)可知，根据微分方程的数值解法可以求出等横航向角航线上的位置坐标点，由这些坐标点采用数值积分方法(如梯形积分公式)即可求出该航线的弧长。

(四) 算例分析

为了验证本书提出的等横航向角航线，以(70°N,20°E)到(88°N,50°E)之间的等横向角航线为例进行分析，用书中推导的公式分别确定该航线的横航向角和航程，结果如下。

(1) 根据式(3-56)可计算出起点的横向经纬坐标为(6.717°tN,18.882°tE)，终点的横向经纬坐标为(1.531°tN，1.285°tE)；

(2) 根据横向墨卡托投影图一致的等横航向角航线中横航向角的计算方法,并采用四阶龙格–库塔法可计算出该等横航向角航线的横航向角为 253.534°；

(3) 根据与横向墨卡托投影图一致的等横航向角航线中弧长的计算方法计算出该等横航向角航线的航程为 2 036 242.992 m。

算例计算结果与第一节中极区航行应用算例结果相比，横航向角与大椭圆航线下的基于横向墨卡托投影的格网航向角相差 90.786°，接近于 90°，航程相差 6 213.792 m，因此等横航向角航线与大椭圆航线也比较相近，且等横航向角航线在横向墨卡托投影图上表现为直线，便于航行绘算，且能够与惯性导航横向坐标导航方法结合应用。因此，与大椭圆航线相比，等横航向角航线更适合于极区航行。

第七章
极区导航能力体系建设

航海导航问题的解决可以有力地促进北极经济、科研活动全面和深入地推进。极区航海导航体系建设是个综合性、长期性的系统工程，需要全面分析论证和科学合理规划。极区导航体系建设涉及系统论证、规划设计、理论和关键技术研究、设施建设、数据资源建设、制度建设及人员培训等多个方面。

本章首先从极区航行环境的角度对极区航行的特殊要求进行分析。鉴于极区在冷战时期扮演的特殊军事意义，美国、俄罗斯等国发展极区导航技术采取了军事应用牵引的发展道路。与阿波罗登月计划带动美国航天导航等多种航天新进技术发展相似，20 世纪 50 年代的极区导航带动了美国、苏联等国多种航海导航技术的发展。本章将对几十年来外军极区导航的部分经验进行梳理分析，并在此基础上探讨综合导航和各导航系统极区应用应当关注的主要问题。

第一节　极区航行环境与航海保障建设

一、北极海冰

北冰洋南面被大陆包围，仅留白令海和格陵兰海、挪威海分别与太平洋和大西洋相通。由于三大洋水域相通，分布于北冰洋和欧亚大陆、北美大陆的近海水域的北极海冰，会沿着相通的水道进一步南下。在北冰洋与太平洋通道，北冰洋流冰通过白令海峡扩散到到白令海，并受亲潮寒流的影响沿西侧海岸南下，大量进入鄂霍次克海。这些流冰甚至可以到达 40°N 附近，对俄罗斯东部海洋航运产生影响。由于受到北太平洋暖流和阿拉斯加暖流的作用，东侧海面海冰影响的边缘线非常偏北。在北冰洋与大西洋通道，北冰洋流冰通过格陵兰海、挪威海扩散到大西洋，通过梅尔维尔子爵海峡进入巴芬湾，再经戴维斯海峡进入大西洋，如图 1-2 所示。沿格陵兰岛南下的流冰会与拉布拉多寒流会合，可以到达 40°N 或更南，对北美东北沿岸航线产生较大影响。泰坦尼克号正是由于撞上这一海域航线上的冰山而沉没的 (41°35′55.66″N，49°56′45.02″W 纽芬兰附近)。欧洲沿岸一侧因受大西洋北上暖流的作用，流冰界限线则相对比较偏北。

(一) 北冰洋海冰的分布特征

北冰洋海冰分布大致分为以下三种形式。

1. 北冰洋中部水深超过 600 m 区域

该区域主要为半永久性多年冰。这个区域的地形为主海盆和孤立的浅滩。冻结和融化交替出现。再加上形成冰脊、破裂、风和流引起的漂移等因素共同作用，与离岸冰边界形成大的变形，变形程度从边缘向中心减小。中心区域经过多年夏季融冰，冰的高度已经减小，许多粗糙的冰丘和冰脊变得平滑。

2. 水深 25～600 m 区域

该区域主要为一年冰，冰厚大约为 2 m 或更薄。海冰的破裂和形成的冰脊，造成较大变形。海冰多数在夏季融化，部分可保留至第二年冬季，并最终与北冰洋中部的多年冰结合在一起。

3. 海岸和水深 25 m 之间的区域

在一年的不同时期，海冰形成并成为岸冰。潮汐使海冰出现破裂，海岸充满流冰，但在相对平静和低温的大气下，会重新冻结，平均厚度约 2 m，但一些地区由于海冰破裂和形成冰脊，可能出现 2 倍或 3 倍厚的冰，海冰堆积会形成冰丘。冰脊和冰丘在风或流的作用下向岸运动时，通常在水深约 25 m 处接触海底。夏季通常由于温度升高和河流入海，北冰洋沿岸所有的岸冰会融化或破裂。

北极海冰区更多的是季节性薄冰，而不是永久性海冰。海冰分布有相当大的季节性变化。北冰洋分冬、夏两季，其中从 7 月到 10 月这 4 个月称为夏半年。9 月海冰冰量最少，主要集中在北冰洋中部，商船可以选择在该季节通航。从 11 月到来年的 6 月共计 8 个月称为冬半年。冬季海冰面积是夏季海冰面积的 2 倍多，3 月海冰面积最大，除了巴伦支海和弗拉姆海峡以南部分海域，北冰洋绝大部分被海冰覆盖。4～9 月为冰融期，4 月和 9 月融化缓慢，5～8月融化快，即两头慢中间快。当年 10 月到次年 3 月为冰生长期，10～12 月海冰生长极度迅速，后期生长速度减慢。

8 月北冰洋的海冰 90% 以上的冰覆盖水域并不在极点，而是分布于 75°N～85°N。"东北航路"沿岸水域的东西伯利亚海是冰情最严重的海区之一，除新西伯利亚群岛附近水域外，总体冰量很小，在夏季可以满足商船的通航要求。"西北航道"沿岸除阿拉斯加附近水域外，加拿大沿岸水域和格陵兰岛附近水域冰情比较严重。目前多年冰局限在格陵兰岛和埃尔斯米尔岛外大约 200 万 km² 的区域内，这一水域几乎终年被冰覆盖，海中漂浮大量冰山，也在 3月冰量达到最大。除非有破冰船的协助，该季节不适合商船通航。

美国国家航空航天局(National Aeronautics and Space Administration，NASA)统计资料表明，目前海冰范围减少趋势正在加快。2005～2008 年，多年厚冰量下降了 42%。一些维持了至少10 万年的北冰洋永久性特征正在消失。按照目前的融化速度，到 2020 年以后，商船基本可以在西北航道水域安全航运。2040 年左右，北冰洋夏季冰可能会完全融化。

(二) 北冰洋海冰的漂移

由于北冰洋中海冰受到风、极地海流、海冰间的挤压、地域环境、海水温度、地球自转偏向力等因素的共同作用，北冰洋海冰不断发生漂移。海冰受风和地球自转偏向力的影响较大。北冰洋海冰漂移一般从西伯利亚北部附近开始，通过北极，到达格陵兰岛的北部。在加拿大北极群岛和格陵兰北部通向开阔外海的通道受到限制，造成沿岸海冰大量堆积，并伴随众多的破裂和形成冰脊。海冰通过极地迁移的时间为 3～5 年。

北冰洋洋面风的情况目前尚难以系统说明。总体上，冬季冷空气活跃，洋面上多暴风雪；夏季冷空气处于非活跃期，产生大风的概率低。根据地理位置区划，大风天气一般发生在北极低纬地区的近岸侧。沿岸航行船舶应考虑大风天气对船舶的影响；在北极冰区航行的船舶遭遇涌浪袭击的概率小；由于冰区水面航行船舶的航速较低，风致漂移的影响明显。

高纬度地区海冰的漂移走向与风向密切相关，一块位于 87°N 左右、直径超过 10 km 的海冰，在 4～5 级东南风的作用下，24 h 内可向东漂移 2.3 n mile。海冰漂移轨迹呈现螺旋或多个半圆形，说明海冰漂移受到比较复杂的外力系统的作用和影响。根据卫星遥感资料反演的北极海冰漂流速度表明，在北冰洋海盆内冰速较小，基本上在 1.4～3.3 n mile/d；但在冰区边缘，如太平洋一侧的白令海和鄂霍次克海以及大西洋一侧的格陵兰海，冰速可达到 9.3 n mile/d 左右。这一海冰漂移对船舶的计划航线会产生一定的影响。

(三) 海冰厚度和硬度

在北极地区航行的船舶，航线的选择和规划还必须充分考虑海冰的厚度和硬度。北冰洋海冰的平均厚度约为 3 m。除通过实际测量和冰况资料外，海冰厚度还可通过视觉进行简单判断。呈现灰色、暗色、白色的海冰大多数是当年冰，厚度不大；陈年海冰则较厚，并呈现出青色或青蓝色，对船舶的航行影响很大。北极冰块大小分布不均，越接近极点，单个冰块的面积越大，且总体上中间厚、边缘薄。除非确有把握，航行船舶应尽量避免切入大冰块的中央。海冰上的融池也能表征海冰的厚度及其变化。较厚的海冰表面比较平整；如果海冰表面融池很多且多数已通透，那么该海冰较薄，易于通航。海冰上的冰脊、冰丘的冰块表面往往形成长距离的连片突埂，并说明冰下厚度更大，航行船舶应尽可能避免从上面穿越。海冰的冰量越大，对船舶航行的影响越大。稀流冰和疏流冰比较适合船舶的航行，而密流冰和满流冰将严重阻碍船舶的通航，如图 7-1 所示。

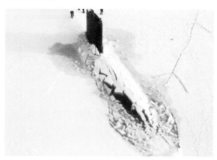

图 7-1   潜艇在冰区航行(叶礼裕 等，2018)

对于坚硬的海冰，破冰船即使在厚度 0.5 m 以上的冰块中航行仍感觉举步维艰，只能寻找冰间水道绕航；而随着北极夏季的来临，由于海水和冰面的热交换，海水渗透到冰中，使海冰变得越来越疏松，海冰的硬度也会降低。对于这些硬度较低的海冰，即使部分海域海冰的厚度仍有近 0.8 m，船舶也可以 8 kn 的航速航行。

二、北极的气象环境

北极常年冰雪覆盖，高寒且多暴风雪，终年海雾天气频发，能见度低、无法识别地面和地平线，不便于陆标定位、天文导航和雷达导航。对流层高度与中纬度相比较低，对流层顶高度平均只有 8~9 km，仅为赤道地区的一半。

(一) 北冰洋夏季的海雾

北极地区雾日多，探讨其原因，仍旧与海冰密切相关。海冰在冰雪面上反照率很高，最高达 80%以上；而海水的反照率很低，仅有 5%左右；浮冰区反照率则更为复杂，与浮冰的多少、海冰厚度和有无融池及污染程度等因素有关。与南极大陆固定冰盖下面是陆地不同，北极浮冰下面是海水。海洋水分充足，且具有巨大的热惯性，所以温度变化缓慢。同时，海水是流体，全球的海洋是连通的，能够进行温盐等特性的交换，所以北冰洋的海温变化不像气温变化幅度那样大。由于大部分海域被海冰覆盖，无法与大气进行热交换，一旦海冰破碎，通过冰缝进行的海水大气热交换就表现得激烈和旺盛。北冰洋的海雾就是海气热交换的结果和表现。

北冰洋的海雾种类齐全，有平流雾、蒸汽雾和辐射雾。每种海雾的特点和形成物理机制不同。平流雾持续时间长，浓度大，范围广，易形成于暖湿气流充分的北冰洋南部。在白令海形成平流雾的必要条件是偏南风，风速一般要求小于或等于 11 m/s；平流雾在北冰洋南部的开阔水域形成的必要条件是风向是输送暖湿气流的方向，风速小于或等于 6 m/s。平流雾对航海和航空影响大。辐射雾较为稳定，易形成于有冰雪面的强辐射冷却的冰盖和大浮冰块上，日变化不大。与陆地上的辐射雾随着日出升温而消失不同，因为冰盖对太阳辐射的反照率很高，太阳辐射不容易使冰盖升温，所以冰盖上的辐射雾不容易消失。蒸汽雾如开锅的蒸汽，来得快，消得快，有明显的日变化，易形成于浮冰区，其生成的必要条件是海温高于气温。当蒸汽雾被风吹到寒冷的冰盖时即转化为平流雾。

我国第四次北极考察期间，在北极圈内作业海域的海雾发生频率超过了60%。在北极圈内的作业时间共43天，其中出现大雾天气有16天，占37%；出现轻雾天气有13天，占30%；相对湿度几乎都在95%以上，能见度经常不到10 km，有时甚至不足1 km。显然，北冰洋上海雾频发是影响船舶在北极航道通航十分重要的因素。

(二) 北冰洋海区气象特征

北冰洋上产生的气旋属于温带气旋，从开始到消亡一般历时2～5 d，移动距离大约为一个西风长波的波长，总体上自西向东移动。温带气旋和极地气旋是夏季影响白令海以北航线的主要天气系统。白令海是阿留申低压常年控制的海域，风大、浪高。

在75°N以北海域风力一般很小，即使在冬季，北冰洋沿岸的平均风速也只有10 m/s。观测表明，北冰洋高纬海区由于常年处于冰冻状态，冰面上的大风概率很低。

在人们的习惯思维中，北冰洋极其寒冷。统计表明，北极点的年平均气温为–23 ℃，冬季平均气温为–34 ℃。但在夏季7月底到8月底，北冰洋上气温一般为0～–2 ℃。

北冰洋高纬度海区主要受极地高压控制，终年严寒，冷空气聚集下沉；在60°N附近的气压相对较低，极地东风在此辐射上升。

我国第四次北极科考期间，"雪龙"号驶抵88°22′N建立长期冰站进行科学实验，地理位置距北极点不足200 km。根据12 d的实测数据，该位置的气温一般为0～–2 ℃。这也说明夏季北冰洋近极点的海冰仍处于不断融化的过程，为北极航道的开通提供了十分有利的条件。

三、北极的水文环境

(一) 北冰洋洋流系统

北冰洋和外界水的交换主要是经过格陵兰岛与斯瓦尔巴群岛之间的通道进行的。大西洋海水从该通道东部的深层进水北冰洋，估计占全洋区流入总量的78%。而通过白令海峡进入北冰洋的水量，约占流入总量的20%。北冰洋海水从格陵兰岛和斯瓦尔巴群岛之间的通道在表层流出，约占总流量的83%。而通过加拿大北极群岛间海峡流出的水量，约占总流出水量的17%。因此，进入北冰洋的更新水量约为流入总量的2%，对极地海域的水文状况影响不大。

北冰洋洋流系统由北大西洋暖流的分支挪威暖流、斯匹次卑尔根暖流和北角暖流、东格陵兰寒流组成。北冰洋有常年不化的冰盖，冰盖面积占北冰洋总面积的三分之二左右，其余的海面上分布有自东向西漂流的冰山和浮冰。只有巴伦支海地区由于受北角海流的影响，常年不封冻，位于巴伦支海南岸的摩尔曼斯克为不冻港。

在北冰洋表层环流中起主要作用的大西洋海流的支流西斯匹次卑尔根海流，从格陵兰岛与斯瓦尔巴群岛之间的东部进入北冰洋。它是高盐暖水，比周围水密度大，在斯瓦尔巴群岛以北下沉，形成了位于200～600 m深度上的暖水层，并沿北冰洋陆架边缘作逆时针方向运动。它的某些支流则进入附近的边缘海。从楚科奇海穿过中央洋区到弗拉姆海峡有一支越极海流，流过格陵兰海，并入东格陵兰海流注入大西洋。此外，在加拿大海盆表层还有一支流速相当慢的海流。横越北极地区的漂流系统，从楚科奇海和东西伯利亚，穿过欧亚海盆的长轴，最后作为东格陵兰海流携带大量浮冰流入大西洋。

(二) 北冰洋盐跃层

一般将北冰洋上层分为三部分：大约 50 m 以上是盐度和温度接近常数的表层混合层；50～150 m 是盐跃层，温度基本在冰点附近，盐度自 32.5 增至 34.0；150 m 以下为北极中层水，以 300～500 m 为中心，是一个厚暖水层，它由暖而咸的大西洋西斯匹次卑尔根海流层水冷表却后下沉形成。盐跃层厚度为 100 m 左右，处于冷而淡的表层与暖而咸的北极中层水之间。与夏季融冰时形成的季节性盐跃层不同，该盐跃层长年存在，是北冰洋上层海洋特有的结构。在海洋大部分区域，上层海洋是温度层化的，即存在主温跃层；唯有北冰洋的上层是盐度层化的。由于低温海水密度主要由盐度决定，盐跃层同时也是密度跃层。该密度跃层将北极中层水所贮存的热量与表层冰盖和大气隔离开来，如同一个绝热体阻断北极中层水热量向上传递，这对维持北冰洋表层的低温特征和海冰具有重要意义。盐跃层比其上的低盐层厚 2 倍，可有效地使暖的大西洋水不受动力搅拌和冬季对流的直接影响。盐跃层的异常变化将对北冰洋的海冰过程和海气交换产生重要影响。

20 世纪 90 年代，美国科学家利用海军潜艇在冬季进行连续 5 年的横贯北冰洋代号为"美狄亚"的海洋考察(SCICEX)，这些考察活动提供了前所未有的连续观测资料。对这些资料分析研究的结果表明，北冰洋在 20 世纪的最后 10 年中发生了大规模的变化，包括北极中层水的增暖、海冰范围的缩小以及太平洋水和大西洋水影响范围的变化。与此同时，北冰洋盐跃层也发生了变化，特别引人注目的是欧亚海盆的冷盐跃层经历了从消退到再生的变化过程，这是以前从未发生的现象，引起了海洋学者的极大关注。

四、极区特殊自然环境对航行的影响

航线设计是重要、复杂、细致的工作，是船舶制定安全经济航行计划的主要组成部分。船长需要根据航行任务，综合考虑船舶性能、水文气象条件、助导设施、船员素质等因素进行航线设计。通常首先通过研读沿线大量航海图书资料，充分了解航经海区的地理、水文、气象等因素，全面和深入地把握航线全貌；其次依靠航海资料的推荐航线，分析前人总结的丰富的实际航行经验，逐步掌握航线的规律；最后统筹兼顾，综合考虑，最终设计出适合本船和航行季节水文气象要求的安全、经济的极区航线。

北极航行航区的风险源有海冰、结冰、积冰、低温、极昼极夜、高纬度、远离陆地、人员经验缺乏、应急响应手段受限、恶劣气候及航区环境的敏感性等问题。

(一) 影响船舶航行的极区气象因素

在影响船舶航行安全的众多因素中，低温、能见度、海冰、当地海况等气象环境因素是影响船舶航行的重要因素，给航经北极冰区水域的船舶带来极大的安全风险。

1. 低温

在船舶极区航行的众多风险中，低温是最主要的两大风险之一。低温引起甲板结冰，进而影响船舶的稳定性和甲板设备的正常使用。舱外设备需要考虑严苛的低温防护设计。低温还会影响船员生活环境，易引起船员身心因素变化，进而对船舶航行控制和安全造成影响。

2. 能见度

能见度是影响船舶航行安全的重要因素。能见度不良会影响船舶值班人员的正常瞭望，进而影响船舶安全航行。能见度会影响船舶安全航速，增加航行时间。北冰洋上海雾频发具有持续时间长、能见距离小的特点。

3. 风

风是影响船舶航行安全的重要因素之一，直接影响船舶安全操纵，可造成船舶因风压角过大而偏离航线。尤其对于集装箱船、滚装船等受风面积较大的船舶，更可能导致船舶因风压侧倾力矩过大而发生倾覆。西北航道途经区域风力较大，给船舶安全航行带来较大影响。

4. 天气系统

北极地区冬季主要受到北极高压、极地低压、北极气旋等天气系统的影响。夏季则相对较少，北极气旋也相对较弱。大部分来自西伯利亚和加拿大的气旋在 7 月和 8 月之间向北极移动，同时少数从北大西洋来的气旋移动到北冰洋海域，气旋多的地区可达到 6 个左右，而少的地区也有 4 个左右。

5. 海流和潮汐

海流和潮汐会影响船舶操纵性能，船舶的操纵性会因所处水域的流速较大而急剧降低，增加船舶避让难度，容易导致碰撞事故发生。在一些特殊区域，因水流的流速增快，压力减小，岸壁效应和船间效应明显，易导致船舶发生碰撞和搁浅等事故。北极航道部分通航水域流速较大，水文条件复杂，可参考的资料少，海流和潮汐也是影响极地水域船舶安全航行的风险因素。

(二) 极区复杂冰情对船舶航行的影响

1. 海冰

海冰是影响北极航道船舶航行安全的重要因素和重要的风险源。北极地区冰量较多，且准确掌握浮冰、冰山的具体情况十分困难。海冰撞击船体，容易导致船体破损、船舱进水，进而影响船舶稳性，甚至导致船舶倾覆。海冰还可能损坏船舶螺旋桨和舵叶，从而使船舶失去动力和保持航向的能力。大面积密集海冰可造成船舶航速下降、转向困难或者船舶被迫偏离计划航线，船舶阻力不均匀导致船体的巨大震动，直接影响船舶操纵。海冰可导致船舶海底阀门堵塞，进而影响船上的动力、消防、压载及卫生系统。海冰可导致船舶的测深仪和计程仪易出现误差，可破坏冰区助航标志，特别是浮标易发生移位和漂失。

2. 冰山

冰山是北极航道航行安全的重要风险因素。冰山主要来自陆缘冰的融化和分裂，冰山多为密度较低的纯水，约有 90%的冰山体积沉在水面以下。冰山在远距离时不易判别，且很容易损坏船舱，损害船体结构，降低船舶的强度。冰山坍塌带来的涌浪也会对船体进行冲击，带来的雾气还会影响能见距离。

(三) 极区复杂环境对航空的影响

极地航路气候严寒，高空气温冬季可达到 −65 ℃甚至更低，极地区域地面终年积雪，机场处于冰雪冻土环境中,有的机场冬季最高温度仅为–30℃左右,极地区域地标极少,渺无人烟,3000 km 的航段上没有地面导航设施,缺少地面通信台站和气象观测点。飞行通信、导航、空中交通管制、航空气象服务、航行情报服务、备降救援服务的难度都很大。

极地飞行受宇宙辐射和太阳活动的影响,会对航空通信造成干扰。极地航路飞行在技术上主要解决航空燃油的低温管理、极地飞行的通信导航、备降机场的选择和旅客救援计划,宇宙辐射的监测预报等问题。

五、加强北极航海保障建设

极区航海导航体系建设是个综合性、长期性的系统工程,需要开展理论研究、数据建设、设施建设、制度建设及航海人员培训等多个方面的建设工作。

(一) 理论研究

北极航海保障建设主要有以下研究工作。

(1) 需求论证与分析,如北极航海保证需求分析等。

(2) 海冰研究,如海冰分布、变化规律、预测研究,这是规划北极航线的基础之一。

(3) 极区海道测量与数据处理方法研究,如在极区高纬度和冰区情况下的施测方案。

(4) 极区航洋地理研究,如结合政治、经济、科技、后勤、装备性能等情况,分析研究北极重要海峡、水道通行可能性等。

(5) 极区航行地理信息系统研究,即突破多源异构航行安全信息(气象、水文、物理场等)的集成显示技术、最优航路规划方法、自动化辅助作业与辅助决策等关键技术,进行极区导航模块设计等。

(二) 数据建设

1. 数据建设的重要性

数据建设是北冰洋航海保障建设的中心,北冰洋航海导航的瓶颈之一是缺乏足够精确和及时的海底地形地貌及水文数据,中外皆然。冰雪限制造成测量和验证困难,美国和俄罗斯通过核潜艇对北冰洋进行了较全面的测量,但是数据不公开。通过科考途径和公开的民用资料搜集的建设工作任重道远。

2. 数据的类型

极区航海保障数据以纸质载体和电子载体的形式体现如下。

(1) 航海图书表,包括极区航海图、航路指南、港口指南、潮汐表、航标表、碍航物表、里程表、航路图和航路设计图、航海警告、航海通告等航海图书资料。

(2) 水文气象数据。极区复杂极端的航行环境使得水文气象的保障尤其重要,其中最关键的是气象的保障(温度、湿度、天气、风、海雾等)、海冰的保障(海冰分布、厚度、移动方向、变化规律等),以及海流、海洋物理环境参数的保障(如温度、盐度、密度等)等问题。

(3) 物理场数据,主要包括重力、磁力、电离层特点、极光等,可为导航装备使用。

(4) 海洋生物数据，如北极熊、海豹、海象、渔场分布等，极区航行与科学考察需注意对北极熊等动物的防范。

(5) 航海法规，包括国际海洋法公约、沿岸国家的领海毗连区和专属经济区及主权主张海域，国际海事组织、国际海道测量组织的极区航行规定，沿岸国家的引航搜救规定、北极理事会相关规定等。

3. 数据建设的内容

数据建设的内容如下。

(1) 资料收集与分析，即通过国家合作、互联网等方式收集、整理、翻译国外极区航行法规、极区气象和海洋资料，极区重力磁力等背景场等，对历年数据资料进行统计分析、数据挖掘，得出有价值的结论并制成相关图表。

(2) 实地测量，包括卫星遥感、航空拍摄、科考船、破冰科考船、无人潜水器水下实测。

(3) 海图及其他专题图表和航保参考资料的编制，其中海图数据是指利用收集和实测的数据，编制航海图，生产电子海图数据，编制潮汐表、潮流表、海冰分布图、海洋水文图等。

(4) 建立海洋环境数据库，包括海图数据库、海洋气象数据库、海洋水文数据库、海洋重力和磁力数据库、海洋生物数据库、海洋航行法规数据库等。

(三) 设施建设

借鉴国内外经验，可从以下几方面开展极区航海保障的相关建设。

(1) 极区海洋测量载体建设主要包括人造卫星、破冰船、无人机和有人/无人深潜器等。

(2) 极区海洋测量仪器主要包括航拍仪器、多波束测深仪、海底特征化与测绘吊舱和浮标等。

(3) 筹建极地航保实验室和冰站等。

(四) 制度建设

研究国际国内极区航行、科考所需的水文气象和冰情保障方法及其相应的体制机制，结合我国现有基础，分析论证建立极区气象、水文、海冰等海洋环境信息的高效实时的保障体系，重点是海图、云、海雾、海冰、水声环境，构建航保信息获取的畅通渠道和高效的合作体制，进行极区航行法规建设等。

(五) 航海人员培训

北冰洋航行的主要特点是高纬度和冰区航行。高纬度和冰区条件下，在航行方法、导航装备使用、舰船操纵、航海保障、航行经验和异常问题处置等方面与常规环境有很大区别。此外，北极航线的沿岸国对航线的使用进行了严格管控，制定出一系列超出《联合国海洋法公约》要求的法律法规，对包括人员资质在内的各种条件进行约束。

目前，我国具备冰区航行经验、了解极区航海方法的人员相对较少。在人员数量与经验丰富程度上，与俄罗斯、加拿大、美国等环北极国家有相当大的差距，与我国北冰洋航行的需求有很大缺口。

第二节　外军极区冰下导航技术分析

鉴于极区特殊的军事意义，美国、俄罗斯、英国和加拿大等国海军积极发展极区导航能力。冰下导航成为外军海军潜艇极区航海导航的主要形式。区别于商用和科考的海上航行，极端的极区导航环境和复杂多样的军事任务给长时间冰下导航提出了更高的要求。要解决好极区冰下导航问题，必须具备导航技术、海冰规避、冰下操纵技术和完善的航行环境信息保障，其中冰区导航和高纬度导航等是极区导航的关键问题。从某种程度上说，美国和俄罗斯等国潜艇在北冰洋地区多年的军事行动引领并带动了包括惯性导航在内的多种先进导航技术的发展。

外军核潜艇的极区航行经验表明其舰艇极区导航关键能力包括三个主要方面。

(1) 高纬度导航能力，即克服地理极点、磁极点在北极对导航的不利影响，具备极点穿越能力；

(2) 冰区活动能力，即在冰面密布的区域尤其是浅海海区的安全航行操纵、上浮的能力；

(3) 极区作战能力，即在极区海域导弹对地攻击、反舰、反潜、侦察和防空作战保障能力等。

本节将对外军冰下导航技术进行梳理分析。

一、海冰规避及冰下航行技术

(一) 北极海冰对极区潜航的影响

海冰对潜艇潜航安全和作战的影响主要体现在浅水冰区的潜航安全、上浮地点的选择和潜艇操控方面。季节和海底地形地貌对海冰的分布范围、吃水、厚度、形态等影响很大。

夏季海冰消融，海冰分布范围缩小，冰盖线北移，海冰厚度减小，浅水区水下航道冰情尚不严重，便于潜艇通过。同时，冰间湖较多、冰薄，也便于潜艇寻找上浮地点进行观测定位。美军潜艇早期北极潜航都选在北极夏季。冬季海冰分布范围广，冰盖线大幅南移，海冰厚度增大。浅水区航线甚至会被浮冰完全覆盖，即使有被风吹开的冰缝，也会很快冻上或者被挤压合拢，即给潜艇冰下航行及上浮造成诸多困难，也对潜艇破冰上浮提出了很高的要求。美军将这一时段用作检验潜艇是否具备全极区航行能力及测试海冰规避能力。

因此，冰下航行采用一种引水技术能够使潜艇在冰盖之下安全航行。潜艇操纵应尽可能灵活、轻柔，可以穿过吃水很深破坏冰下航道的冰障，也可以使潜艇破冰而出。

(二) 潜航航线选择

1. 潜航航线的季节因素考虑

冬季与夏季的潜航航线选择考虑的因素不同，海冰的覆盖范围、厚度、位置都不相同，冰间湖的数量、分布也不相同，对于潜艇水下航线选择及破冰上浮都有较大影响。总体而言，夏季相对安全，冬季更加困难。

2. 海上航线的地域因素考虑

海底地形对潜艇冰下安全穿越极区也极其重要，从白令海、白令海峡、楚科奇海、德朗海峡、东西伯利亚海至拉普捷夫海、喀拉海，绝大部分海域水深小于 50 m，这里是世界上最大的海底平原之一，巴伦支海的水深略深，可以达到 300~400 m，但靠近斯瓦尔巴群岛海域，格陵兰海一侧的水深变化剧烈，巴伦支海一侧水深在 50 m 左右。由于上述大部分海域在俄罗斯近海，美军极少采用。波弗特海沿岸直到加拿大北极群岛间的水域直到巴芬湾，水深浅，海底平坦，航道窄，覆冰严重，冬季几乎完全覆盖，是高风险航段。从 1960 年"重牙鲷"号的航行经历中可以看出，最危险最困难的航路是从白令海穿越白令海峡到楚科奇海深潜至北冰洋深海的这段航路，有 900 n mile 长，海水迅速变浅，平均深度仅 46.1 m 左右，最浅的地方仅有 30 多米。白令海峡的水下航道还被两个海岛进一步卡窄，冬季冰情严重，海冰吃水很深。航行时要紧贴海底，稍有不慎，艇首或艇尾可能栽到泥里，留给潜艇水下安全航行的空间十分狭窄。

3. 冰下潜航注意因素

首先，要考虑到流、温盐密等水文要素的影响；其次，要考虑操纵的便利性，通常能够沿着经线航行较方便；最后，冰下航行需要在冰群之间找航线，沿着海谷下潜可以快速到达深水区。

（三）探冰声呐

冰下航行的关键装备是探冰声呐，包括前视、上视和下视声呐，此外还需要必要的水下摄像机等，如图 7-2 所示。前视系统为海冰规避声呐，用于量测前方冰脊的轮廓和吃水。上视声呐系统，也称为测冰测潜仪，观测潜艇上方海冰底部的形状和厚度，将上视声呐记录的海冰底部到艇顶的距离与潜艇深度仪基于静水力学原理记录的潜艇顶部距海面的距离综合起来，可以测量海冰的吃水厚度(国内也称为浸水冰厚)。要掌握海冰扫描声纳图像的判读方法及冰下引航方法，并能最终估计出浸水冰厚，辅助冰下操纵决策。

精度、水深和地形对于潜艇冰下导航非常必要。北冰洋的很多区域目前仍然没有海图，北冰洋的海底地形图主要是将潜艇所采集到的水深数据和浮冰站所在区域采集的补充信息进行综合处理后获得的。对此要由潜艇或浮冰站花费多年采集数据才能完成。美军潜艇历次北极航行时都对海底地形进行了测绘。

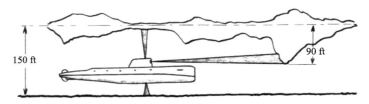

图 7-2　1960 年美国"重牙鲷"号搭载的声呐导航系统示意图(Lgon，1984)

二、冰下导航技术

20 世纪六七十年代，惯性导航、卫星导航等技术尚不发达，美军采取极区冰下导航技术有主、备两套方案。主方案是以水下惯性导航辅助定期水面卫星导航校准的工作方式，当时卫星导航系统仍为 Navsat 子午仪导航系统(于 20 世纪 90 年代停用)；备份方案则采用以陀螺罗经/磁罗经、计程仪/主机转数、天文钟组合的传统推算导航，辅助于定期基于潜望镜六分仪、气泡六分仪的天文导航，同时基于雷达、六分仪等的陆标导航来修正导航定位精度。从现在的角度来看，技术手段比较简陋；但从当时的角度来看，代表了当时世界导航的最佳水平，是一种勇敢的尝试和创举。20 世纪 80 年代，外军开始装备精度更高的惯性导航系统。

(一) 早期外军极区水下导航技术

1. 推算定位

推算定位是早期美军穿越北极的主要导航方式，在没有惯性导航或惯性导航不能正常工作时，在上浮时获取的两个准确舰位之间，只能依靠陀螺罗经、计程仪来推算导航。陀螺罗经常配备两套，一套正常工作，一套到高纬度之后转换到方位仪模式。美军核潜艇早期航行时，采用 Sperry Mark 19 型陀螺罗经作为主罗经，Sperry mark 23 潜艇制式陀螺罗经作为备份罗经，此外还配备一套机载型方位陀螺罗经作为备份设备。罗经转换到方位仪模式的纬度有 82°N、84°N、84°30′N、88°20′N 等几种方案，转换到方位仪模式后主要观测陀螺漂移速度。极点处为了尽量减小对陀螺罗经的扰动，转向要用小舵角缓慢转向；之后关闭处于方位仪工作模式的罗经，然后重启并切换回罗经寻北模式，择机上浮通过天文星体观测测量方位并与该罗经结果比对，直到确信其已稳定地对准真北。当年陀螺罗经的漂移速率实测为 0.71°/h，这在当时已是个令人满意的低漂移率。最终得到的 90°N 处推算定位的精度的不确定度椭圆在 11.9 n mile×1.7 n mile 的范围内。

2. 无线电导航

罗兰 A(Loran A)、罗兰 C(Loran C)、奥米伽(Omega)、阿尔法(Alpha)等是早期美国、俄罗斯北极活动主要采用的无线电导航系统。白令海峡沿岸、阿拉斯加北岸、北极俄罗斯近海，都有无线电导航台。无线电导航信号会受到极光的干扰影响正常接收。在奥米伽导航系统停用之前的几十年中，它一直是北冰洋潜艇导航一种重要的冰下备份导航系统。与子午仪系统、天文导航，罗兰或雷达不同，奥米伽是唯一不需要进行破冰观测，就能确定舰位的系统。采用奥米伽定位时，潜艇可以采取悬停状态，将拖曳天线抛出并接触到海冰，便能接收到奥米伽信号。在潜艇无法上浮或没必要上浮时，这一方法十分符合潜艇使用特点。奥米伽在中高纬度效果不错，但由于缺乏数据和高纬度天波修正表而面临其他应用困难。极点冰盖附近(如格陵兰岛)奥米伽信号减弱而且传播路径扭曲，需要过长的观测以实现信号同步，所以在北极航行中使用中毁誉参半，于 20 世纪 90 年代停用。

3. 卫星导航技术

1970 年，美军潜艇上都装备了子午仪卫星导航接收机，用来接收子午仪导航卫星发射的信号，计算地理位置。卫星星历给出了任何区域上空可以观测的某颗卫星的时间。通过子午仪系统可以很快获得舰位，其误差圆的不确定度为 0.2 n mile 左右，主要用于上浮至冰面时准确定位，并检核校正推算舰位误差。子午仪卫星导航已于 20 世纪 90 年代被 GPS 正式取代。

4. 辅助导航技术

通过美军早期北极冰下的行动，可以看到各种辅助导航技术的实际应用，如陆标导航、海底地形辅助导航及海流线索与辅助导航等。

早期潜艇通常在航行开始和结束时会进行陆标精确定位，在潜艇下潜之前或近岸航行时使用，据此修正推算的舰位；在接近陆地时主要使用雷达观测，偶尔也用目视观测。精度在0.2～1 n mile。

海底地形辅助导航主要通过对照海图，通过测定图中海底深度来确定位置。舰位误差圆为0.3 n mile 左右。若没有海图，或者海图不精确，或者海底比较平坦而无明显特征，则难以使用。

海流线索辅助导航则主要通过将所观测的海水温度、海冰覆盖及海底地形与该区域记录的数据比对，以辅助确定潜艇的概略位置。

(二) 惯性导航技术

惯性导航系统工作无须任何外来信息，也不向外辐射任何信息，仅依靠系统自身就能在全球范围内、在任何介质环境中全天候、自主地、隐蔽地进行连续的三维空间定位和定向，实时提供载体如位置、速度、航向、姿态角等完备运动信息，具有无线电导航、卫星导航和天文导航等其他导航系统无法比拟的独特优点。

由于极区海域战略重要性和20世纪冷战国际形势，美军将确保核潜艇北极自主导航能力放在惯性导航技术优先发展方向，为此美军在20世纪50年代制定了后来广为人所知的纳瓦霍(Navaho)计划。在研制出第一套惯性导航系统以后，1958年N6A-1型惯性导航系统搭载美国海军"鹦鹉螺"号核潜艇从珍珠港始经白令海峡、穿北极，到达波特兰，历时21天，航程15 000 km，首次成功穿越北极(图7-3)。该型舰船惯性导航系统于20世纪60年代初装备在携带A-1型北极星导弹的华盛顿级和拉斐特级弹道导弹核潜艇上，标志着美军核潜艇具备了从大西洋和太平洋进入北冰洋的作战能力和战略威慑，如图7-4所示。

美国罗克韦尔公司在N6A-1型惯性导航系统基础上又研制成功MK2mod0型舰船惯性导航系统。MK2 mod0型舰船惯性导航系统是液浮平台式惯性导航系统。资料表明，当时系统采用横向坐标系和横向墨卡托投影技术解决了惯性导航装备高纬度导航问题。除了解算传统地理坐标系下潜艇的位置和航向，系统同时还计算横向坐标系下的位置和航向。在横向墨卡托

图7-3　穿过北极的美国核潜艇(马想，2007)　　图7-4　"鳐鱼"号1959年冬季露出冰面(Lyon，1984)

投影海图上，叠加一套适用于极区的矩形格网，使极点(90°N)不再是奇异点。在80°N以上区域，即从80°N到90°N再到80°N，使用横向导航法标绘；极区转换纬度有时也选择84°30′N。这一方法对于解决穿越极点过程中的航向改正问题十分重要；通过横向标绘同时还可以修正艇上陀螺罗经的读数，辅助引航潜艇至极点。试验表明，在87°30′N以下，基于地球自转角速率的水平分量可以确保使惯性导航系统指示满足精度的真北方向；高于此纬度，指向误差则只能依赖陀螺漂移速率。通过测量地球自转角速率东向分量测得的纬度和推算经度，这一定位方法优于传统推算导航精度。据有关资料，"鹦鹉螺"号1958年首次穿越极区时极点处惯性导航定位置误差椭圆是0.25 n mile×0.20 n mile(463 m×370 m)。由于能敏感到地球重力的垂向分量，N6A惯性导航系统解算出的纬度误差在2 n mile以内或更小。

在后续的惯性导航装备研制中，美军始终保持了对核潜艇惯性导航技术的高度关注，也相继解决了高纬度导航适用性问题。经过不断改进提高并采用水平监控、卡尔曼滤波等技术，发展出如MK2 mod1、MK2 mod2、MK2 mod3、MK2 mod4、MK2 mod5等一系列产品，到1968年已发展至MK2 mod6型舰船惯性导航系统装备"海神"导弹核潜艇。系统精度由1.6 nm/30 h提升到 0.7 nm/30 h。20世纪70年代末，美军研制出静电陀螺监控器(ESGM)，并与同期的MK2 mod7型舰船惯性导航系统配套组成ESGM/INS组合系统，该系统装备在"三叉戟"导弹核潜艇上，解决了高精度和长重调周期的问题。在ESGM的基础上，美国进一步研制出静电导航仪(ESGN)。静电导航仪的精度优于ESGM/INS组合系统的精度。

与舰艇平台式惯性导航系统相比，激光陀螺惯性导航系统具有启动快、机动适应性强、体积小、适装性好、全固态设计、可靠性高等优点。20世纪80年代中期至90年代中期，美国、英国、法国、德国等国家纷纷研制生产基于激光陀螺的惯性导航系统。例如，美国斯佩里(Sperry)公司推出的MK49Mod0型激光陀螺惯性导航系统作为90年代的新产品被选为北大西洋公约组织潜艇的标准装备。AN/WSN-7系列激光陀螺惯性导航系统是美国海军舰船的标准导航设备。目前美国海军已为其所有攻击型核潜艇换装了该型激光陀螺惯性导航系统，如图7-5所示。

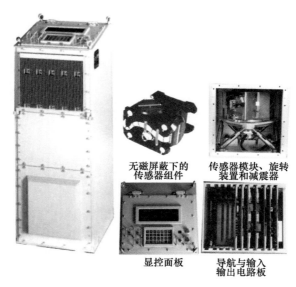

无磁屏蔽下的
传感器组件

传感器模块、旋转
装置和减震器

显控面板

导航与输入
输出电路板

图7-5　美军AN/WSN-7B激光陀螺惯性导航系统(查日，2017)

　　该 AN/WSN-7 系列惯性导航装备的极区导航技术已十分成熟，以洛杉矶级攻击型核潜艇 SSN774 为例，导航系统在高纬度地区切换至极区工作模式重点关注三个要点：一是驶入纬度 86°以上区域，AN/WSN-7A 双轴旋转激光惯性导航自动由传统地理坐标系切换至极区横向坐标系(polar transverse coordinate system)，解决航向、经度误差急剧增大及导航解算溢出问题，此时的位置、航向等信息是以为横向坐标系为参考，其航向基准指向横向坐标系极点；二是显示导航信息的北冰洋高纬度电子海图同时显示地理坐标系和极区横向坐标系，方便于两种坐标标识与转换；三是驶入纬度 84°以下区域，惯性导航系统自动从横向坐标系切换至常规地理坐标系。

　　1983 年，苏联也研制出静电陀螺监控器，静电监控器与 SCANGEE 型舰船惯性导航系统组合，装备在"台风"级导弹核潜艇上。俄罗斯核潜艇在北极冰下游弋，多次穿越北极点，破冰船也经常到达北极点附近；俄液浮陀螺惯性导航多采用游离方位平台控制方案，系统的工作纬度可达 85°N，可以覆盖处极点附近外的绝大部分北冰洋海域。俄罗斯对极区军事活动能力的高度重视，2013 年俄海军舰艇编队开始在北冰洋进行经常性巡逻；其导航装备已经完全具备极区航海导航能力，其潜艇在 20 世纪 60 年代已经具备全球到达能力。

　　法国在光纤陀螺惯性导航研制方面处于领先地位，该国 iXblue 公司宣称已成功研制首台潜艇用光纤陀螺惯性导航系统，不仅通过法国国防实验室的鉴定，同时该型惯性导航系统已用于挪威极地研究所开展北极探测，成功实现了高纬度精确导航。

(三) 极区天文导航技术

　　1837 年，萨姆纳(Sumner)提出的利用等高线同时解算经纬度的方法是天文导航的原理基础，并沿用至今。传统的天文导航通常用六分仪观测天体。20 世纪 60 年代以前，基本采用光学六分仪及自动跟踪的光学六分仪。美军早期极区航行时采用六分仪观测太阳来确定位置，采用天文钟确定时间，每天接收无线电信号修正天文钟，是一种对推算定位的可靠的检核方法，六分仪常用的有气泡六分仪、潜望镜六分仪。但天文观测要靠天吃饭。北极夏季主要观测太阳，冬季观测月亮和星体。夏季的光线好精度高一点，冬季光线微弱可能影响观测精度。遇到浓云厚雾就无法观测。精度有 $1 \sim 5$ n mile 不等，早期的气泡六分仪精度较低，一般为 $3 \sim 5$ n mile；后期的潜望型六分仪精度较高，一般为 $1 \sim 2$ n mile。

　　20 世纪 60 年代以后，由于电子科学技术的飞速发展，主要采用无线电六分仪，也称为射电六分仪。随着科学技术，尤其是军事科学技术的发展，天文导航也得以不断发展。所用设备主要有伺服平台、天体跟踪器、时间标准发生器和导航计算机。天体跟踪器由置放在伺服平台上的光学望远镜、光电转换器、自动跟踪和扫描系统等组成。美军"鹦鹉螺"号核潜艇(SSN-571)完成北极冰盖成功穿越的任务中即已装备首根具备天导功能的 8 型多用途潜望镜，该潜望镜在校正 MK1 惯性导航仪中发挥了重要作用。

　　20 世纪 70 年代以来，由于固态电荷祸合元件 CCD(charge coupled device)的问世，促进了天文导航现代化。CCD 是一种高科技产品，有可见光传感器、锑锡汞和锑化硅红外传感器，分线阵和面阵两种，具有固态小尺寸、高灵敏度及高分辨率、动态范围宽、温度范围宽等优点，这是其他摄像器件无法比拟的。80 年代初，电荷注入元器件 CID(charge injection device)被推了出来，它在光电转换、电荷搜集、传输等机理方面同 CCD 是相同的。但由于读出方式的改进，暗电流噪声、缺限容限直接地址联结、操作的灵活性和功耗等方面明显地优于 CCD，更有利于天体跟踪器的发展。CCD 和全息透镜与微处理器的迅速发展，以及多种导航手段的有机组合，有力地促进天文导航的精度、自动化、昼夜和全天候导航四个主要方面的不断提高。80 年代的 NAS-26 惯性／天文组合导航系统、90 年代的 SAIN 捷联式惯性／天文导航系统和本世纪初的 LN-120G 惯性／天文组合导航系统均是美军典型的惯性／天文组合导航产品，具备全球范围、全自主、高精度、长航时导航的能力。

俄军也十分重视天文导航能力建设。苏联时期研制的 пР-12M 天导潜望镜是里拉-1M 天文导航系统的配套设备，专门用于测量天高度和范围，装备 G 级导弹潜艇。它采用两个独立光学测量通道同时对两个天体进行测量，是以一种标准的双星测天定位法，测高精度 1.5′，里拉-1M 天文导航系统定位精度为 2.7 n mile。俄罗斯现役"德尔塔"级导弹核潜艇装有天文/惯性导航组合导航系统，采用天文定位定向方法可使潜艇定位精度达到 0.25 n mile。

(四) 极区电子海图技术的发展

ECDIS 是航海图的信息化系统，作为多种航行安全信息的集成显示、智能化处理和航行辅助决策的中心平台，与导航参数定义、引航、定位、标绘各环节息息相关。特别在航海人员对极区特殊航行环境、极区航行安全信息表达和新航行绘算方法不太熟悉和习惯的情况下，电子海图系统以其高度自动化和智能化的处理能力，在航行信息的集成显示、自动处理、快捷绘算、智能辅助决策等方面具有无可替代的优越性，从而本质性地提高极区航行安全性。因此，综导系统极区导航模块，无疑以电子海图显示与信息系统为中心平台来构建(韩剑辉 等，2009)。美国和北约海军都将极区导航专用模块首先置于舰艇电子海图显示与信息系统中(晚星，2007)。

目前，北极沿岸国家如美国、俄罗斯、加拿大、挪威、丹麦等国都发布了自己本国近海纸质海图和电子海图数据。英国海道测量办公室和船商公司(Transas Ltd.)电子海图软件中，北极近海海域已基本被民用航海图覆盖，最高可达 80°N 以上，但北极点周围尚有大片海域仍是空白。

在极区电子海图导航系统方面，美国海军核潜艇最新版的航行管理系统 VMS(其核心是海军电子海图显示与信息系统 ECDIS-N)能够改善潜艇在极端极地环境下导航和冰下行动的能力，北约海军最新版本的 ECPINS-W 增加了北极导航模块，利用极地格网坐标来实现北极导航，但这些系统主要为核潜艇开发，没有技术细节公开。

第三节　极区综合导航技术

极区导航问题包括惯性导航、天文导航等分系统的技术研究，也包括从体系层面对关键共性基础问题和体系层级的设计问题进行研究。这些研究包括极区导航坐标系与导航参数体制统一问题、从体系层面的导航系统极区控制过渡体系及信息转换体制问题、各导航分系统极区工作方式协同问题、围绕极区海图和航行控制等需求和极区技术特点设计专用极区工作模块、围绕极区导航系统的试验测试方法和保障策略研究等。上述技术的综合运用可以形成导航系统的极区整体能力。本节对相关问题进行探讨。

一、极区导航分系统关键技术

(一) 极区惯性导航

惯性导航系统是进行极区全域航行最重要的导航系统。围绕如何解决惯性导航系统的极区定向与全域工作编排问题，国内外学者已经进行了大量的研究与实践。第四章和第五章对惯性导航格网导航编排和横向导航编排都进行了详细介绍。国内学者在这一领域提出了多种方法，已较好地解决极区导航解算问题。仍有一些问题值得关注。

1. 平台式惯性导航系统极区导航编排适应性改进

主要指固定指北式平台式惯性导航系统的极区功能适应性改进问题。通过将固定指北转换为自由方位的平台控制编排，同时将导航参数中的航向解算采取格网航向解算，可以将平台式惯性导航的最高工作纬度从当前的南北纬 70°拓展至 85°，基本覆盖北冰洋除极点附近外的大部分海域。

2. 极区惯性导航的初始对准问题

由于地球自转矢量与重力矢量平行，罗经效应丧失，极区惯性导航系统无法采取传统的罗经找北的自对准方式实现找北启动。需要研究基于其他外部信息实现极区起动，如组合起动、牵连起动、传递对准等。

3. 非极区环境下极区导航性能验证

可以研究在非极区环境下极区导航性能的验证方法，确定模拟极区工作的静态和摇摆试验与所需试验测试条件；开展各种典型工作条件下的仿真分析和验证。

(二) 极区卫星导航

北斗卫星导航系统 2020 年将实现全球覆盖。为了使北斗接收机能够适应高纬度地区的应用，仍有一些问题值得关注。

1. 用户终端设备极地的适应性改进

由于极地常年气温低下，常规的用户终端在这种特殊的环境条件下，各种电气设备可能会变得反应迟缓，甚至无法正常工作，为了将来在高纬度地区的导航定位，需要测试目前现有设备在低温条件下的适应性，以满足极寒条件下导航定位的需要。

2. 极区对流层延迟改正模型研究

目前常用的对流层延迟改正模型有霍普菲尔德模型、萨斯塔莫宁模型和勃兰克模型等，这些改正模型均是结合局部或区域丰富的气象数据获取的经验模型，模型建立过程中使用了大量测站的温度、湿度、气压等气象参数。而极区的气象条件及对流层运动规律与非极区有着显著的差异，因此需要对目前常用的对流层改正模型在极区的适用性进行检验。从长远来看，为了获取高精度的导航定位效果，需要在极区设立观测站，获取气象参数将其收入模型中，从而建立更适合极区应用的对流层改正模型。

3. 极区电离层延迟改正模型研究

使用双频观测数据的条件下,电离层延迟可以通过双频改正消除。在仅有单频观测量时,电离层延迟可以通过相应的改正模型进行改正。目前,GPS 和北斗系统均采用格网插值改正模型。在南、北极地区电离层变化较非极区更为剧烈,因此改正模型的在极区格网点数据的发播频度及改正效果均需要进行相应的检验,建立更适合极区应用的电离层改正模型。

4. 极区多卫星导航系统组合应用研究

组合使用多种卫星导航系统可以使得用户同时观测的卫星数目成倍增加,大大提高卫星导航的可用性、可靠性,增强导航的安全性。同时,极区内多系统卫星的可见性、定位精度因子分布情况与非极区也有所不同:极区使用多种卫星导航系统时,接收机选星方法、干扰识别方法及接收机自主完好性检测均需要深入研究。

(三) 极区天文导航

极区天文导航技术研究重点要解决极区特定坐标系下天文导航与惯性导航设备的匹配性,建立导航星体观测参数在极区特定坐标系下的转换关系,推导极区天文导航解算模型,构建一套适应于极区的天文导航解算体系。

1. 极区/非极区天文导航工作模式研究

采用双点缓冲极区/非极区切换方式,建立基于格网坐标系极区天导和基于地理坐标系经典天文导航两种工作模式转换关系,避免设备在单个切换点附近导航算法频繁切换。例如,在 84°以下纬度范围内活动时,采用经典高度差法与极区天文导航方法组合方式进行定位定向;纬度大于 86°时切换到极区天文导航模式;从极区往低纬度移动时,纬度小于 84°时切换到高度差法与极区天文导航方法组合方式。

2. 极区天文导航算法研究

采用格网坐标系实现惯性水平基准力学编排解算,可为天文导航解算提供格网坐标系下测星基准信息。将天文理论高度方位角与实测高度方位角投影至格网坐标系,借鉴原有高度差法的解算思路,在格网坐标系下重构导航三角形,重建导航坐标系及天文导航公式,建立基于高度差法的极区天文导航新算法。同时,考虑到导航算法形式的统一,可根据不同的纬度区间选择不同的高度差法进行天文定位定向解算。

3. 极区导航星历计算研究

在中低纬度地区,除北极星外,导航星都是东升西落,但是在高纬度地区特别是极区,从地面观测者的角度观察星空,导航星体只是在方位角上发生变化,高度角变化非常小,在极区天空中的导航星差异较小。结合极区天文导航特殊情况,有针对性地确定极区导航星库,可确保在执行天导定位定向任务时有足够的导航星可用。

(四) 极区地磁导航

地磁场在赤道处的强度约为 42 000 nT,两极处可达 60 000 nT,不同位置的磁场强度大小和方向均有所不同，目前对地磁场已有较好的描述模型，强度大小和方向可表述为位置的解析函数，理论上在测量得到地磁场要素值后，通过一定的匹配算法，可以唯一确定载体的位置。研究和实践表明，利用地磁导航不需要向外辐射能量，这种导航方式具有导航成本低、误差不随时间积累、不需要初始化、体积小、完全自主等优点，显示出良好的应用前景。国外已将这一技术应用到低轨卫星的定位上。极区高纬度地区由于地磁水平分力小，磁罗经指北力减弱，其相应的误差会产生很大变化，同时由于极区的地磁场数据很少，缺乏匹配导航所需的特定分辨率、特定精度水平的背景场数据，而且测站较少，其相应的地磁场模型在极区的精度不高，为此，仍有一些问题值得关注。

1. 高阶、高精度地磁场模型

世界地磁模型(World Magnetic Model，WMM，nmax=12)是由英国地质勘探局(British Geological Survey，BGS)和美国地质勘探局(United States Geological Survey，USGS)每隔五年联合给出的，是描述地球主磁场和长期变化的全球模型，WMM 系列模型是 IGRF 系列模型的候选模型之一，它的截断阶数为 12，只比 IGRF 模型的阶数低一阶。

该模型广泛应用于空中和海上导航，英国国防部、美国国防部、北大西洋公约组织和世界水文组织(World Hydrographic Office，WHO)等都将该模型作为导航和姿态确定参考系统。图 7-6 为 2015 年 NOAA 发布的建立 2015～2020 年全球磁场模型所用的地磁观测点图。最新版本 WMM2015 模型的有效期截止到 2020 年 12 月 31 日。该模型数据主要来源于卫星和 CHAMP 卫星获得的标量观测数据。但在 2018 年初，NOAA 和爱丁堡英国地质调查局的研究人员监测到该地球磁场模型并不精确，以至于即将超过可接受的导航误差限度。于是于 2019 年 1 月 30 日对模型进行了重新更新。

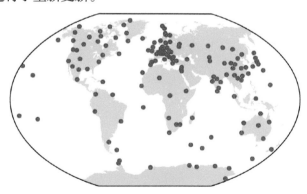

图 7-6　WMM 全球地磁观测站(Chulliat et al., 2015)

从理论上讲在高纬度地区，磁力线收敛接近于一个点上，此时在高纬度地区的磁场分布密集，对匹配导航有利有弊：优势是不同位置的磁场变化量较大，分配到航迹上的每个点都有变化量，有利于充分进行匹配获取较好的位置信息；缺陷是由于磁力线分布太密集，需要磁力传感器有较好的分辨能力。

2. 地磁背景场数据库

地磁背景数据库是地磁导航的前期基础，为地磁匹配运算提供重要的参考根据，其分辨率的高低直接影响到导航定位的精度。要获取丰富的背景场数据就需要有密布的测点。早期建立磁场模型的数据主要来源于全球陆地上的地磁台站资料，而在占全球表面积 71%的海洋上几乎没有地磁台站，20 世纪 60 年代以后开始采用航海测量数据，20 世纪 70 年代后期开始采用卫星磁测资料来弥补台站资料的不足，由于卫星磁测数据量大，卫星磁测成了建立主磁场和异常场模型的主要资料来源。随着 MAGSAT 等磁测卫星的相继发射，磁场模型的质量大大提高，而且使高精度、高分辨率的全球磁场模型的建立成为可能。但是，在早期的项目建设过程中，极地没有得到足够的重视，这导致目前高纬度地区的磁力资料较缺乏，因此研究高阶全球磁场模型的发展动态，以及包括极地在内的局部磁场数据提取方法和全球格网数据的区域磁场建模方法十分必要。

(五) 极区重力导航

重力场是地球近地空间最基本的物理场，重力场强度取决于地下岩石密度、地形、地壳结构等诸多因素，不同的位置对应着不同的重力场，重力场矢量在三个方向的导数也称为重力梯度，共有九个分量，但最常用和最重要的还是垂直方向的重力和重力梯度。传统上，重力是惯性导航系统进行力学编排和控制的重要参数，惯性导航平台加速度计测量的是比力，即惯性加速度与重力向量之差。为了区分载体运动的惯性加速度和重力加速度，惯性导航仪器需要有实测的重力加速度或实际的重力场数学模型。

重力匹配辅助导航是一种基于图像或影像匹配机理的导航。在载体运动过程中，重力或重力梯度测量仪实时测量重力相关参数，同时根据惯性导航提供的参考位置信息，从预先存储的重力图中读取一定图幅内的参考重力参数等值线图，随后将这两种重力参数根据一定的匹配准则或算法进行比对，即可解算出最优的载体当前位置。极区重力导航需要关注下述问题。

1. 重力背景场数据建设

重力匹配辅助导航是一种利用地球重力场特征获取载体位置信息的导航技术，而重力辅助导航基础数据库(导航用重力基准图)是进行海洋重力匹配辅助导航的基础。它包括垂线偏差、重力异常和重力梯度等重力场参量数据，这些数据的分辨率和精度与匹配辅助导航的定位成功率和定位精度息息相关。随着卫星测高和卫星重力技术的发展，绘制高精度、高分辨率的垂线偏差、重力异常和重力梯度等重力场参量数据库成为现实。目前开展大规模、高分辨率的重力基础测量尚存在很大的难度，可以考虑利用目前包括 CHAMP、GRACE 和 GOCE 在内的重力卫星观测数据联合处理得到极地的重力背景场数据。

2. 匹配导航系统搭建

重力匹配辅助导航系统由惯性导航系统、海洋重力测量仪器、导航计算机等硬件设备，以及集成了重力背景场数据库和匹配算法的软件系统构成。在系统设计中应考虑极地的极寒条件，重力仪等设备的抗寒性，考虑设备的机械部件和电气设备在低温条件下的工作能力，对设备加强防护。

3. 惯性导航系统的重力场补偿技术

目前，惯性导航系统中的重力加速度采用的都是正常重力公式计算的重力值，而实际的重力值与正常重力公式计算值在一些地区存在相当大的差异，再加上正常重力值的计算也是通过惯性系统提供的概略位置得到，所以扰动重力一直是影响惯性系统精度的一个因素。以前仪器本身精度相对较低，扰动重力的影响只是其中很小的一部分，因此重力的因素一直被忽略。随着惯性元器件制造水平和仪器精度的逐步提高，加上惯性导航系统精度的提高，以前在进行惯性导航处理时忽略的重力场因素逐步成为影响惯性系统精度的主要误差源之一，必须采取有效手段对重力场引起的误差进行相应的误差补偿。

二、极区综合导航系统技术

资料表明，美军舰艇综合导航系统向全舰用户提供统一、实时、准确的舰艇运动参数、时间基准、海洋气象环境、导航方案、操纵控制等综合导航信息和决策支持，实现了编队内 PNT 数据完全统一，为编队航行等任务提供了重要的信息基础保障(周永余 等，2006)。

面向极区应用的综合导航系统可以将导航基准、航海图、导航设备和航行控制方法等高度整合，有利于从更加全面、系统的角度解决极区导航面临的导航参数定义、引航、定位和航行绘算等难题(何河通 等，1998)，能够兼顾中低纬度和高纬度导航所用的等角导航技术、大圆导航技术、格网导航技术、横向导航技术和斜向导航技术等。综合导航系统是综合实施上述导航技术的核心信息化导航平台，可完成以下主要功能。

(一) 导航系统极区模式切换管理

导航系统在极区面临中低纬度海域的传统工作方式与高纬度的极区工作方式之间相互切换问题。这涉及多种导航子系统及人员的操作控制。

以美国洛杉矶级核潜艇为例，如前所述，其极区惯性导航和天文导航的切换方法均采用了双点缓冲极区/非极区切换方式，形成基于格网坐标系极区导航和基于地理坐标系经典导航两种工作模式如图 7-7 所示。如可在纬度 84° 以下范围内活动时，采用经典导航方法；继续往极区移动到纬度大于 86° 时切换到极区导航模式；从极区往低纬度移动时，纬度小于 84° 时切换到经典导航方式。双点缓冲极区/非极区切换方式可以避免单个切换点方案造成导航系统在极区活动时在切换点附近模式切换频繁问题。

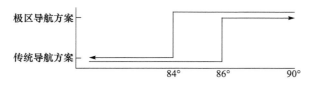

图 7-7　导航模式切换

涉及极区模式切换的导航系统包括惯性导航、天文导航、惯性航姿系统、陀螺罗经和电子海图等。极区综合导航系统需要有效解决上述导航系统的极区模式切换准则、切换流程和系统协同管理等问题。

(二) 极区导航信息体制应用管理

各分导航系统与综合导航系统应当采取统一的极区导航信息体制。根据极区信息体制，综合导航系统内部与惯性导航、天文导航、惯性航姿设备和陀螺罗经等导航分系统之间增加极区导航参数协议，实现极区导航信息的内部传输交互。

综合导航系统作为全船定位、导航、授时基准，统一向外部信息用户拓展发送极区导航信息，需要在现有外部数据协议的基础上，增加对外极区参数协议。外部系统如自动操舵仪等舰桥设备、雷达声呐等探测设备应根据极区信息体制调整相应的 PNT 参数的应用方式。

综合导航系统的 DCS 显示控制子系统增加极区导航信息显示，实现极区导航参数与传统导航参数的双信息体制显示功能，实现全极区范围的极区/非极区导航参数信息转换与过渡共用。涉及双信息体制的设备有惯性导航系统、天文导航系统、卫星导航系统、计程仪、罗经、风速仪和时间设备等。

(三) 极区综合导航信息融合方法

综合导航系统在极区工作状态需要在线监测各导航信息源数据，并进行完好性检测，确保接入信息完好。对各导航系统位置数据源误差特性不断进行监控，一旦数据源误差特性持续超过一定阈值，则认定数据无效。组合算法将隔离该数据并发出警告，并将综合 GNSS 和 INS 数据，提供高精度、强鲁棒性的位置、航向、速度、解算方案，以满足极区导航数据的精度需求。

三、ECDIS 极区模块设计要点

ECDIS 作为极区多种导航信息显示和处理的中心平台，是极区导航系统的关键部分，深度整合极区导航参数定义、解算、表达和使用全环节，将信息集成显示、智能化处理、快捷绘算、辅助决策功能有机集成起来，全面而系统地服务于极区航行和特定应用需要，以提高极区导航的自动化、智能化水平，从而大幅提高极区导航的安全性和便捷性。

中低纬导航技术基于真航向基准和墨卡托投影海图，极区应用时在导航基准、装备、航海图、航法等方面存在系统性问题。目前国内外民用 ECDIS 一般针对中低纬度航行环境，在海洋环境数据的采用(如电子海图数据覆盖范围、精度、现势性等)、软件功能设计(如兼容的海图投影种类、坐标和航向基准、航行规划和航行监控方法等)等方面未能充分考虑到极区航行环境要求，不能直接应用于高纬度(如 80°N 以上)极区，需要根据极区航行环境特点和技术特点进行改进。美国和北约军用电子海图导航系统均十分关注极区导航能力的提升，但技术细节并不公开。本节在之前各章的基础上，系统分析了极区 ECDIS 的功能需求，并提出了极区 ECDIS 的设计要点。

(一) 极区导航中航海图的使用方法

由于极区综合导航方法建立在导航装备和航海图密切配合的基础上，只有熟悉了导航装备极区组合方案、操作流程和参数输出形式，才能在航行计划、航线实施和监控过程中与之相互密切配合和交流互动。

掌握极区投影特性及其极区导航使用方法是解决极区电子海图显示与信息系统中的关键，可将其整合进 ECDIS 极区模块之中。该模块类似于穿越极区的民航飞机的管理计算机(FMC)，可以将航海图、导航装备和航法等完美结合并无缝转换。

在利用极区投影航海图进行极区导航时，所用航海图应为大中比例尺航海图，图上长度变形较小、全图比例尺统一，因此，在单幅海图内，大圆航线投影成直线，其导航误差可以忽略或可精确修正。

1. 导航格网的叠绘

基于格网坐标系、横向坐标系和斜向坐标系等新航向基准进行极区导航，首先应把这些新的导航基准投影成辅助导航格网叠加到航海图上，为导航参数标绘、转换、计算提供空间视觉参考。图上导航格网的叠绘可参考第三章。需要考虑纸质海图和电子海图两种海图使用的相互影响。

由于纸质海图上地理区域、比例尺、基准纬度、投影方式已经固定，横向经纬线格网、斜向经纬线格网等辅助性导航格网在图上的形状已经规定，叠绘起来灵活性很小。除了格网坐标系可以手工绘制方便外，其他两种格网的绘制则略微复杂，在多数情况下辅助导航格网都可以在误差允许的范围内以矩形格网呈现，但这种简易绘制形式有时并不能满足需要，必要时要提前叠印好，不能临时手绘。

电子海图中绘制辅助导航格网相对于纸质海图上绘制有显著的灵活性和便利性优势，可以随时调整投影参数快速显示，导航格网的叠加显示方便，更便于结合具体需要绘制。特别是对于横向坐标、斜向地理坐标系的叠加绘制很有帮助，斜向导航格网在电子海图系统中可以有两种方式：一是以极点为投影中心而叠加绘制，二是以斜向地理坐标系原点为投影中心叠加绘制(温朝江 等，2015)。

2. 矢量航行环境信息的方向转换

在图上叠绘辅助导航格网后，要把风、流和磁差等与航行密切相关的矢量航行环境要素在图上相对于新导航基准表示出来，为基于极区投影海图的航线选择与制定、绘算舰船航迹、标绘舰船位置、解算各种有关航海问题等做出必要准备。

磁差和风、流、浪等矢量航行环境要素，需从真航向转换到格网航向、横向航向等新航向基准下，磁差可以等值线的形式给出。以极点为投影中心的横向地理坐标系和斜向地理坐标系投影下，若图上横向或斜向子午线收敛角差别较大而不能忽略时，可在图上绘制出子午线收敛角等值线；以斜向原点为投影中心的横轴极球面投影上，也可将地理子午线收敛角等值线绘制出来。磁差等值线和子午线收敛角等值线可以合成为等偏差值线，这样更便于求取磁航向。

上述方法可克服真航向下矢量航行环境要素因经线快速收敛而造成的诸多问题，新航向基准下这些要素数值稳定而便于计算和操作，等磁差线一般不会在极点相遇而只是从旁边经过，从而克服了极点处的奇异现象，不会发生大圆航线航向频繁变化现象(Dyer,1971)。

3. 计划航线的制定与绘算

根据航行环境条件、任务等情况制定合适的计划航线，各航路点之间用直线段连接，航线上每隔一定距离(如每隔1个地理经度)绘算出航向、位置、各段的航路长度等，以便航行过程中进行航向和位置检核。风、流影响较大时预配风流压。

在格网坐标系下，图上导航格网类似于墨卡托海图上的经纬线格网，各段直线的格网航向角固定，可参照墨卡托海图上等角航法进行绘算。横向地理坐标系的格网形状类似于高斯投影中央经线和中央纬线交点附近区域,可参照高斯投影地形图或海图上的绘算方法。斜向导航格网,是将航线本身作为新球面地理坐标系的"赤道线"或"中央经线",从而在图上投影成直线,便于采用沿赤道的等角航法(航向角 0°或 180°)或沿中央经线(航向角 90°或 270°)的等角航法。

4. 航线执行和航行监控

极区导航实施时,导航设备组合方式和操作程序,要和极区航海图图上的航海绘算密切配合。航行开始时需要在导航装备上设定新导航基准下的正确初始航向和初始位置,并在航海图上准确标绘。航行过程中,导航组合方案的调整、导航参数基准统一与输出形式转换、航法切换、导航装备精度检核与误差修正等,都要与航海图投影方式转换、图幅切换、航迹标绘、航行绘算、导航参数的标注形式、辅助决策等配合使用。

(二) ECDIS 极区模块的需求分析

1. 设计要求

(1) 以综合性、系统性的方式解决极区导航问题,全面整合极区导航基准、导航、航海图、航法各方面成果,充分体现 ECDIS 作为极区航海导航信息处理和显示中心平台作用。

(2) 解决好中低纬度导航、极区导航两种导航模式下软件兼容、无缝衔接和顺滑切换,不能互相冲突。

(3) 可在原有中低纬度导航常用的电子海图软件的基础上开发,保留原系统主要功能,只添加关键的必需部分,导航过程中在"极区导航"和"常规导航"模式下切换,便于维持导航过程的一致性和连贯性。

(4) 功能模块设计和操作界面友好清晰、操作简便、符合航海部门的作业习惯。

(5) 遵循模块化和集成性的设计思想,即按实现功能将系统划分为多个独立模块,满足共同的开发标准和接口,可以有序地在统一框架中调度使用和数据交互,便于根据不同需要选择合理的搭配方案、扩充方案和升级方案,具有良好的可扩展性。

2. 总体需求分析

ECDIS 极区模块主要满足极区导航需要,由于涉及投影方式及在此基础上航海导航作业方式的相应改变,要放在极区导航的整体框架下考虑。除了电子海图系统一般性能外,针对极区导航,还要满足以下要求。

(1) 极区海图投影。能支持多种投影方式,如墨卡托投影、极球面投影、横向墨卡托投影,海图不仅只以墨卡托矩形海图形式呈现,也可以在极球面投影下以扇形形式体现。

(2) 极区导航坐标系叠加与导航信息显示。除了地理坐标系外,还须能叠加显示极区导航特别采用的导航基准网格,以对这些导航基准下的航向、位置和速度等导航参数进行准确表达、转换和绘算,支持格网航法、横向航法等极区航法的实施,重点包括:

① 水平基准和垂直基准转换与统一的相关计算;

② 不同导航基准下导航参数的转换与统一,即方向基准、位置基准转换与统一的相关计算;

③ 不同投影方式下(墨卡托投影、极球面投影、横向墨卡托投影等)坐标的转换与统一的相关计算。

(3) 极区航行环境信息叠加融合。

① 具备以电子海图为背景的实时气象信息、海冰信息、潮汐潮流、磁差、重力、海水温度、盐度和密度等多种专题环境信息的图形化集成显示能力，便于便捷信息查询与准确感知航行态势；

② 显示不同来源的专题环境信息时，需统一投影方式并兼顾矢量信息的表示方法。

(4) 极区航路规划。

① 能准确、便捷地绘制墨卡托投影和非墨卡托极区海图投影方式下的等角航线、大圆航线等重要曲线，以满足极区航行计划需要；

② 能便捷地进行等角航法、大圆航法的规划，这需要有相应比例尺和投影方式的海图支持。

③ 极区航行环境复杂苛刻、考虑因素多，航线选择、导航方法等作业习惯与中低纬度有较大区别，ECDIS极区模块应能够根据任务情况(安全性、经济性)、地理位置、海底地形、碍航物、海冰、海流、气象和破冰能力等规划最优航路。

(5) 极区航行监控。极区航法实施主要在航行监控中体现，等角航法、格网航法、横向航法、斜向航法和平面航法等，在计划航线显示、航迹预测、航行偏移、距下一个转向点的时间、方位和距离计算等，涉及不同导航基准的切换和导航参数绘算，要能够在系统中实现。

(6) 航海作业辅助计算方面。

① 系统应提供必要的航海作业乃至日常航海勤务辅助绘算工具，帮助航海人员在极区航行态势复杂紧张、决策时间短的环境下快速、准确、高效地完成航行作业绘算，从而做出及时、正确的转向、避碰、防搁浅、防触礁等决策和操作。这些绘算工具包括船位推算、极区天文定位计算、恒向线和大圆航法计算、距离和方位计算、陆标定位计算、大地问题正反解计算、船舶避碰要素(CPA、TCPA)计算、风流压预配与修正、转向绘算、舰艇运动性能测定、目标运动要素测定和船舶机动绘算等。

② 由于极区航海图数据在覆盖范围、数据精度、要素的齐全性等方面与中低纬度海区存在较大差距，系统应具备标绘功能，标绘点状、线状、面状的物标，便于航海人员对海图上的错误和新发现进行及时发现、记录和更新。

③ 不同投影方式和导航参考系下的位置、角度、距离、面积的精确量算方法也有差异，系统的量算功能开发时应该从原理方面充分考虑到这些差异。

(三) 相关关键技术

1. 极区航海图数据库构建

全覆盖、高精度的航海图数据库是极区ECDIS正常运行的重要前提条件。极区海洋测绘的极端困难和敏感，使得目前世界上北极航海图数据在地理覆盖范围、数据精度、内容完备性、形式统一性等诸多方面，均与极区安全航行和需求存在较大差距，从而使极区航海图数据库建设成为制约极区ECDIS使用的瓶颈问题。因此，需要结合国内外实际并采取有效措施，摸清极区航海图编制的全球数据成果积累的底数和发展趋势，构建全面、精确、完备、可用的极区航海图数据库。

2. 海洋环境专题要素信息集成显示技术

复杂极端环境下极区安全航行和活动对气象、冰情等海洋环境要素具有高度依赖性,因此,极区 ECDIS 要突破多源异构海洋环境专题要素信息与极区航海图的集成管理和显示技术,包括多源异构专题信息的集成管理、投影方式和参数的匹配、不同来源和格式数据的数据融合、海区冰山及海底地形三维显示等,帮助航行人员便捷、准确、全面地感知航行环境和态势,及时地作出正确航行操纵决策,特别是满足极区复杂各种导航环境下的信息使用要求。

3. 极区航行辅助决策技术

发挥极区 ECDIS 的航行信息显示和处理中心平台优势,按照任务要求,根据导航装备的工作机理和可用性状态、冰情气象水文条件,灵活选用和搭配恒向线航法、格网航法和横向航法等航行方法,重点研究高纬冰区条件下最优航路规划和避碰、防搁浅等极区航行辅助决策技术,提高极区恶劣环境下航行的安全性和经济性。

四、极区航海导航建设的特点

极区航海导航体系建设是个综合性、长期性的系统工程,全面、清晰的需求分析论证和科学、合理的顶层规划设计是其根据和基础。极区导航能力建设具有以下特点。

(1) 基础性。导航和时统系统确立全船时空基准,影响探测、指挥、控制等多个专业和部门。在中低纬度习惯采用的地球坐标系、地理坐标系和航向等导航参数在极区不再适用,需要由导航时统系统构建全船极区时空信息基准,实现全船坐标统一,因此影响全局。

(2) 体系性。导航装备围绕极区需求应注重内在设备成体系的建设发展,既要重视信息基础类装备的研究,如惯性导航系统、前视声呐、测冰仪、GNSS 罗经等传感器设备,也要重视信息服务类设备的完善,如电子海图和海洋环境信息系统等。

(3) 综合性。极区导航问题不是孤立的导航专业问题,而是涉及测绘、气象、水文、通信、航法、培训、船舶设计建造等多专业、多领域,受到其他领域的影响和制约。

(4) 阶段性。极区导航的需求复杂,随着船舶极区活动区域逐渐深入,极区导航在不同纬度海域存在的复杂度差异,都需要极区导航能力建设结合导航技术整体发展分阶段逐步进行。

参 考 文 献

艾松涛, 王泽民, 鄂栋臣, 等, 2012. 基于 GPS 的北极冰川表面地形测量与制图[J]. 极地研究, 24(1): 53-59

北极问题研究编写组, 2011. 北极问题研究[M]. 北京: 海洋出版社

边少锋, 李忠美, 李厚朴, 2014. 极区非奇异高斯投影一体化复变函数表示[J]. 测绘学报, 43(4): 348-350

卞鸿巍, 林秀秀, 王荣颖, 等. 2018. 基于统一横向坐标系的极区地球椭球模型导航方法[J].中国惯性技术学报, 26(5): 579-584.

车福德, 2016. 经略北极-大国新战场[M]. 北京: 航空工业出版社

陈金平, 刘广军, 2001. 基于椭球面的航线确定与导航参数计算[J]. 全球定位系统, 26(3): 41-42

陈永冰, 钟斌, 2007. 惯性导航原理[J]. 北京: 国防工业出版社

邓正隆, 1994. 惯性导航原理[M]. 哈尔滨: 哈尔滨工业大学出版社

鄂栋臣, 2018. 极地测绘遥感信息学[M]. 北京: 科学出版社

鄂栋臣, 2018. 极地征途: 中国南极科考日记档案[M]. 北京: 科学出版社

方明, 2014. 北极军事博弈不断升温[N]. 解放军报, 1-13(8)

房建成, 2006. 天文导航原理及应用[M]. 北京: 北京航空航天大学出版社

高峰, 2014. 世界上另一个能源宝库: 北极[J]. 农业工程技术(新能源产业), (9): 15-16

郭禹, 2005. 航海学[M]. 大连: 大连海事大学出版社: 373-378

郭德印, 曲少斌, 1999. 在高纬度地区确定船位的实用方法[J]. 航海技术(4): 16-19

韩剑辉, 许镇琳, 2009. 综合船桥电子海图显示与信息系统设计[J]. 计算机工程与应用, 45(14): 76~78

何河通, 顾巧论, 1998. 国际舰载综导装备 2000 年展望[J]. 电子科技导报(12): 27-30

胡毓钜, 钟业勋, 2010. 地图投影方法在航空与航天远距离解算中的应用[J]. 海洋测绘, 30(5): 1-5

华棠, 1985. 海图数学基础[M]. 北京: 海潮出版社

黄勇, 方海斌, 2009. 三种平台式惯性导航方案的性能分析[J]. 现代电子技术(11): 1-4

极地测绘科学国家测绘局重点实验室, 2010. 南北极地图集[M]. 北京: 中国地图出版社

焦敏, 陈新军, 高郭平, 2015. 北极海域渔业资源开发现状及对策[J]. 极地研究, 27(2): 219-227.

娇阳, 2014. 北极航线使我国到欧洲各港口航程大幅缩短[N]. 科技日报, 2014-5-26(12)

李国藻, 等. 1993. 地图投影[M]. 北京: 解放军出版社

李厚朴, 王瑞, 2009. 大椭圆航法及其导航参数计算[J]. 海军工程大学学报, 21(4): 7-12

李树军, 张哲, 李惠雯, 等, 2012. 编制北极地区航海图有关问题的探讨[J]. 海洋测绘, 32(1): 58-60

李振福, 2000. 北极航线地缘政治格局演变的动力机制研究[J]. 内蒙古社会科学(汉文版), 32(1): 13-18

李振福, 2009. 中国的北极航线机会和威胁分析[J]. 水运工程(8): 7-15

李忠美, 2013. 墨卡托投影数学分析[D]. 武汉: 海军工程大学: 88-115

李忠美, 等, 2013. 高斯投影与横墨卡托投影等价性证明[J]. 海洋测绘, 33(3): 17-20

李忠美, 李厚朴, 边少锋, 2012. 极区横墨卡托投影非奇异公式及投影变形分析[C]. 第二十四届海洋测绘综合性学术研讨会论文集: 189-195

廖小韵, 徐汉卿, 汪冰, 等. 2009. 北冰洋航海线在世界地图上的表示及相关讨论[J]. 大地测量与地球动力学, 29(S1): 159-162.

林秀秀, 卞鸿巍, 马恒, 等, 2019. 极区惯性导航编排中地球近似模型的适用性分析[J]. 测绘学报, 48(3): 303-312

林秀秀, 卞鸿巍, 王荣颖, 等. 2019. 一种极区统一坐标系及其导航参数转换方法[J]. 火力指挥控制, 44(11): 137-142.

刘惠英, 李浩梅, 2015. 北极航线的价值和意义: "一带一路"倡议下的解读[J]. 中国海商法研究, 26(2): 3-10

马想, 2007. "鹦鹉螺"号的北极之行[J]. 现代舰船, 9: 50-52.

孟泱, 安家春, 王泽民, 等, 2011. 基于 GPS 的南极电离层电子总含量空间分布特征研究[J]. 测绘学报, 40(1): 37-40

戚永卫, 夏振盛, 陈凌, 2009. 从军事视角看北极[J]. 科技风, 18: 34

秦永元, 2014. 惯性导航[IM]. 2 版. 北京: 科学出版社

秦永元, 梅春波, 白亮, 2010. 捷联惯性系粗对准误差及数值问题分析[J]. 中国惯性技术学报, 18(6): 648-652

邱浩兴, 2000. 潜航至地球之巅[J]. 船舶物资与市场(5): 19-22

芮震峰, 应荣熔, 2014. 北冰洋航行应用天文导航的问题及对策[J]. 舰船科学技术, 36(2): 8-13

斯年, 2011. 美国海军核动力潜艇在北冰洋高调进行军演[EB/OL]. http: //mil. cnr. cn/gjjs/201103/t20110328_507835280. html. [2011-03-28]

孙达, 蒲英霞, 2012. 地图投影[M]. 南京: 南京大学出版社: 47-50

陶岚, 2010. 南北极地图集的设计与特点[J]. 地理空间信息, 8(3): 131-137

万德钧, 房建成, 1998. 惯性导航初始对准[M]. 南京: 东南大学出版社

晚星, 2007. "傻瓜"潜艇叫板海洋? [J]. 兵器知识(7): 38-40

王海波, 张汉武, 张萍萍, 等, 2017. 一种用于极区的横轴墨卡托海图[J]. 极地研究, 29(4): 454-460

王瑞, 李厚朴, 2010. 基于地球椭球模型的符号形式的航迹计算法[J]. 测绘学报, 39(2): 151-155

王有隆, 2006. 北极地区飞行中的通信与导航特性[J].航空维修与工程. (1): 46-48.

王清华, 鄂栋臣, 陈春明, 等, 2002. 南极地区常用地图投影及其应用[J]. 极地研究, 14(3): 226-233

汪新文, 林建平, 程捷, 1999. 地球科学概论[M]. 北京: 地质出版社

魏春岭, 张洪钺, 2000. 捷联惯性导航系统粗对准方法比较[J]. 航天控制, 18(3): 16-21

魏艳艳, 2011. 美国定位导航授时(PNT)综合系统研究[J]. 探测与定位(1): 71-78

温朝江, 卞鸿巍, 边少锋, 等. 2015. 基于等距圆的极球面投影距离量测方法. 武汉大学学报(信息科学版), 40(11): 1504-1508+1513.

温朝江, 卞鸿巍, 王荣颖, 等, 2014. 极区极球面投影的可用性及误差分析[J]. 海军工程大学学报, 26(3): 42-47

辛华, 2008. 美国绘北极海床三维地图[N]. 地质勘查导报, 2008-9-6(3)

徐博, 郝燕玲, 2012. 航行状态下罗经回路初始对准方法误差分析[J]. 辽宁工程技术大学学报(自然科学版), (1): 25-29

许江宁, 卞鸿巍, 刘强, 等, 2009. 陀螺原理及应用[M]. 北京: 国防工业出版社

杨启和, 1989. 地图投影变换原理与方法[M]. 北京: 解放军出版社: 135-139

杨元喜, 徐君毅, 2016. 北斗在极区导航定位性能分析[J]. 武汉大学学报 (信息科学版), 41(1): 15-20

杨振姣, 孙雪敏, 辛美君, 2015. 北极能源安全问题研究综述[J]. 中国海洋大学学报(社会科学版), (15): 25-33

叶子印, 1989. 极区航空图投影及领航网格[J]. 导航(4): 113-116

叶礼裕, 王超, 郭春雨, 等, 2018. 潜艇破冰上浮近场动力学模型[J]. 中国舰船研究, 13(2): 51-59.

游文彬, 2006. 俄海军重新威慑美国北冰洋发射洲际导弹显威 [EB/OL]. http: //mil. sohu. com/20060920/n245434533. shtml. [2006-09-20]

俞济祥, 1989. 惯性导航系统误差方程坐标系的研究[J]. 中国惯性技术学报(6): 23-30

余兴光, 2011. 中国第四次北极科考察报告[M]. 北京: 海洋出版社

查月, 2017. 舰艇惯性导航技术应用与展望[J]. 现代导航, 8(2): 147-151

张炳祥, 2012. 航空公司运行管理[M]. 北京: 中国民航出版社

张绍芳, 杨磊, 2013. 西方国家北极战略及军事部署[J]. 飞航导弹(11): 17-19

张洋, 2011. 升级后的美国空军 B-2 轰炸机成功飞抵北极 [EB/OL]. [2011-11-08]. http: //www. dsti. net/information/ news/71974

张雨佳, 2015. 北极航海圆投影方法研究及其在 ECDIS 中的应用[D]. 哈尔滨: 哈尔滨工程大学

张志衡, 彭认灿, 董箭, 等, 2015. 极地海区等距离正圆柱投影平面上等角航线的展绘方法[J]. 测绘科学技术学报, 32(5): 535-538

赵仁余, 2009. 航海学[M]. 北京: 人民交通出版社

郑义东, 彭认灿, 李树军, 等, 2009. 海图设计学[M]. 天津: 中国航海图书出版社: 71-86

中华人民共和国海事局, 2014. 北极航行指南(东北航道)[M]. 北京: 人民交通出版社

中华人民共和国海事局, 2015. 北极航行指南(西北航道)[M]. 北京: 人民交通出版社

周琪, 秦永元, 严恭敏, 等, 2013. 大飞机极区惯性/天文组合导航算法[J]. 系统工程与电子技术, 35(12): 2559-2565

朱家海, 2008. 惯性导航[M]. 北京: 国防工业出版社

朱启举, 秦永元, 周琦, 2014. 极区航空导航综述[J]. 测绘学报, 33(10): 5-6

ANOLYMOUS, 2010. Polar navigation[J]. Cruise Travel, 31(5): 20-23

ARHC2-08A, 2011. Proposal to address polar navigation issues related to ECDIS consideration by arctic regional hydrographic commission. 2nd ARHC Meeting(Copenhagen, Denmark)

BARTH D, SUZANNA C, 2009. Evaluation of tropospheric and ionospheric effects on arctic navigation conditions[C]. 22nd International Technical Meeting of the Satellite Division of the Institute of Navigation GNSS 2009: 852-857

BERESFORD P C, 1953. Map projection used in polar regions[J]. Journal of Navigation, 6(1): 29-37

BERKMAN P A, YOUNG O R, 2009. Govermance and environmental change in the arctic ocean[J]. Science, 324(5925): 339-340

BLACKMORE R H, 1948. Grid navigation and its allied problems[J]. Journal of Navigation, 1(2): 161

CHULLIAT A, et al, 2015. The US/UK World Magnetic Model for 2015-2020[R]. National Geophysical Data Center, NOAA.

COMMANDER M J D D L, 1951. I-Special problems in polar regions[J]. The Journal of Navigation, 4(2): 126-135

CURTIS T E, SLATER J M, 1959. Inertial navigation in submarine polar operation of 1958[J]. Navigation, 6(5): 275-283

DOW J M , NEILAN R E , RIZOS C, 2009. The International GNSS Service in a changing landscape of Global Navigation Satellite Systems[J]. Journal of Geodesy, 83(7): 689-689

DYER G C, 1971. Polar navigation: A new transverse mercator technique[J]. Journal of Navigation, 24(04): 484-495

FOX W A W, 1949. Transverse navigation: An alternative to the grid system[J]. The Journal of Navigation, 2(1): 25-35

GAIFFE T, et al, 2000. Highly compact fiber optic gyrocompass for applications at depths up to 3000 meters[C]// Proceedings of the 2000 International Symposium on. Underwater Technology, IEEE: 155-160

GAUTIER D L, et al. , 2009. Assessment of undiscovered oil and gas in the arctic[J]. Science, 324(5931): 1175-1179

GB12320—1998, 1999. 中国航海图编绘规范[S]. 北京: 中国标准出版社

GB15702—1995. 1995. 中国电子海图技术规范[S]. 北京: 中国标准出版社

HAGER J W, BEHENSKY J F, DREW B W, 1989. The universal grids: Universal transverse mercator (UTM) and universal polar stereographic (UPS)[R]. ADA266497, DMATM 8358. 2

HAGGER, A J, 1950. Air navigation in high latitudes[J]. Polar Record, 5(39): 440

IRVING E, GREEN R, 1958. Polar movement relative to Australia[J]. Geophysical Journal International, 1(1): 64-72

JACKOBSON L, 2010. China prepares for an ice-free Arctic[J]. Sipri Insights on Peace and Security (2): 1-16

JAKOBSSON M, et al. 2008. An improved bathymetric portrayal of the Arctic Ocean: lmplications for ocean modeling and geological, geophysical and oceanographic analyses[J]. Geophysical Research Letters, 2008, 35(7):1-5

JIANG Y F, 1998. Error analysis of analytic coarse alignment methods[J]. IEEE Transactions on Aerospace and Electronic Systems, 34(1): 334-337

JONES D, 1994. Navigation grid[J]. Nature, 372(6505): 412

LYON W K, 1984. The navigation of arctic polar submarines[J]. Journal of Navigation, 37(2): 155-179

MACLURE K C, 1949. Polar navigation[J]. Arctic, 2(3): 183-194

NAUMANN J, 2011. Grid navigation with polar stereographic charts[J]. European Journal of Navigation, 9(1): 4-8

NG H K, et al. , 2011. Cross-polar aircraft trajectory optimization and the potential climate impact[C]. IEEE Digital Avionics Systems Conference: 13-15

OSBOME P, 2008. The Mercator Projections[M]. Edinburgh: Edinburgh University Press

OSI Ltd. , 2011. Warship electronic chart display and information system (WECDIS) [R/OL]. Mon, Nov 28, 8: 00

PAUL D G, 2013. Principles of GNSS, inertial, and multisensorintertrated navigation systems[M]. Boston: Artech House

POLAND J S, MITCHELL S, RUTTER A, 2001. Remediation of former military bases in the Canadian arctic[J]. Cold Regions Science and Technology, 32(2): 93-105

PORTNEY J N, 1970. Polar flight[J]. Navigation, 16(4): 360-370

PORTNEY J N, 1992. History of aerial polar navigation[J]. Navigation, 39(2): 255-264

RAQUET J F, 2011. Precision positon, navigation, and timing without the Global Positioning System[J]. Air&Space Power Journal, 25(2): 24-33

RODRIGUE J P, 2017. The Geography of Transport Systems [M].4ed. New York: Routledge.

RUONAN W, QIUPING W, FENGTIAN H, et al,. 2018. Hybrid Transverse Polar Navigation for High-Precision and Long-Term INSs[J/OL]. Sensors (Basel, Switzerland), 2018, 18(5): 1-18. https: //doi. org/10. 3390/s18051538.

SADLER D H, 1949. Tables for astronomical polar navigation[J]. Journal of Navigation, 2(1): 9-24

SKOPELITI A , TSOULOS L, 2013. Choosing a suitable projection for navigation in the arctic[J]. Marine Geodesy, 36(2): 234-259

THE INTERNATIONAL HYDROGRAPHIC BUREAU, 2011. Regulations of the IHO for international(INT) charts and chart specifications of the IHO [S]. 4 ed. 1. 0, Monaco

THOMSON D B, MEPHAN M P, STEEVES R R, 1977. The stereographic double projection[R]. Department of Geodesy and Geomatics Engineering, University of New Brunswick

VASATKA J, 2005. Polar operations[C]. Boeing Extended Operation Conference: 23-33

WANNER L D, HOPKINS J, 1988. Reconciling the navigational grid with the inertial navigation system[C]. Position Location and Navigation Symposium: 488-491

WORLD MARITIME NEWS, 2015. NOAA to update arctic navigation charts in the Arctic[EB/OL]. http: //wordmaritimene ws. com/archives/155045/noaa-to-update-nautical-charts-in-the-arctic/

WATLAND D R, 1995. Orthogonal polar coordinate system to accommodate polar navigation[P]: US, 5448486

YANG Q H, SNYDER J P, TOBLER W R, 2000. Map projection transformation: Principles and application [M]. London: Taylor & Francis